石山

恪守生态规律

——人类生存的惟一选择

U0310237

图书在版编目（CIP）数据

恪守生态规律：人类生存的惟一选择 / 石山著. --
北京：中国林业出版社，2012.8
ISBN 978-7-5038-6683-8

Ⅰ. ①恪… Ⅱ. ①石… Ⅲ. ①生态环境建设 – 中国 –
文集 Ⅳ. ①X321.2-53

中国版本图书馆CIP数据核字(2012)第160485号

策　划　　邵权熙
责任编辑　　于界芬

出　版　　中国林业出版社（100009
　　　　　　北京西城区德内大街刘海胡同 7 号）
网　址　　http://lycb.forestry.gov.cn
电　话　　(010) 83224477
发　行　　中国林业出版社
印　刷　　北京中科印刷有限公司
版　次　　2012 年 11 月第 1 版
印　次　　2012 年 11 月第 1 次
开　本　　787×1092　1/16
印　张　　21.5
字　数　　280 千字
定　价　　88.00 元

诸公当年志尤高
踏立潮头领风骚
生态思想启民智
中华文明迎新潮

戊戌仲秋诸老

九六叟
石山书于二三二一

序

这本书，收集了我在 20 世纪 80～90 年代关于生态时代、生态建设、生态农业、生态农业县建设的讲稿、文章和短论。那时，我们大声疾呼，中国生态的病根在于破坏了山区、破坏了草原、我国党和政府决策层还不够重视林草才是国民经济的基础乃至民族生存的基础。毁林开荒、毁草原开荒、过度采伐、过度放牧，使我们饱受水土流失、土壤沙漠化石漠化、草原退化、干旱洪涝之苦。当时，关于生态思想、生态建设的呼吁，声势很大，这个新的思想在中华大地上广为传播，在理论和实践上对我国的生态建设都起了有力的推动作用，为后人留下许多经验和智慧。

20 多年过去了，现在的生态环境又如何呢？这是人们最关心的。先看看有关报道：

"我国水土流失面积达 356.92 万平方千米，亟待治理的面积近 200 万平方千米，全国现有水土流失严重县 646 个，其中 82.04% 处于长江流域和黄河流域。" 这是水利部、中国科学院和中国工程院自 2005 年 7 月联合开展的"中国水土流失与生态安全综合科学考察"活动于 2009 年 1 月公布的数据。①

这份科考报告列举了水土流失以及和将要造成的四大危害：

1. 导致土地退化，毁坏耕地。经研究测算，按现在的流失速度，50

---

① 这是新中国成立以来水土保持领域规模最大、范围最广、参与人员最多的一次综合性科学考察行动。在近 3 年的时间里，共有 28 位两院院士、86 个科研院所以及各流域机构、各省、地、县的近 1000 名工程技术人员参加，现场考察途经 27 个省份的 315 个县，行程 14 万千米，发放调查问卷近 20 万份。

年后东北黑土区1400万亩*耕地的黑土层将流失掉，35年后西南岩溶区石漠化面积将翻一番，将有近1亿人失去赖以生存和发展的基础。

2. 导致江河湖库淤积，加剧洪涝灾害。1950年至1999年黄河下游河道又淤积泥沙92亿吨，致使河床普遍抬高2～4米；辽河干流下游部分河床已高于地面1～2米，也成为地上悬河；全国8万多座水库年均淤积16.24亿立方米，是造成调蓄能力下降的主要原因之一。

3. 恶化生存环境，加剧贫困。专家综合判定，我国现有严重水土流失县646个，江西赣南15个老区县中，水土流失严重县有10个，占67%；陕北老区27个县全部为水土流失严重县；太行山45个老区县中，水土流失严重县33个。调查显示，76%的贫困县和74%的贫困人口生活在水土流失区。

4. 削弱生态系统的调节功能，对生态安全和饮水安全构成严重威胁。……50多年来,我国从南到北,旱灾发生的频率也呈现逐渐增加的趋势。近10年来全国平均耕地受旱面积达到2.9亿亩，成灾面积达到1亿多亩。

2008年1月，国家林业局副局长祝列克在防治荒漠化国际会议闭幕式上说:"中国是世界上荒漠化面积大、分布广、受荒漠化危害最严重的国家之一。全国荒漠化土地总面积达263.62万平方千米，占国土面积三分之一；沙化土地173.97万平方千米，占国土面积的五分之一。一些地区沙化土地仍在扩展，因土地沙化每年造成的直接经济损失高达500多亿元人民币，全国有近4亿人受到荒漠化沙化的威胁，贫困人口的一半生活在这些地区。土地荒漠化已成为中华民族的心腹大患之一"。

2011年4月，世界地球日前夕，国家草地生态系统沽源野外科学观测研究站站长、中国农业大学草业科学系王堃教授指出"我国草原面积比林地、农田面积加起来还大，但90%以上都退化了，严重退化的应该在50%以上"。而他所谓的严重退化，就是快变成沙地、盐碱地、不毛之地了。草原严重退化，导致草原生物多样性锐减,牧草多样性下降,草原植物种类减少,草场生产力每年也以惊人的速度下降。2011年3月，农业部发布了《2010年全国草原监测报告》，也指出与20世纪80年代相比，草原沙化、盐渍化、

---

* 1 亩 =1/15 公顷。

石漠化依然严重。草原生态呈现"点上好转、面上退化，局部改善、总体恶化"的态势。

农区同样未能幸免。失去山区森林的水分涵养和庇护，加上过度的城市扩建、严重的工业污染，以及滥用农药化肥造成的土壤质量退化、农业面源污染激增，农区生态日趋恶化，农区早已不堪重负。

全国地表水大面积污染，7 大水系无一幸免。

"根据国家环保总局的调查统计，2006 年，我国工业污水排放量达 330 多亿吨，七大水系所承载的工业污水排放与日俱增"[②]，其中，长江流域为 137 亿吨，占到工业污水排放总量的 41.5%。这年 3 月，全国政协人口资源环境委员会和中国发展研究院共同组织了"保护长江万里行"考察队，沿长江干流的 21 座城市，都把长江当作下水道，90% 的污水未经处理就直接排入长江。考察队长叹："长江的生态寿命只余下 10 年！" 7 大水系的污染，使"我国因污水灌溉而遭受污染的耕地达 3250 万亩"（《法制日报》2011 年 5 月 27 日）。

我国化肥平均施用量，20 世纪 50 年代为 1 公顷 8 斤*多，现在是 868 斤，而这些化肥的利用率仅为 40% 左右；2008 年我国农药总量 173 万吨，平均每亩施加 1.92 斤，其中有 60%～70% 残留在土壤中；我国每年约有 50 万吨农膜残留于土壤中，残膜率达 40%；工厂化养殖每年产生 27 亿吨动物粪便，约为工业固体废料的 3.5 倍，因为养殖业与种植业分离，肥料不能回田，一方面造成农田面源污染，一方面却在大量使用化肥。20 世纪 70 年代末以来，短短几十年，我国耕地肥力明显下降，全国土壤有机质平均不到 1%，而农业面源污染在各类环境污染中的比例却上升至 30%～60%。随着每年约 50 亿吨的表土流失，大量农药、化肥流入江、河、湖、库，我国 75%的湖泊出现不同程度的富营养化污染危害（《法制时报》2011 年 5 月 27 日）。

我国农区许多地方现在只靠地下水维持，而全国已形成地下漏斗区 100 多个，面积达 20 万平方千米，浅层水不够用，已经用到深层地下水，

---

② 其中，黄河流域 2006 年工业污水的排放量达 32 亿吨，长江流域为 137 亿吨，淮河流域为 26 亿吨，珠江流域为 53 亿吨，比上年平均增幅约 2%～3%。（引自《文明》杂志第三期《中国水污染逼近危险临界点》）。

* 1 斤 =0.5 千克。

水资源危机严重威胁着农区。而污水也直入地下水，对118个大中城市地下水监测统计结果表明，较重污染的城市占64%（《全国地下水污染防治规划（2011～2020年)》)。2000～2002年，中国地质调查局启动了全国地下水资源评价，并绘制了《中国地下水污染状况图》。那次的调查结果表明：东北地区重工业和油田开发区地下水污染严重，其中哈尔滨、长春、佳木斯、大连等城市污染较重；华北地区地下水污染普遍呈加重趋势，其中北京、太原、呼和浩特等城市污染较重；西北地区地下污染较轻，兰州、西安等城市污染较重；南方地区地下水局部污染严重，武汉、襄樊、昆明、桂林等污染较重。

污水入海，加上屡禁不止的大规模的围海造地、过度的环海公路建设、盐田和养殖池塘修建，不仅使滨海湿地永久丧失了调节功能，也造成了沿海海水严重污染，渔业资源锐减，一些鱼类绝迹。

20世纪90年代末，我国重金属污染问题已经显现，各类地表水、饮用水体中汞、镉、铬、铅，以及其他重金属镍、铊、铍、铜严重超标。进入21世纪，土地的重金属污染不仅呈现出高发势态，东西南北中，长三角、珠三角、京津冀、辽中南和西南、中南等地区无不污染，而且愈演愈烈。2011年10月10日《羊城晚报》报道，中国工程院院士罗锡文指出：全国3亿亩耕地正在受到重金属污染的威胁，占全国农田总数的1/6，每年被重金属污染粮食达1200万吨，造成直接经济损失超过200亿元，而这些粮食足以每年多养活4000多万人，如果这些粮食流入市场，后果将不堪设想。事实上，生活在被重金属污染土地上的农民正在吃着被重金属污染的镉大米。专家估计："因为每一种蔬菜富集不同重金属元素的含量不同，有30%～50%的蔬菜重金属超标。"

中国环境保护总局副局长潘岳估计，有22个省（市、区）1.86亿居民因生态压力，将被迫迁移；其他省（市、区）只能收纳大约3300万人，这就意味着中国将出现1.5亿环境难民。我们期盼的"生态时代"没有到来，到来的却是重金属污染的"高发期"！

为什么会出现这种严重情况？

我在这本书的后记中，讲到熊毅，他是中国科学院南京土壤研究所所长，著名的土壤学家，也是著名的学者，以敢于直言著称。他有一句名言："没有生态学的知识，农田基本建设必然是农田基本破坏。"此话一针见血，入木三分。扩而大之，没有生态学的知识，我们的工业建设、城市建设、整个经济建设……有多少是"建设"，又有多少是名副其实的"破坏"，以"建设"的名义，以"发展"的名义进行破坏！后记中，也讲到许涤新，他在我国最早提倡生态经济学研究、推动成立并主持中国生态经济学会。在讲到自然规律和经济规律之间的关系时，他明确指出，经济规律服从自然规律（也就是生态规律）。而在改革开放30多年的实践中，我们恰恰反其道而行之，让市场原则、发展原则、经济增长原则、一部分人先富起来的原则挂了帅，唯独没有生态原则。一场没有生态思想的"经济建设"，终于酿成我国生态系统的一场浩劫。

总的说来，我国缺乏生态学教育，因而国民包括各级干部缺乏生态学知识，不懂得生态规律，特别是当我们放弃"天人合一"而代之以"人定胜天"时，也就更加忽视、无视、藐视以至全然不顾生态规律，而为所欲为。我们还缺乏"自扫门前雪，不给别人添麻烦"的自律精神。在城市建设中，不仅大量浪费资源，还一贯实行吸纳清水吐出污水，长期污染周边农村，农村又实行用污水种粮种菜还报城市。工业建设也是如此，把严重的污染特别是有毒废水排给社会。由于城市和重工业遍布全国，从而，全国城乡均受害，生态环境日益恶化，危及全民族健康和生存。这个情况大家都知道却习以为常。其后果就是前面讲的全国生态大灾难。我们自食苦果。

我国的生态灾难还有救吗？出路何在？

这本书既是那一段历史的纪实，也从一个侧面揭示了我国生态环境不断恶化的原因和出路：

20世纪80～90年代，一方面，生态问题日趋严重，引起了全社会的关注；另一方面，农民和基层干部创造的小流域综合治理和生态农业县建设经验，为我们在实践中同步解决发展经济和保护生态提供了大量成功典范。当时有200多个县参加生态农业县建设活动，并创造了同时实现富民、富县、富生态的成功实践，正可谓是已点燃的星星之火，更有数省（市、区）已宣布要建设生态省（市），形势十分喜人。推动这项活动的一群老领导、老专家，他们的明睿眼光、深入实践的工作作风，不计名利、敢为人先的高尚风格，更能长期影响后人。人们会铭记他们的身教和言教的。

　　我们应该看到并坚信，生态农业建设、小流域综合治理等新事物所以能创造出来，正是广大群众为了生存、为脱贫致富而自发自愿实践的成果，我们所做不过是把他们的创造升华为生态农业县建设并加以推广。群众是一切创造的源头，他们有无穷的创造力。这是他们生活的一部分，是不可缺少的。古人说，知政失者在草野，这是一个伟大的思想，现在应加上一句，救政失者也在草野。群众从生活实践中懂得生态规律，因而能不断创造新典型、新办法，以应对新的难题。对于纠正错误、开拓新途，他们一定有办法，关键是要依靠和信任他们。

　　这本书中讲到的那些典型，其作用不仅仅是生态的，他们对于基层政权建设，对于改变条块分割的行政管理体制都显示出蓬勃的新思维、新做法的生命力，更重要的是他们已经开始转变人们对山区牧区农区关系、林业与农业关系、上游治山治水与下游清沙治淤关系、脱贫致富与生态建设关系、农村环境建设与工业化关系、城市与农村关系等方面的新认识，他们已经让人们有了生态意识，这个生态思想是具体的，看得见，摸得着，是可以付诸实践的。本书中，一方面是日趋严重的生态问题，另一方面是群众丰富多彩的生态建设创造、创举，让人们既看到问题，也看到救治之路，看到希望。这也是这本书想起到的一点作用。

（本文由石山口述，石小玉执笔）

目录

林业在大农业中的地位、作用及大林业的战略思想

一、大农业发展战略和集约型农业

概括起来说，所谓大农业发展战略，就是要着眼于充分合理地利用包括耕地在内的全部国土资源，全面发展农林牧副渔和有关加工工业，使农副产品大幅度增加，以满足人民生活和经济建设的需要，并在发展生产的过程中建设起一个适于人们生活和生产的优美环境。这个发展战略，是由我国农业的两大基本特点所决定的。一是我国人均耕地少而山多、水面多、草原大，自然资源丰富。南方是七山一水二分田；全国是七分山水、二分草原、一分耕地。二是技术装备落后而劳力资源充足，在搞好耕地上的种植业的同时，完全有条件发展多种经营。当然，还有一个暂时的特点，就是穷。因而也就不能先"化"后富，而要先富起来再逐步实现现代化。党中央已明确指出："我国农业只有走农林牧副渔全面发展、农工商综合经营的道路，才能保持农业生态平衡的良性循环和提高经济效益；才能满足工业发展和城乡人民的需要；才能使农村的劳动力离土不离乡，建立多部门的经济结构；才能使人民的生活富裕起来，改变农村面貌，建立星罗棋布

的小型经济文化中心，逐步缩小工农差别和城乡差别。"因此，我国农业必须实施大农业发展战略。

我国农业还必须发展为集约型农业，要节约资源，尽量提高单位面积的产量。农林牧副渔都应如此。我国人口多，人均土地不足 15 亩，只有世界平均数的 30%。也就是说，我国土地上的产物只有相当于世界平均水平的 3.3 倍，人均占有量才能达到世界平均数。就林业而言，问题更为严重。我国人均占有林地面积才 1.9 亩，仅为世界平均数的 12%。人均占有木材数量，要达到世界平均水平，单位面积上的产量就至少要高出世界平均数的 7.5 倍。此外，人均草地只占世界平均数的一半，人均地表水仅为世界平均数的四分之一。因此，对我国地大物博之说，不仅应该心中有数，更应有一个新的认识。随着我国人口的不断增加，平均每人占有的农业资源会相应减少，现在同新中国成立初期相比，已经减少了大约一半。当前，世界正面临资源短缺，我国也不例外。从农业资源与生态平衡来看，我国也面临着十大挑战。更为严重的是，农业上掠夺式的经营方式仍无多大改变，各项生产同世界先进水平相比还有相当差距。例如，我国每公顷林木年生长量仅 1.84 立方米，只有瑞典的 55.8%，西德的 33.4%；每公顷年生产木材只有 0.41 立方米，仅为西德的 1%，瑞典的 13.7%。我国单位面积的水果产量为 508 斤，而日本高达 2060 斤，比我国多 3 倍有余。世界的茶叶产量，平均每亩为 129.3 斤，而我国按采摘面积计算，为 61.3 斤；按总面积计算，只有 30 多斤，还不到世界平均水平的四分之一。毛竹也是如此，印度有竹林 6000 万亩，70 年代年产竹 950 万吨；我国有 5000 万亩（其中楠竹 3500 万亩），年产竹 100 万吨，比印度低得多。我国的人均收入，也低于世界欠发展国家的平均水平。内有十大挑战，外有相当差距，我们应该看到这个问题的严重性和紧迫性。赵紫阳同志已经提出过警告：目前农村如果出问题，很可能出在农业资源和生态平衡遭到破坏上。这是个根本性的问题。如果我国农业仍旧采取掠夺式的经营方式，后果将不堪设想。因此，在确立了大农业发展战略之后，还必须积极建设集约型农业。

二、大农业对林业的要求和大林业战略思想

林业在大农业战略中居于重要地位。森林能够发挥多种效益。这是因为，这种战略首先要求有一个好的生态环境，以保护和培植各种资源，以保障农业生产的顺利进行和稳产高产。森林是陆地生态的主体。没有完整的森林，就谈不上好的生态环境和资源保护。具体说来，这种战略要求林业承担和完成下列五项主要任务：

第一，担任农业生产的保卫者。我国林业的首要任务就是保卫国土，防止土壤流失，保卫农业生产，减少水旱、风沙等灾害对农业的破坏作用。它要保护水源，保护农田、河堤、海堤，保护草原，保护各种经济林。森林是名副其实的绿色卫士和边防战士，对各种农业生产都负有保卫责任。为此，我们要建好、管好各河流上游的水源林和各种各样的防护林，实行林水结合、林农结合、林草结合、林经（经济林）结合以及林渔结合，如桑基鱼塘等。没有这些林子，就会无法对付土壤流失和水旱、风沙等灾害，农产品产量会低而不稳。应该说，营造各类防护林是发展农业的一项基本功。所以，林业工作者要有宽广的胸怀，任劳任怨的服务精神，愿意为人作嫁衣裳。

第二，担任部分食物的供应者。我国的山区和丘陵共占国土面积的三分之二以上。南方山区气候温和，雨量充沛，物产丰富，是一块宝地。北方的许多山区，资源也很丰富。我国的木本粮油作物，不仅种类繁多，而且分布极广，南北方都有许多好品种；不仅完全可以实现食油木本化，还可以解决相当一部分食物供应。有人主张搞10亿亩木本粮油作物，这是一个很好的设想。究竟搞多少？可以在现有基础上边发展边考察，逐步落实。现在，有关部门设想：到公元2000年，以木本油料作物为中心的经济林木，只准备搞到5400万亩，还根本不提木本粮食作物，似乎想得窄了些。

我国人多耕地少，扩大耕地的可能性不太大。想完全用耕地来解决食物和食用油料确有困难，所以需要由木本粮油作物来解决一部分。现在，

中央领导同志提出：每年人均粮食达到 800 斤才算过关。尽管这是低水平，但也不容易。从统计资料看，我国人均粮食产量曾有过光荣历史。明朝时，每年人均粮食产量曾到过 2300 斤；清朝初年，也在 1100 斤以上；1840 年，人口增到 4 亿，每年人均粮食产量降到了 633 斤，从此以后，就再也没有超过 700 斤，1980 年为 648 斤。在此基础上，每人要增加 150 斤，当然不容易，因为耕地还可能减少。要超 1000 斤就只有用木本粮食来补充。30 多年来，我们的 5000 多万亩油茶林经营得不好，核桃、板栗、枣子、柿子等粮油作物也经营得不好，却把很多精力放在开荒种粮食上，实在是一大失策。这种既违反自然规律，又违反经济规律的做法，不能再继续下去了。在山区大力经营木本粮油作物和各种经济林，是我国林业建设的一项特殊任务，也是我国林业的特色之一，应该认真把这项工作搞好。

第三，成为农村能源的供应者。我国 1.7 亿农户中，约有一半严重缺柴，少的缺 3 ~ 4 个月，多的缺半年。每年既要烧掉大批农作物秸秆和木材，还要花费不少劳力。解决这个问题，可以有多种途径。最重要而又比较快和省的办法是发展薪炭林。有条件的地方，应迅速划给自留山，愿意经营荒山的专业户、重点户，还可按其经营的需要多划一些；没有条件的地方，就帮助搞沼气和风能、太阳能。只有解决了群众的烧柴问题，我国林业建设才能更顺利地开展起来，秸秆还田问题也才能真正解决。这对增强地力和提高粮油作物产量大有作用。同时，薪炭林也是林地，同样能发挥森林的各种防护作用。

30 多年来，我们没有认真帮助农民解决烧柴问题，尽管许多农村的周围有大片荒山，却没有大力营造薪炭林。这种情况，应该迅速改变。

第四，成为园林建筑师。森林和树木可以美化城市、乡村、河堤、道路以及名胜古迹，使祖国到处风景如画，使人们生活在一个优美的自然环境里。"山上层层桃李花，云间烟火是人家"，"千里莺啼绿映红，水村山郭酒旗风"。在这种环境里，当然会使人流连忘返，人们的生活情趣必然会好得很，工作效率也一定高得很。如果是"五陵无树起秋风"，就未免大煞风景，谁还会有什么留恋之意？我多次陪外宾去八达岭。当外宾称赞长城雄伟和我国古代劳动人民的智慧时，我脸上就发烧，因为现在的长城，里面是三毛式的疏林，外面是一片荒漠。聪明智慧的炎黄子孙却连造林种草这样的事情也没有做好，实在惭愧。"姑苏城外寒山寺"，现在是周围一沟臭水、几株残柳。苏州也处于"三龙"（钢铁厂的黑龙、造纸厂的黄龙、化肥厂的灰龙）围困之中，污染严重，市民只能喝太湖水。我国名胜古迹极多，有人编过厚厚一大本《中国名胜词典》。名胜古迹是游人汇集之地。如果那里是一沟臭水、几株残柳，或者是荒山秃岭、断壁残垣，还会有什么人愿意去？文明古国，绝不能破破烂烂，应该是"风景这边独好"。只要安排得当，风景林也可以与生产相结合。西安近郊的石榴林就是如此。我还看到一些枣林、柿林、槐树林和茶（油茶）园、橘园，一样风景清幽，既吸引游人，又有产品，别具一格。"世间多少闲花草，无补生民也自惭"，这就要看我们的工作做得如何了。

第五，担任木材的供应者。这个任务很重，而且越来越重，因为随着科学、教育、文化的发展，木材的需求量将越来越大。林业部门的同志还要为完成这个任务而日夜操劳。新中国成立以来，我国造了大量的国营用材林，建立了大批林业局和林场，成绩不小。但是，从大农业战略看，生产木材只是林业的一个任务，严格地说，木材是林业建设的副产品。这不是轻视木材生产，而是更加重视林业在社会主义现代化经济建设中的重大作用。只有完成前四项任务，这一项任务才能顺利地完成。如果只重视这一项，或者把林业的任务归结为这一项，那就成了只见树木不见森林了。其结果将是首先失去森林，跟着没有树木，也就没有木材了。我国不少地方已出现这种情况。

从我国林业建设本身来看，也应该改弦更张，进入一个新的阶段。人类对森林的认识，首先看到的是直接作用和直接效益，即木材和林副产品；林业科学产生以后，才注意到它的巨大而多种防护作用和防护效益，如涵养水源、保持水土、防风固沙、调节气候、保卫国防等，这些效益比其木材效益大得多，美国有人计算木材是整个森林价值的十分之一；国内有人对一些林区测算为六分之一。在生态学理论产生之后，人们进一步重视了森林的保健作用和保健效益，把森林看成是社会的宝贵资源，人类的共同财富，幸福的源泉，绿色的金子。美国有一位教授说："没有森林就没有美国。"日本人常说："能治山者能治国"。 1981年3月，党中央和国务院提出："发达的林业是国家富足、民族繁荣、社会文明的标志之一。"雍文涛同志在一篇文章中引用了一位法国科学家的这样一段话："昨天的森林——是人类赖以生存和发展的唯一资源；在农业时期，森林仍向人类提供大部分食物、原料和牲畜的饲料；在工业生产以后，森林又为此提供燃料和原料；今天的森林——还处在遭受种种破坏的时期，只有无力的生态学家在为森林呐喊；明天的森林——林业将会复兴，并将纳入现代化社会体系中。"其实，目前已有一部分国家的森林进入了这个复兴时期。日本就是其中之一。它的森林面积已占国土面积的68%，设立的自然公园面积有500多万公顷，占国土的13.8%，每年利用者达8亿人次。日本还有自然休养所、滑雪场、野营场等16万多公顷，每年利用者达1.5亿人次。日本城市里的森林也在扩大。人们的感觉是：森林正在挤入城市。从飞机上看，日本已是"国土与海水一色"，环境很优美。有人说，日本是进口木材以保护自己的森林。事实并不完全如此，按各自拥有的森林面积来看，日本的采伐量比我国大得多。70年代，日本每年采伐木材4300万立方米，与我国的采伐量差不多。按每公顷森林的采伐量计算，日本近2立方米，我国则为0.41立方米，差距很大。可见，只要经营好森林，就能生产更多的木材。

要完成上述五项任务，并使林业建设进入一个新阶段，我们就要树立大林业战略思想。我认为，大林业发展战略应该有三个指导思想：一是乔灌草结合；二是各种林（用材林、经济林、防护林、木本粮油林、国防林等）结合；三是国家、集体、个人经营结合。

第一个思想是从国土保卫者的任务派生出来的。既然要保护各种土地，就要因地制宜地加以保护，能长乔木的就搞乔木，能长灌木的就植灌木，能长草的就种草。过去不少地方，造林只搞乔木，把灌、草排斥在外，造成了许多小老头树，起不了很大作用。这一点，在黄土高原比较典型。事实证明，不实行乔、灌、草结合，许多土地就不能得到充分合理利用，林业的作用也就不能得到充分发挥。

第二个思想是根据自然条件和国家建设需要产生的。国家需要用材林，应该搞。国家也需要水源林，也要搞。我国有那么多需要保护的河流、水库，不搞水源林，单凭工程措施是不行的。否则，不仅投资大，起的作用也不会很大。现在不少水库已成泥库，就是例证。我国耕地少，山区多，可以在山区经营木本植物来解决相当一部分食物。只要把山区的主体农业搞好（林业是主体部分），从山顶到山脚，按照自然条件把各种林子合理分布好，山区的财富将几倍于农田。为此，首先要有一个科学的合乎实际的战略思想，要有一个合理的战略布局。现在，在荒山利用上，有林牧之争，这本身就是各自为政、条条规划的反映，没有反映出林牧结合思想，不符合合理的统一布局原则。用材林、经济林、水果、茶叶、桑蚕等各自为政，也是这个问题。从生态学角度看，从经济效益角度看，应该有一个最佳结构或组合。各行业各自规划加在一起是拼盘，不是什么规划。各种林子如何结合，才是最佳结构，才能生产量最高，这确实是一门大学问。林业战线上的专家们要解决这个问题。当然，现在分属各系统，统一规划确有困难，但研究工作可以不顾这一点，搞出一个好的综合方案，以此来推动体制改革。

关于国家、集体、个人经营相结合的思想，是从我国农村的实际情况和农业的基本特点产生的。由于林业生产周期长，国家要经营用材林、水源林以及一些名胜古迹的风景林。30多年来，社队办了大批林场，成绩很大，当然也要巩固和发展（也搞改造）。但是，具有很大潜力的是个人造林。长期以来，个人造林受到压抑，就连房前屋后的几株树也几收几放，损失实在太大。这个积极性要调动起来，并充分发挥其作用。现在，划分自留山，让群众自己经营是个好办法。我国山区农民素有经营山林的习惯和传统。过去，南方山区的私人林木很多，既有用材林，也有经济林，内容十分丰富。现在，农民经营山林的积极性起来了，出现了不少能人，许多荒山陡坡也都被用来发展生产。充分调动这个积极性，会有很大作用。如把村边不产东西的鸡鸭田、池塘包给农户就高产一样，村子和城市周围的荒山也可以这样办。离城或村远一些的，也能让一些专业户经营。这对于美化村落和解决群众烧柴都有好处。在目前情况下，国家投资比较少，发动个人造林是发展林业的重要途径。个人造林可以推动国营和集体林业的发展。有了这个结合，前两个结合也就比较容易办到。

有了这三个指导思想，就能制定正确的林业发展战略，我国就会出现林业建设的新局面。就可以比较顺利地完成上述五项任务，林业在大农业中的作用就会得到更充分的发挥，恶性循环也就有可能转化为良性循环，并建立起优美的生态环境，实现大地园林化。

三、要认真总结经验教训

建立大林业思想和制定大林业发展战略，要从总结经验教训入手，要从指导思想、经营思想和许多制度规定等方面吸取教训，以改进工作，从而更好地完成繁重的任务。列宁说过："在革命事业中，认识到自己的错误，就等于改了一大半。"

如何评价我们过去的林业工作？提出几点，供大家参考。

1.经过30年的建设，我国的生态环境是好了些，还是坏了些？荒山荒地、水土流失面积、流失量是增加了，还是减少了？前几年搞农业综合规划时，专家们所做的结论是："在相当普遍的地区，在不同程度上，对农业资源实行了掠夺式的经营方式，破坏了生态平衡，致使资源衰退，形成了恶性循环。"为什么会出现这种结果？原因何在？对此，应该认真探讨并提出对策。

2. 森林资源是多了，还是少了？可采蓄积量是多了，还是少了？首先，特别是国有林区的各森工局管辖区的资源是多了，还是少了？据有关部门资料，我国已建立 131 个林业局，其中 61 个局的森林资源过伐，其余 70 个局中的不少林场也有过伐现象。黑龙江省 41 个局中，半数局的资源已枯竭或接近枯竭，只有 7 个局勉强能永续利用。吉林省 16 个局，有五分之一已枯竭；五分之二后续资源接续不上；其余的到本世纪末也无林可采。另外，集体林区如何？雍文涛同志在文章中谈到江西省崇义县的情况。那里的林子砍得多，造得少，荒山残林面积不断增加。新中国成立后共采伐了 56 万亩，其中：国营 11 万亩（已全部更新），集体 45 万亩。在这 45 万亩中，只更新了 10 万亩，其余的 35 万亩成了荒山残林。据说，南方林区，这类县还不少。

3. 放着幼林不抚育，为什么还要投资大造速生丰产林？我国现有中幼林 9.7 亿亩，占用材林面积的三分之二，其中急待抚育的就有 4 亿亩。中幼林是后续林，但大部分没有及时抚育，以致生长缓慢，林分质量很差，平均每亩蓄积量只有 2.4 立方米，一些先进国家要比我国高 1 ~ 2 倍。按森林的生长规律，不抚育就难以成林，更难以成材。这不是极大的浪费吗？目前，国外有些国家抚育间伐材已在木材产量中占相当大的比重，如英国占 70%，西德占 50%，芬兰占 40% 至 50%，匈牙利占 36%，新加坡占 35%，连森林蓄积量最丰富的苏联也要占到 10%，而我国只占 5%。我国目前的情况是不投资于抚育，又不让以伐养抚，只能让其自生自灭。更不可思议的是：又动员大造人工速生丰产林，造这种林却有投资。已造的林子不经营，而又大力再去造新林，新造起来的林子将来还得走现在中幼林的路子。大有熊瞎子掰苞米的味道，实在荒唐！为什么三分造、七分管的理论行不通？应该认真找一找原因。有人提出：首先要端正抚育中幼林的思想。端正谁的思想？是上面，还是下面？首先必须明确。

4. 现在实行的林业基地县标准仍然以采伐木材为中心。所谓"八三二五"，"八"是指山地面积占总面积 80%；"三"是指木材蓄积量

300 万立方米以上；"二"是指成熟林蓄积量 200 万立方米以上；"五"是指原木采伐任务 5 万立方米以上。这里没有防护林思想，没有木本粮油、经济林思想，也就是没有大林业的思想，还是大木头挂帅，而且只是在老林区打主意，这种提法，同大农业战略对林业的要求不相适应。

5. 重斧头轻锄头，重采轻造，三十年一贯制。砍木头的是林业工人，造林是农业工人，待遇不一样。同在深山工作，砍树有功，造林无赏。究竟奖励什么？此事三十年来一贯如此，现在仍不易改。不改怎么能把林子搞起来？

6. 油茶林和竹林约 1 亿亩，管理很差，长期低产。5000 多万亩茶林，长期处于半荒芜状态；5000 多万亩毛竹林，平均亩产仅 150 斤至 200 斤，低得不像样子。现成的财富，却无人去管，无人去拾。有一个时期进口油，现在则大量进口木材和纸浆，却不经营自己的现成的食油林和竹林。实在是不可思议，然而却是事实，而且三十年来已习以为常。究竟什么原因？现在能不能改？总应该有个态度。

7. 火灾虫灾严重。每年成灾面积与造林保存面积差不多，甚至还多。对这样大的损失，长期以来却束手无策，为什么？如何解决？

把上述七条集中起来分析，首先看到的是林业发展战略和经营思想存在问题，这就是大木头挂帅，只见树木不见森林。为了搞木材，一些重要的水源林被破坏了，特别是一些关系到某些地区农业存亡的林子也遭到破坏，如祁连山、六盘山、子午岭等地的林子。这实在是不能容忍的。这种发展战略和经营思想再也不能继续下去了。其次，更为严重的是农业的发展战略与经营思想存在问题。搞农业首先不下大力经营生态环境，甚至破坏生态环境，实在是太短视了。其结果是灾难性的，集中表现为：生态环境不断恶化，水土流失面积和流失量越来越大，水旱灾害越来越频繁和严重，国家和人民遭受的损失也日益加重。例如，现在每年有 50 亿立方米泥沙进入水库，即每年要淤掉 50 个库容量 1 亿立方米的大水库。江河湖泊的淤积也很严重。这个损失是无法计算的。我们有本事修水库，却无本事保护水库，这说得过去吗？我们有钱进口食油（前几年）和木材、纸浆，却无钱经营油茶林和竹林（当然也包括中幼林），这又如何说得过去呢？有人说，这是远水不能解近渴，似乎只能进口。但是不搞远水，远渴又如何解决？搞社会主义经济建设，不搞长远的建设，行吗？何况油茶林和竹林是现存的财富，完全可以说是近水。总之，我国农业（包括林业、牧业、渔业）的发展战略和经营思想，实在应该认真研究一番。有人提出：我们的农业发展战略要有一个转变，农业基本建设的指导思想要来一个根本改变。提得好，抓到了问题的核心部分。我们现在就要在"转变"上大做文章，并使它开花结果。

（《林业经济》1983年第9期）

关于发展林业指导思想的探讨

　　林业在大农业发展战略中居重要地位，要发挥多种职能。这是因为这种战略先要求有一个好的生态环境，以保护、培植各种资源，从而保障农业生产能够顺利进行并不断提高。森林是陆地生态的主体，没有完整的森林生态平衡是谈不上良好的生态环境和资源保护的。具体说来，这种战略要求林业承担和出色地完成五项主要任务。

　　第一，农业生产保卫者。我国林业的首要任务就是保护国土，防止土壤流失，保卫农业生产，减轻水旱风沙等灾害对农业的破坏作用。它要保护水源，保护农田、河堤、海堤，保护草原，保护各种经济林。总之，对各种农业生产都负有保卫责任。森林是名副其实的绿色卫士和"边防"战士。为此，我们要建好、管好各河流上游的水源林和各种各样的防护林，实行林水结合、林农结合、林草结合、林经（经济林）结合、林渔结合。没有这些林子，土壤流失和水旱风沙等灾害就无法对付，农业生产就会低而不稳。营造各类防护林是发展农业的基本功。所以，林业工作者要有宽广的胸怀和强烈的服务精神。

　　第二，部分食物供应者。我国多山，山区和丘陵合占国土的三分之二以上。南方山区更是世界上的一块宝地，气候温和，雨量充沛，物产丰富。北方的许多山区资源也很丰富。木本粮油作物不仅种类繁多，而且分布极广，南北方山区都有许多好的品种。不仅完全可以实现食油木本化，还可以解决相当一部分食物供应。有人主张搞 10 亿亩木本粮油作物，这是个很好的设想。

第三，农村能源供应者。我国 1.7 亿农户中，约有一半严重缺乏烧柴。这是我国经济建设中一个极大的问题。解决这个问题，可以有多种途径，最重要而又比较快和比较省的是发展薪炭林。有条件的地方，应迅速划给自留山，愿意经营荒山的专业户、重点户，还可按其经营的需要多划给；没有条件的地方，就帮助搞沼气、风能、太阳能、水电。只有解决了群众的烧柴问题，我国林业建设才能更顺利地开展起来。

第四，园林建筑师。美化我们的城市和乡村、河堤和道路以及各名胜古迹周围，使祖国到处风景如画。让人们生活在一个优美的自然环境里，是我国林业工作者的又一项重要任务。

第五，木材供应者。这个任务很重，而且越往后越重。因为随着科学、教育、文化的发展，木材的需求量将越来越大。但是，从大农业战略看，生产木材只是林业的一个任务，严格地说，木材是林业建设的副产品。这不是轻视木材生产，而是更加重视林业在社会主义现代化经济建设中的重大作用。只有完成前四项任务，这一项才能顺利地完成。如果只重视这一项，或者把林业的任务归结为这一项，那就是只见树木不见森林，其结果将是首先失去森林，跟着也就没有了树木，也就没有了木材。我国不少地方已出现这种情况。

从我国林业建设本身来看，也应该改弦更张，转变到一个新的阶段。人类对森林的认识，首先看到的是直接作用和直接效益，即木材和林副产品。林业科学产生以后，才注意到它的巨大而多种防护作用和防护效益，如涵养水源、保持水土、防风固沙、调节气候、保卫国防等。这些效益比其木材效益大得多。美国有人计算木材是整个森林价值的十分之一，国内有人对一些林区测算为六分之一。在生态学理论产生之后，人们进一步重视了森林的保健作用和保健效益，把森林看成是社会的宝贵资源，人类的共同财富，幸福的源泉，绿色的金子。1981 年 3 月党中央和国务院提出："发达的林业是国家富足、民族繁荣、社会文明的标志之一。"这把我们对林业的认识提高到一个崭新的阶段。雍文涛同志在一篇文章中引用了一位法国科学家的这样一段话："昨天的森林——是人类赖以生存和发展的唯一资源，在农业时期，森林仍向人类提供大部分食物、原料和牲畜的饲料；在工业生产以后，森林又为此提供燃料和原料；今天的森林——还处在遭受种种破坏的时期，只有无力的生态学家在为森林呐喊；明天的森林——林业将会复兴，并将纳入现代化社会体系中。"其实目前已有一部分国家的森林进入了"明天"，日本就是一个例子。它的森林面积已占国土面积的 65%。从飞机上看，日本已是"国土与海水一色"，环境很优美。有人说，日本是进口木材以保护自己的森林。事实并不完全如此，按森林面积比，它的采伐量比我国大得多，70 年代每年采伐木材 4300 万立方米，与我国的采伐量差不多。按每公顷森林的采伐量计算，日本近 2 立方米，我国则为 0.41 立方米，差距很大。可见，只要森林经营好了，就能生产更多的木材。

要完成上述五项任务，并把林业建设提高到一个新的阶段，我们就要树立大林业战略思想。我觉得，大林业发展战略应该有三个指导思想，一是乔灌草结合；二是各种林（用材林、经济林、防护林、木本粮油林、国防林等）结合；三是国家、集体、个人经营结合。

前一个思想是从国土保卫者的任务派生的。既然要保护各种土地，就要因地制宜地加以保护，能长乔木的就种乔木，能长灌木的就种灌木，能长草的就种草。过去不少地方造林只造乔木，把灌、草排斥在外，结果造成了许多小老头树，起不了多大作用。这一点在黄土高原看得很清楚。事实证明，不实行乔灌草结合，许多土地就不能充分利用，林业的作用就不能充分发挥。

第二个思想是根据自然条件和国家建设需要产生的。用材林国家需要，要搞。水源林国家需要，也要搞。我国有那么多河流、水库要保护，不搞水源林，单凭工程措施是不行的。许多水库变成了泥库，就是例证。我国耕地少，山区大，可以在山区经营木本植物来解决相当一部分食物。只要把山区的立体农业搞好（林业是主要部分），从山顶到山脚，按照自然条件，把各种林子合理布局，山区的财富将许多倍于农田。为了解决这个问题，就要有一个合理的战略布局，首先要有一个科学的合乎实际的战略思想。现在，对于荒山的利用，有林牧之争，这本身就是各自为政、条条规划而没有林牧结合思想的表现，不符合统一的合理布局原则。用材林、经济林、水果、茶叶、蚕桑等各自为政，也是这个问题。从生态学角度看，从经济效益角度看，应该有一个最佳结构或组合。各行业各自规划加在一起就算一个规划，这是拼盘，不是什么规划。各种林子如何结合，才是最佳结构，生产量最高，这确实是一门大学问。林业战线上的专家学者们要解决这个问题。当然，现在分属各系统，统一规划确有困难。但研究工作可以不顾这一点，而搞出好的综合方案，以此来推动体制改革。至少，分工也能合理一些。

关于国家、集体、个人经营相结合的思想，这是从我国农村的实际情况和农业的基本特点产生的。林业经营周期长，特别是用材林、水源林以及一些名胜古迹地区的风景林，国家要经营。三十多年来，社队办了大批林场，成绩很大，当然也要巩固和发展（也搞改造）。但潜力巨大的个人造林，过去长期受到压抑，连房前屋后的几株树也几收几放，损失实在太大。这个积极性要调动起来，并充分发挥其作用。现在划自留山让群众自己经营很好。我国山区农民素有经营山林的习惯和传统。南方山区的私人林木就很多，有用材林，也有经济林，内容十分丰富。现在农民经营山林的积极性起来了，出现了不少能人，许多荒山陡坡也都利用起来发展生产。这个积极性可以大大提高，作用将大得很。正如村边的鸡鸭田、池塘，过去不产东西，包给农户就高产一样，村子和城市周围的荒山也可以这样办，远一些的，一些专业户也能经营。这对于美化村落和解决群众烧柴都有好处。

在目前情况下，国家投资比较少，发动个人造林是发展林业的重要途径。

有了这一个指导思想，正确的林业发展战略就能制定，我国的林业建设就会出现新局面，上述五项任务就可以顺利进行，林业在大农业建设中就可以发挥威力，恶性循环就可能转化为良性循环，大地园林化的设想也就能够实现。

（《人民日报》1983年5月20日）

积极发挥林业在四化建设中的作用

——在中国林业经济学会第二届年会上的发言

一、党中央发展农业的新的指导思想加重了林业的任务

现在，党中央明确把合理利用自然资源、保持良好的生态环境与严格控制人口增长并列，作为我国发展农业和进行农村改革的三大前提条件，这是党的十二大政治报告中有关提法的进一步发展，是发展农业的崭新的、具有深远意义的指导思想。

党中央为什么这样提出问题？我们应该如何理解这个新的指导思想？

严格控制人口增长的必要性，大家都知道，用不着解释，另两条则有待说明。几年前，生态、农学、地学和经济学等方面的专家在研究我国农业资源和农业区划时，提出了一个论断："在相当普遍地区，在不同程度上对农业自然资源实行了掠夺性的经营方式，破坏生态平衡，致使资源衰退，形成了农业的恶性循环。……这种情况在50年代后期就开始出现，此后越演越烈，造成了严重的恶果（《中国综合农业区划》第8～9页）。自那时以来，谈论资源问题、生态问题和生态经济问题的文章多了起来，有关学会和研究会相继成立，这方面的严重情况也逐渐被人们所认识。 1982 年年底中央领导同

志尖锐地指出：现在农村如果出问题，很可能出在自然环境、生态平衡遭到破坏上，这种破坏是带根本性的。1983 年党中央一号文件又明确把森林过伐、耕地减少和人口膨胀作为我国农村的三大隐患。

由此可见，上述新的指导思想是党中央针对我国农业的现实情况提出来的，也是党中央在重大决策方面，依靠科学，并把重要的科研成果转变为党和国家的指导方针的具体表现之一，其意义和影响是极为深远的。

就比较直接意义来说，这个新的指导思想，将使我国农业与掠夺性经营方式决裂，进入严格按照自然规律和经济规律办事的新阶段，从而将由恶性循环逐步转变到良性循环，生产条件和生活环境将逐步得到改善，农业生产将稳步增长。就更为广泛的意义来说，它将使我们与自然界的关系进入一个新时期，即由把自然界视为需要加以征服的异己力量而不断向它开战的时期，进入把人与自然界视为一个统一体，因而彼此应该协调地发展的新时期。这个新时期，有人称之为生态时代。今后我们再不能只向自然界索取东西，而首先要保护自然界，保护和培植资源，保持生态平衡，然后再向它要东西，而且要取之有方和有限度，使自然界能永远地向我们提供越来越多的东西和优美的生活环境。这个大变化不是什么人凭空想出来的，而已是一个世界性的大问题。由于人口不断增长，而地球不能增大，人均占有的自然资源越来越少，而生活水平却越来越高，消费的东西越来越多，"供需矛盾"因而越来越尖锐，人类与自然界的关系也越来越紧张。一位外国学者指出：现在除日光以外，各种资源都不同程度地稀缺，拓荒者驾着大棚车寻找富饶的处女地的时代已一去不返。我们早已对地球上的好地方了如指掌，人们正在这些地方生活着。人类已由"牧童"经济时代进入"宇宙飞船"经济时代。前者是指对广阔无垠的原野进行着盲目的无限制的开发，用生产因素进行物质转化的数量来衡量成就的大小。后者则指以良好的状态维持现有的资本储备，即飞船和地球上的居民和生命维持系统，焦点是如何通过浪费较少的方式保持生活质量，从而减轻对自然资源的需求（[英]阿·康托尔的《环境经济学》）。1980 年在美国发行最近译成中文出版的《第三次浪潮》一书，对此有更明确的说明：由于人类对地球的要求急剧地升级 (50 年代中期，世界人口 27.5 亿，每年使用的能源为 87 千兆热量单位，使用的重要资源如锌 270 万吨，现在人口超过 40 亿，每年使用的能源 260 千兆热量单位，使用的锌为 560 万吨)。生物圈向人类发出了警告信号——污染、沙漠化、海洋毒化、气候的微妙变化，它警告我们不能再像过去那样组织生产了。由于人类对大自然的破坏力大大升级，人们也看到地球比我们原来估计的要脆弱得多。因此，过去十年间，出现了一场世界范围的环境保护运动，它迫使我们重新考虑人类对自然界的依赖问题。公众对技术的怀疑如此普遍，以致一个劲儿追求国民生产总值的人，也不得不在口头上表示同意自然界必须得到保护，不许糟踏，同时必须估计技术对自然的副作用，必须设法防止这些副作用，而不能熟视无睹。这个运动产生一个新的观点，即强调人与自然界和睦相处，就可以改变以往对抗的状况（见该书第 18 章和第 21 章)。许多国家绿党的成立，正是这个运动的具体反映。

我国国土虽大，但人口众多，就人均占有的自然资源来说，在许多方面低于世界平均水平；就我国自己来说，现在与新中国成立初期相比，人均占有的自然资源就少一半，加上经济还相当落后，"供需矛盾"更加突出。上述新的指导思想正是从战略高度考虑和解决这个问题的。它的深远意义正在这里。对于我国自然资源的利用，应有"一粥一饭，当思来处不易，半丝半缕，恒念物力维艰"的高度节约精神，各行各业再有浪费资源和破坏生态平衡的，都应看做是犯罪行为。我们从事地方工作的人，更应有"邑有荒土愧俸钱"的自觉性，想尽一切办法把全部国土资源都合理地利用起来。只有这样，我们才算真正理解了新指导思想的战略意义和自觉地执行了。

在三大前提下搞农业的新指导思想加重了林业的任务，对林业提出了更高的要求，这是因为无论是合理利用自然资源，特别是土地资源，还是保持良好的生态环境，林业都要承担极其繁重的任务。如果我们把林业工作方面的问题排一下队，就更能看清任务的严重和繁重。这些问题是：

1. 国家需要的木材严重不足，每年要进口大批木材和纸浆；

2．农民烧柴严重不足，每年烧掉大批秸秆和木材，从而影响了林业和种植业的发展；

3．水土流失面积达150万平方千米，每年流失50亿吨泥沙，治理任务很大；

4．沙化面积不小，还在不断扩大，而且速度惊人。新中国成立以来仅内蒙古自治区沙化面积即达1亿多亩；

5．产材县不断减少，森林向边远地区退却，与发达国家的森林挤进城市的形势正相反；

6．现有森林包括5000多万亩竹林经营得不好，没有充分发挥其作用；

7．荒山荒地很多，光热资源白白浪费。据统计，单是降雨量在400毫米以上的荒山荒地就有11亿亩；

8．近期内国家对林业的投资不可能增加很多，与繁重的任务很不适应。

为什么会有这许多问题？客观原因是什么和主观指导上有什么问题？是值得认真总结的！否则，就不易快速前进。这样，在新的指导思想下，如何开展林业建设的问题，就成为急待研究和解决的问题。

二、目前林业战线的新形势

我们也应该看到当前有利于林业发展的新形势，主要是：

（一）种草种树已列入党中央的议事日程，成为相当一部分地区的工作重点。这是全党思想认识上的转变。过去讲农田基本建设，主要是抓改土治水，造林种草是虚晃一枪，实际上排不上队。现在则提出农田基本建设的指导思想要来个彻底改变，西北各省要大讲种草种树。中央还特别指出种草种树，发展畜牧，是改变甘肃面貌的根本大计。这是指导思想上的大转变，也是认识上的大转变，要真正理解是不大容易的。1980年春，小平同志就指出，要把黄土高原建成牧业基地、林业基地，用飞机造林种草。1983年秋，总书记又重提此事。可见还未被人们所接受。今后要反复宣传和具体落实。但是，中央抓此事了，今后的形势会越来越好。

（二）平原林业的发展和农民对林业的新认识。1983 年 10 月召开的第五次全国平原绿化会议上，奖励了 80 个平原造林先进县。这批先进县的实践开阔了人们的眼界，解决了人们的认识问题。说明平原造林不仅有利于农业生产，还是平原地区开展多种经营、增加农民收入、改善生活环境和农业产值翻番的可靠途径之一。晋、冀、鲁、豫、苏北、皖北等广大平原地区，平原造林有很大发展并有许多创造，形势喜人。有的地方林木进耕地；有的县森林覆盖率已达 20% 左右，农林牧副生产均呈现新的发展。河套地区也是如此，如宁夏回族自治区的中卫县山区与沙漠占 90%，灌区占 10%，面积 21 万亩，营造防沙林 120 多里 *，灌区内 60% 的农田有了防护林。林网中风速低，湿度增加，蒸发量减少，秋季温度升高，夏季温度降低，减少了干热风的影响，延长了无霜期，农业产量大大提高。1982 年与 1978 年相比，粮食增产 32%，资金积累也增多了。全县四周植树 1000 万株，现木材蓄积量为 30 万立方米，其产值人均 270 元。10 年后可达人均 1000 元。从 1977 年以来，12000 千户农民盖了 84000 间房，用了 2.4 万立方米木材，全部是自产的。这还只是60% 的农田有了防护林，若全部有了防护林，形势就会更好，林业产值就可超过粮食。所以，该县人民认为植树造林是治穷致富的一条重要途径。

平原地区的这批县显示了林业的巨大作用：保护农田，安排了一部分多余劳力，增加收入，美化环境。在这些地方，林业对农业的作用不再是抽象的，而是非常具体的了。

（三）风沙、半干旱地区对造林有了新的觉悟。吉林长岭县规划：农田、林地和草地各占三分之一。完成造林任务后，人均收入可达 300 元；人工草场，以 30 亩地养一头牛计，全县 250 万～ 260 万亩草场改造后可养奶牛7 万～ 8 万头，人均收入更多。将来的收入中，牧业第一、林业第二、种植业第三。还有由此而来的工副业收入，它将比平原地区富足得多。全国100 多个半牧半农区县，都可以向这一方向发展。

---

* 1 里 =500 米。

（四）内蒙古草原提出以营造灌木林、饲料林为重点。学者如此想，当地领导决定如此做，想到一起来了，这也是新的觉醒，对林业和畜牧业都将带来好处。

（五）群众积极行动起来，包荒山绿化和小流域治理。福建省李金跃就是一个好典型。自己贷款包山搞林业，提出"以短养中，以中养长"即种药材（短）养经济林（中），经济林养用材林（长），在两三年内就有收益，给林业开辟一条新的路子，全省已推行这一办法。

小流域治理，山西省搞得较好。一个小流域几平方千米十几平方千米，几家包治，有一个统一的规划，综合治理。种草植树，还种其他经济作物，这是水保工作和农业生产的新发展。

（六）自留山、责任山的经营又是一路新军，其作用将越来越大。大部分自留山搞得比国营林场还好，合理利用了资源，对整个林业是一个促进。

（七）平原与山区结合，共同经营山区。广东有些平原地区往山区投资、投劳力，与山区共同经营，生产的产品或产值分成。从而加速了山区的开发。现在还是省内结合，将来可能发展为沿海与内地协作。

（八）林业在家庭经济中的地位大大提高了。家家户户的房前屋后都种上了树，多而且好。绿树丛中有人家，不但环境美化，而且增加收益。宁夏有些地方一户千棵树，一棵树5年后可卖7元，是农民的一个重要收入来源，被称之为"铁杆庄稼"。

（九）有些新的专用林逐渐被重视起来，如酸枣林、黑刺林（沙棘）、柠条林等。酸枣生命力很强，嫁接后就可成为枣林，而且当年可结大枣。它的分布相当广，可以大规模地经营起来。据说，苏联和蒙古都在经营黑刺林，能从中提炼出宇航员食用的物质，国内也有人在研究。黑刺在西北是先锋树种，到处都是，也是可以大搞的。柠条生长快，极耐干旱，是养羊的好饲料。还有生长在沙漠边缘的沙枣，也是好东西。这些过去不为人们重视的乡土树种，实际上是很有用处。可组织研究，大力发展，以便综合利用各种土地资源。

总之，现在，广大无林、少林地区，群众造林的积极性很高，林业有了很大的发展，成效显著。这是形势所迫，是生产和生活的需要，也是自然规律和经济规律在起作用。木材价格很贵，国家不供应，谁有木材就可以大得其利。国家对木材的管理办法，在这些地方不发生作用，农民受不到它们的束缚，可以放开手脚搞林业。

但是，有林地区农民的积极性如何呢？由于价格的限制和管理办法过死，有林地区农民营林的积极性不高，森林被破坏的情况还很严重。这很值得我们深思。如果要等有林地区变成无林地区后，营林的积极性才能提高，岂不是对我们的林业政策最大的讽刺！对有林地区的林业政策一定要改革，要把农民从"五花大绑"中解放出来。

三、在新思想、新形势下，积极开展林业建设

首先是做好宣传工作，使全国人民重新认识林业的作用。中央关于林业有一个新的提法，即"发达的林业，是国家富足、民族繁荣、社会文明的标志之一。"这个思想和"大木头"思想相比，相差十万八千里。对这一新的思想的重要性要从理论和实践上讲清楚。这个工作做好了，就能提高人民的认识，进一步推动林业的发展。林业刊物要有计划地做这个工作，并利用其他杂志和报纸来宣传，自己讲，也请其他战线的同志讲。要讲得通俗易懂，要大讲林业的多种作用和多种效益，使人们真正从"大木头"思想的束缚下解放出来。

其次，从我国多山和地形气候条件复杂的特点，来阐明林业的重要性和内容的多样性。因为多山，就要搞"立体农业"，因为地形和气候条件复杂，南方北方，东方西方，阳坡阴坡，山上山下都不一样，不同层次有不同的植被，有些层次种用材林，有些层次种经济林，再高的地方就只能种草，绝不能一刀切，绝不能单打一。我们国家耕地少，要靠林业解决一部分粮油和工业原料，还要提供药材和土特产品，绝不能只提供用材。但现在只搞用材，

而且品种单纯，不是适地适树，不能合理利用土地资源，我们要从"杉家浜"、"杨家将"的片面性中解放出来，还要从只搞乔木的思想中解放出来，要草灌乔结合，各种林结合、农林牧相结合，综合经营。这样，我们的林业才能为群众欢迎，才能发挥其积极作用。

其三，依靠林业专业户、发展林业专业户。一年前就有一百万林业专业户，现在当然更多了。这类专业户是林业建设的尖兵，探路者和示范者，是先进生产力的代表，是林业改革的积极分子。把他们组织起来并给以支持，就可以在林业建设的各方面实现突破，使林业建设日新月异。

其四，积极改革国营林场，林场也要搞综合经营，除搞林外，还要搞工副业。国营农场搞职工家属承包制，充分利用了人力资源和土地资源，增加了国家收入和职工家属的收入。林场、牧场、渔场都应如此改造。在专业户的影响下，林业工人的收入现状是不易维持的，相差悬殊，败坏了国营经济的名声。我国现有几千个国营林场，占地很多，有相当一部分生产不好，经营落后，所以，国营林场要下决心改革。国营林场的这一改革，对林业建设将起很大的促进作用。

其五，加强水源林的经营。西北广大地区缺水，但这个地区的一些森林如祁连山、六盘山、子午岭、大小罗山等水源林却不断遭破坏。这简直是不可思议的。谁都知道，这些水源林，是当地农业的生命线。没有这些林子，农业就要消失，连住人也困难了。因此，这个局面再也不能继续了。要明确提出，解决大西北缺水问题，经营好各地的水源林是重要的一环。

经营水源林，要从水源林周围的阴湿地上造林开始，逐步向外扩展。这样做，投资少而收效快。但现在的水源林不是向外发展，而是逐步缩小，林业管理机构管不起来，必须改变这一状况。水源林的经营是个大问题，再不抓紧，就是犯罪了。那种花大量资金搞水利却没有多少钱经营水源林的做法，实在不能再继续了。

其六，从林业的角度，主动解决农林牧结合的问题。现在有的林业县，发展了林业，又为农林牧的结合作出了榜样，要总结和推广这方面的经验。

作为农业区划和规划，要具体解决这个问题，对农林牧用地，要有一个合理的比例，要落实到地块。三十年来，我们一直喊"宜农则农，宜林则林，宜牧则牧"，这个口号太一般了，使各家互相争地，引起不少纠纷，实际上是一个农林牧怎样合理布局，才能取得最佳的经济效果的问题，对荒山的治理，也有林牧结合的问题，山上种树种草合理布局，就可为牛羊提供饲料和休息场所，牛羊又可为林地施肥。现在林牧分家，一个山头，要么姓"牧"，要么姓"林"，互相争夺，这是条条分割思想在作怪。

其七，林业院校系和专业的设置、课程的设置，林业科研单位的课题选择等，都要重新考虑，要按照新的指导思想安排，要从"大木头"思想下解放出来，要开设新的专业，培养新领域的人才。如对黑刺的研究，以及对柠条、酸枣、油桐、油茶、乌桕、漆树等等专题的研究和有关课程的设置与加强。

总之，在新思想的指导下和在新形势下搞林业，领域广阔，内容丰富，任务重要而繁重。因此必须扩大视野和重新安排。农业有"反弹琵琶"的问题，林业上这个问题更为突出。要从只见木头，不见森林的状况转变为从解决农业生产、解决农民烧柴、解决群众收入等方面想问题，这样做了，木材也就多起来了。农田防护林就是一个好例子，既保护了农业生产，又得到了木材。

要用百分之九十的力量来搞救民私粮，然后用百分之十的力量来搞救国公粮。这是毛泽东主席在抗战时期搞经济工作的一个指导方针，现在同样适用于林业。要先用百分之九十的力量搞各种防护林、经济林、薪炭林等，然后用百分之十的力量来搞大木头，林业就发展起来了。

总之，在林业建设上，要继续解放思想，从不合理的条条框框的束缚中解放出来。搞林业经济的人更应该解放思想，从更广泛的领域来研究林业，推动我国的林业建设。

（在中国林业经济学会第二届年会上的发言，1983年12月）

发展商品生产与建设生态环境

一、商品生产的新形势

我国农村经济已开始向专业化、商品化、现代化转变，而且来势很猛，形势喜人。表现在：

第一，专业户的发展。据农牧渔业部 1984 年资料，专业户（包括重点户）已达 2482 万户，比上年增加 58.8 %，占总农户数的 14%。由于各地标准不相同，两户的生产规模和生产水平有一定差距，但发展趋势则是很清楚的。专业户主要是从事商品生产的，它们的发展标志着我国农村商品生产的发展。

第二，乡镇企业的发展。1984 年乡镇企业总数已达 606 万个（包括联合体和个体工业企业），其中乡村两级企业 165 万个，比上年增长 22.6%；总产值达 1709 亿元，比上年增长 40%；总收入达 1537 亿元，比上年增长 37 %；职工人数达 5208 万人（其中乡村两级企业职工 3848 万人，比上年增长 19%），占农村总劳力的 14%。乡村两级企业总收入达 1 亿元以上的县 315 个，比上年增长 50%。纯利润 187 亿元，占总收入的 11.9%，其中乡村两级企业利润为 129 亿元，比上年增长 9%。上缴税金 90 亿元，占总收入的 6%，其中乡村两级企业上缴 79 亿元，比上年增长 33.5%。出口产品产值达 27.2 亿元。以上情况表明去年乡镇企业是一个大发展的形势，当然也反映了商品生产的大发展。

第三, 小集镇的发展。1984 年底，县辖镇数 6211 个，比上年增加 3430 个，人数 13447 万，比上年增加 7219 万，即增加一倍多。非建制的镇人口也在增加着。集镇人口的增长，速度是很快的。从另一个角度反映出乡镇企业的发展。

上述 3 个方面的趋势会继续发展下去吗？将来会形成什么样的新局面？

1984 年春，胡耀邦同志在河北省视察时指出：专业化是农业发展的第二个大政策，是责任制深入发展的新阶段。我们用 5 年时间完成了农业生产责任制的贯彻实施，再用 10 到 15 年完成专业化，要使一部分农民从种地中解放出来，离土不离乡，8 亿农民中，有 3 亿农民种地，其他 5 亿搞经济开发，搞服务业、商业、畜牧业、工业、运输业等。

把专业化作为责任制深入发展的新阶段，实际上也是农业和农村经济发展的新阶段，并准备用 10 到 15 年时间来完成，就是说公元 2000 年前主要完成这件事,这是一个重大战略决策。党中央《关于经济体制改革的决定》也指出："目前农村的改革还在继续发展，农村经济开始向专业化、商品化、现代化转变。"从要实现把 5 亿农民由种植业转出来搞经济开发事业这一点来看，这个新阶段要实现农村经济的大改组、大改革和整个农村的现代化。这是因为农业人口的大调整，决定于农业劳动力的大调整，后者又决定于农村各项生产和建设事业的大发展。农业内部，没有林、牧、副、渔各业的大发展，劳力集中于种植业的局面就无法改变。整个农村，没有乡镇企业、商业、服务业以及文化、教育、卫生、科学技术等事业的发展，农业劳动力就无法转到农业以外去。因此，这个专业化新阶段，标志着农林牧副渔五业的专业化和大发展，也标志着农村工业、商业、服务业、运输业、建筑业以及文教卫生科技事业的专业化和大发展。专业化、商品化、现代化同时进行,互相配合、互相促进。不搞商品化,专业化无法发展;不搞现代化,商品化也实现不了,因为解决不了有竞争力的问题。现在刚刚开始向专业化、商品化、现代化转变,上述三方面的趋势不仅会继续下去,规模还会越来越大。现在看来,乡镇企业和第三产业会比林牧副渔等业先一步发展起来,一是因为社会需要,二是因为这样可以富得快些。由于我国农村目前还比较穷,资金不足,这样做是适合的。

乡镇企业和小集镇的发展,是一件事情的两个方面,乡镇企业是小集镇建设的主要内容,当然还有相应的文化教育科技卫生等建设,乡镇企业则主要在集镇上发展。

1982 年,我国有县城 2080 处,建制镇 2786 处,农村集镇 53000 处,还有一些工矿区、卫星城。有人以为这些都可称为小城镇。常住人口为 7000 万～ 8000 万,工业产值占全国工业总产值的 20% 左右。将来要大发展的,主要将是现有的建制镇和农村集镇,它们将成为广大农村的经济文化中心。大部分农村加工工业、商业、服务业、文化馆、影剧院、中小学、科技中心、医院等,将集中在这里。从农业分离出来的劳动力,大部分也将在这里从事上述各种生产和服务活动。他们的家属大部分将仍住在附近农村。他们仍是农村人口,但不从事农业,过着城市化生活。

小集镇本身也发生着一系列变化,主要是:从单一功能向综合功能转化;从一种经济成分向多种成分转化;从单纯商品交换中心向商品交换中心兼生产中心转化;从封闭型向开放型转化;从定期集市向常年集市转化;从村庄模式向城镇模式转化。它起着六种作用:从行政管理来说,起着"龙头"作用;从安置劳力来说,起着"截流"作用;从城乡联系来说,起着"纽带"作用;从农村商品流通来说,起着"媒介"作用;从社会服务来说,起着"后勤"作用;从精神文明来说,起着"窗口"作用。

发展和建设小集镇是我国社会主义建设的一个重要特点,好处很多:第一,防止大中城市的膨胀;第二,为广大农村建立经济文化中心,带动农村的发展;第三,使我国工农业生产更加接近和结合;第四,为消灭城乡、工农差别创造条件。当前的问题是，加强领导，早日提出规划，做到布局合理，并协调各方面的力量，加快建设速度，力争少走弯路。

如果公元 2000 年前后，小集镇人口能达到 2.5 亿～3.0 亿，加上城市人口 3 亿 (有人这样预测)，我国将有一半左右人口过着城市生活，但国家负担不重。有这样多的经济文化中心在广大农村发挥作用，我国农业和农村建设将比较容易进行。应力争实现这样一个非常合理的布局。

这样的格局最能反映出我国社会主义现代化新农村的特色。在城乡结合、工农业结合、生态环境建设等方面，可谓独树一帜，加上生态农业的推行，我国的农村经济布局，应该说是很理想的。对此，要有明确的认识，并要为实现这一布局努力。

二、生态环境建设要与发展商品生产同步进行

为了保证上述合理布局能够顺利实现并且不带来副作用，目前要突出解决的问题是：生态环境建设一定要与发展商品生产同步进行。这不仅是一个理论问题，而且是一个十分紧迫的现实问题。由于不注意生态环境建设，特别是引进污染工业，在一些农村已造成严重后果，给生产和生活带来威胁。一些地方目前对这个问题的认识和采取的态度，又加重了问题的紧迫性。为了广大农村能防患于未然，现在就应明确尖锐地提出这个问题。下面讲一些已发生的情况：

一些乡镇企业发展较快的先进地区，比如江苏的苏南地区，虽然农业和乡镇企业都很发达，成绩很大，许多经验值得学习，但由于缺乏经验，引进了一些污染工业，也造成了严重后果。据该省环境保护部门调查，苏州、无锡、常州三市的污染影响范围其半径已达 10 ～ 25 千米，县属镇的影响范围其半径已达 5 ～ 10 千米。"当前的农业环境，城镇污染很严重，广大乡村污染正在发展，化学农药污染已相当普遍。"农村大多已改饮井水。外河的鱼很多有异味。如果不制止这个发展趋势，弄到农产品不能食用，问

题就大了。现在治理起来，困难已很大，但不治理问题更大，后果更严重。

目前既有为了发展乡镇企业而盲目引进污染工厂的倾向，也有为了保持城市清洁而迁出污染工业的倾向，两者结合，后果将十分严重。1984年12月31日《北京日报》关于铜丝厂熔铸车间迁至市郊的报道及编者按，就是一个令人不安的信息。它不仅把搬迁称之为"污染源撤除"，而且公开提出"最好的治污办法就是迁出"的主张，为污染工厂下放农村开绿灯。不少地方也是这样做的，如南京市浦口区东门镇炼油厂，因生产工艺落后，污染严重，被责令关闭。该厂就把设备卖给江浦县大桥乡政府，由后者继续建厂生产。由于乡政府既不向环保部门汇报，又不办理"三同时"审批手续，刚点火烘炉，就被南京市环保局责令停产。江浦县大桥乡被责令停产是应该的，损失也应由自己负责。但是转嫁污染设备的东门镇炼油厂又应承担什么责任呢？污染源不解决，环保部门将管不胜管，污染工厂势将继续扩散。抓流不抓源的做法是值得研究的。这件事又对我国城乡关系和工农关系提出一个新问题，能搞以邻为壑吗？能把污染推给人家吗？应该如何处理这类问题呢？

我国的生态环境问题已相当严重，再不能下放污染工厂给农村火上加油了。严重情况表现在两个方面：一是森林和草原的破坏，引起水土流失面积的扩大和生态环境的恶化；一是现代工业的"三废"污染，又造成新的生态问题。就前者来说，以自然条件优越的长江流域为例，现在的水土流失面积比50年代扩大了一倍。上游也很严重，森林覆盖率下降到10%左右，乌江上游的黔西地区和沱江、嘉陵江中游的四川盆地丘陵区，只有5%左右，因而水土流失日益加剧。位于大渡河上的龚咀电站，库容3.8亿立方米，从1971年投产到1980年的9年间，已淤积1.6亿立方米，如不采取措施，13年后就失效了。目前长江上游脆弱的生态环境仍在继续恶化，严重的水土流失尚未治理，林木消耗量仍大于生长量（见中国农村发展研究中心的《调研与建议》第14期）。这个恶化情况实在是惊人的。值得注意的是，就连西藏自治区也有人在呼吁自然生态环境破坏严重和污染日趋严重了《中国环境报》1985年4月20日。就"三废"的污染来说，问题也很严重。水的污染，大家注意到了，全国27条主要河流都已受到不同程度的污染，其中严重的有17条。一些城市和工厂附近的水库也受到污染。如江苏有名的骆马湖，1984年8月，就因为徐州市几家大工厂的污水集中排入而死鱼百万余斤，今后2年也很难恢复生产，使3万多群众的生产和生活发生困难（《水产情况》第4期）。河南郑州铝厂是我国最大的氧化铝生产工厂，每天排放碱性污水2万多吨，使荥阳县总库容为2470万立方米的唐岗水库成为它的污水池，1984年10月和12月，为腾库容两次排水，使下游三个村的516亩鱼塘受害，75万尾鱼几乎全死光（《中国环境报》1985年4月20日）。这类例子几乎到处都有。空气污染特别是酸雨危害，也越来越引起人们的重视。1983年1月，《人民日报》在"科学知识栏"发表了《警惕空中死神——酸雨》的文章，指出"环境保护工作者在25个省市自治区设点监测，发现88%的地区出现酸雨，展开趋势是由北向南逐渐加重"，也指出重庆市酸雨连降，最低pH值为3，已超过世界上酸雨危害最严重的地区——美国东北部，其pH最低值为3.35(pH值表示溶液中的酸碱度，空中降雨pH值小于5.6的为酸雨，越小酸性越强)。1985年2月5日《中国环境报》头版头条发表了《来自森林的呼救报告》，指出万县地区97万亩华山松林，已有57万亩受到灾害，最早出现树木死亡的奉节县茅草坝林场，90%以上的树木死亡，残存的也病入膏肓。重庆市近郊风景区南山，2.7万亩马尾松林，已有万余亩枯死，其余的也面临死亡。这一带植物的种类已由上千种减少到260余种。由于植被破坏和水土流失，鸟类纷纷逃离，虫害就泛滥起来。报告说："奉节、重庆两个林区森林大片死亡的状况和原因，在全国带有普遍性，应引起人们的普遍关注。"煤是我国的主要能源，如不采取有力措施，随着工业的发展，煤炭使用量的增加，酸雨的危害也将越来越严重。不仅森林、农作物、草原和水生动植物都将受到损害。

在生态环境问题已这样严重的情况下，如果在发展乡镇企业的过程中，又把污染工厂引进小集镇，来个污染工厂遍地开花，就将使广大农村处于内外污染夹击的状态之中，农村的生态环境将会弄到不可收拾的地步。经济效益就谈不上，翻番也不可能实现，人们还要在疾病威胁下过活。所以农村要不要引进污染工厂或者说城市应不应下放污染工厂，不仅是个经济问题，更是个政治问题和社会问题，是关系到社会主义建设原则的大问题。资本主义国家先污染后治理的老路，我们绝不走，也走不起，我们的生态环境实在再经不起这个折腾。必须走生态环境建设与发展商品生产同步进行的新路。这不仅能表现出社会主义制度的特色，经济效益也是最高的，把近期效益与长远效益结合起来，算总账是最合算的。

值得高兴的是，中央领导同志再次抓这个问题，不少地方已注意并着手解决这个问题，有的地方已取得一定的成绩和经验。

万里同志明确把水、气、噪声污染称为城市的"三害"，指出当代文明就是除"三害"，文明城市要解决"三害"问题（《中国环境报》1985年2月26日）。这是一个大的决策，治理城市的"三害"，就是认真抓治理污染源，是治本之道。

李鹏同志强调当前特别应该重视乡镇企业的环境污染问题，要认真管起来（《中国环境报》1985年3月30日）。环保部门已把乡镇企业列为五个重点之一，即水、气、渣、声、乡镇企业。

山东省济南市领导机关下决心治理济南市的大气污染，争取3年内根本改善市内的大气质量，并把防治工作作为企业的一项指标进行考核（《中国环境报》1985年2月2日）。

一些污染工厂经过努力已改变了面貌，如黑龙江垦区最大的化肥企业浩良河化肥厂，过去是"栽花花不开，种草草不绿，种树树不长"的污染严重工厂，经过几年努力，1984年被该省评为环保先进单位。

我国的生物防治面积已达1亿亩以上，这对减轻农药污染作用很大。这是既省钱又改善环境的大事业，大有发展前途。

一些县已取得了防止污染的好效果。广东省顺德县就是一个很好的典型，县委县人民政府重视生态环境建设，把"发展经济，解决就业，防治污染，保护农业生态系统"作为社队企业发展的指导思想，并把它纳入农业区划、村镇建设规划之中。鼓励以种植业、养殖业为基础的轻纺工业和为城乡人民生活、外贸服务的无污染、少污染行业，严格控制小电镀、小造纸、小冶炼、小化工等污染型工业的建设，坚决制止城市工业中的污染型产业向农村转移。对已有的污染工厂狠抓治理或关停并转，新建设的，严格实行三同时。除了提高干部群众的认识水平以外，组织了600多人的专职或兼职的环保队伍，形成了一个群众与专业相结合的环境监督网。因此，在工农业生产大发展的同时，不仅保护了历史形成的"基塘"生态系统，并使占全县面积40%的水域水质有了明显改善，全县的污染情况不断好转。这又进一步推动工农业的发展，形成一个良性循环（《环境工作通讯》1983年第1、2期）。

这些事例说明，情况是严重的，只要狠抓治理，又是可以解决的。事先防止，既省钱又省事，还可闯出一条新路。制止城市污染工厂下放到农村，是最为有效的措施，应该坚决实行。有了这一条，农村的污染问题就比较容易解决一些。乡镇企业的发展也就能走上正确的道路。

三、推行生态农业与发展商品生产的关系

人们对生态农业逐渐重视起来，不少单位都在试点，这是非常好的消息。生态农业与商品生产是个什么关系，是有利还是有害，应该进一步弄清这个问题。

关于生态农业，目前国内外都有不同的理解和说法，这是不同的环境和需要决定的，与试验、研究部门的性质也有一定关系，但总的精神则是比较一致的，防止污染、提供清洁食物和美化环境。根据我国农村特点及目前需要，我们讲的生态农业，其范围比国外讲的要广泛一些，不限于种植业，可以概括为这样的概念：运用生态学和生态经济学原理指导农业生产，充分利用自然资源，利用动物、植物、微生物之间相互依存的关系，也利

用现代科学技术，实行无废物生产和无污染生产，提供尽可能多的产品，并创造一个优美的生态环境。不拒绝利用现代机械、化肥和农药，而是把它们纳入新的生产系统。也不回到传统农业，但充分吸收它的现在还适用的经验和办法，并用现代科学理论加以总结、提高。这种农业具有整体性、地域性、调控性、高效性和建设性等特点，模式则是多种多样和多层次的，小到一个家庭农场，大到一个县或地区。这种农业又不是高不可攀的，所有农村现在就可以实行。而且我国农业要以此取胜，优势也正是在这一方面。

为了推行生态农业，就一个县来说，现在就可以进行三方面的工作：

一是切实实行农林牧渔结合，协调发展。这就是用耕地、林地、牧地（特别是人工草地）和水面，把境内全部土地资源利用起来，消灭裸露土地，使四者有机地结合，尽可能多地把太阳能转化为生物能，为开展第二性生产和加工工业创造条件，取得最佳经济效果。这实际上又是培植资源的有效办法，也美化了环境。一些县在这方面取得了很好成就，他们的经验值得重视。

二是建立农作物秸秆和其他副产物的循环利用系统，实行无废物、无污染生产。如按次生产食用菌、菌糠饲料、发展家禽家畜、发展沼气、养蚯蚓、制造优质肥料、发展屠宰业、食品工业和有关加工工业等，多层次增加产品和产值，同时解决农村自身的污染问题，改善生态环境。这些技术各地都有，也有一些成功典型，问题是分散进行，未形成系统，威力没有充分发挥出来。要认真组织起来，形成一个完整的循环利用系统。搞好了就等于开辟一个新的生产领域，向生产的深度进军，更为重要的是，许多新技术可以用起来，推动传统农业加速向现代农业转变。江苏省海安县的经验是值得重视的。

三是坚决防止污染工厂进入农村和集镇。问题的严重性和必要性前面已讲了，现在的问题在于：就一个县来说，要下决心不引进污染工业，发展速度慢点也不要怕。只要前面两个问题解决好了，加工产品将是丰富多彩和源远流长的，有强大的竞争能力，速度也不会慢，而且后劲很大，一定能后来居上。在这个问题上，绝不能近视，更不能"要钱不要命"，要多考虑长远利益。

上述三条中，第一条已宣传多年，经验和典型都很多，是认真落实的问题，是没有什么困难的。第三条是一个认识和决心问题，做起来应该是困难不大的。只有第二条，要有一定的技术力量和装备，成熟的经验也不多，需要先进行综合试点和训练人员，再逐步推行，不能一哄而起，但也不是很难的事。这三条做到了，农村形势就会大变：生产上是良性循环，生产门路不断增加，产品日益丰富多彩，生产成本能逐步降低，农产品质量提高，又是清洁的，因而有强大的竞争力。所有这些对于发展商品生产都极为有利。加上生态环境越来越优美，生态农业的优越性会越来越显示出来。

这样的农业是有生命力的，这样的农村是优美的、富裕的，一定能推动文明城市的建设，对我国的四化建设也将起到很大的促进作用。

四、要从三大前提的战略高度思考问题

党中央最近批评农业战线视野不开阔，对全面开展国土资源重视不够。应该有什么样的视野呢？党的十二大提出："今后必须在坚决控制人口增长、坚决保护各种农业资源、保持生态平衡的同时，加强农业基本建设，改善农业生产条件，实行科学种田，……并且全面发展林、牧、副、渔各业，以满足工业发展和人民生活提高的需要。"党中央1983年一号文件又进一步提出"实现农业发展目标，必须注意严格控制人口增长，合理利用自然资源，保持良好的生态环境"，要求在这三个前提下，闯出一条具有中国特色的社会主义农业的发展道路。这是具有深远意义的战略决策。

就比较直接的意义来说，这个新的战略决策，将使我国农业与掠夺性经营方式决裂，进入严格按照自然规律和经济规律办事的新阶段，从而将由恶性循环逐步转变到良性循环，生产条件和生活环境将逐步得到改善，农业生产将稳步增长。就更为广泛的意义来说，它将使我们与自然界的关

系进入一个新时期，即由把自然界视为需要加以征服的异己力量因而不断向它开战的时期，进入把人与自然界视为一个统一体因而彼此应该协调发展的新时期。有人称这个新时期为生态时代。今后我们再不能只向自然界索取东西，而首先要保护自然界，保护和培植资源，保持生态平衡，然后再向它要东西，而且要取之有方和有限度，使自然界能永远地向我们提供越来越多的东西和优美的生活环境。这个大变化不是什么人凭空想出来的，是客观形势决定的，而且已是一个世界性的大问题。由于人口不断增长，而地球却不能增大，人均占有的自然资源越来越少，生活水平却越来越高，消费的东西越来越多，"供需矛盾"因而越来越尖锐，人类与自然界的关系也越来越紧张。一位外国学者指出：世界已进入一个短缺的时代，人类已由"牧童"经济时代进入"宇宙飞船"经济时代。前者是指对广阔无垠的原野进行盲目的无限制的开发，用生产因素进行物质转化的数量来衡量成就的大小。后者则指以良好的状态维持现有的资本储备，即飞船和地球上的居民和生命维持系统，焦点是如何通过浪费较少的方式保持生活质量，从而减轻对自然资源的需求（阿·康托尔《环境经济学》）。1980 年在美国发行并已译成中文出版的《第三次浪潮》一书，对此也有明确的说明：由于人类对地球的要求急剧地升级（50 年代中期，世界人口 27.5 亿，每年使用的能源为 87 千兆热量单位（Btu），使用的重要资源如锌 270 万吨，现在人口超过 40 亿，每年使用能源为 260 千兆热量单位，使用的锌为 560 万吨），生物圈向人类开出了警告信号——污染、沙漠化、海洋毒化、气候的微妙变化，它警告我们不能再像过去那样组织生产了。由于人类对大自然的破坏力大大升级，人们也看到地球比我们原来估计得要脆弱得多。因此，过去 10 年间，出现了一场世界范围的环境保护运动，它迫使我们重新考虑人类对自然界的依赖问题。这个运动产生一个新的观点，即强调人与自然界和睦相处，改变以往对抗的状况（见《第三次浪潮》第 18 章和第 21 章）。许多国家中绿党的成立，正是这个运动的具体反映。我国国土虽大，但人口众多，就人均占有的自然资源来说，在许多方面低于世界平均水平；就我国来说，现在与 50 年代相比，人口占有的自然资源也少了一半，加上经济还相当落后，"供需矛盾"更加突出，上述新的战略决策正是从战略高度考虑和解决这个问题的,它的深远意义正在这里。对于我国自然资源的利用，应有高度节约精神，各行各业再有浪费资源和破坏生态平衡的，都应看做是犯罪行为。从事地方工作的人，更应有"邑有荒土愧俸钱"的自觉性。

我觉得，这个战略决策就应是我们的视野。有了这样的视野，就能十分珍惜自然资源，精心培植，节约使用；就能积极推行生态农业和美化农村环境；就能积极变"三废"为三宝，化害为利；就能自己治理工厂的污染，不推给别人；医院的污水就能自行消毒，不放出去害人；开矿和修路，就能保护植被和珍惜土地；每个城市和工厂，就都能自己除"三害"，成为清洁城市和工厂。这样，大江大河自然就清洁了，天空就晴朗了。不管工农业如何发展，都能保持着水、空气、食物的清洁，还有一个优美的环境。这样，我们就不仅闯出一条具有中国特色的社会主义农业的道路，也闯出了一条具有中国特色的四化建设的道路。社会主义制度的优越性就充分显示出来。因此，不仅农业战线，工业战线和各行各业，都应有这样开阔的视野。这样治理污染不会影响增长速度吗？表面上看是要影响一些，因为近期要多花一些投资，但是这样做经济效益好得多，社会效益和生态效益更好，而且后劲很大，没有虚假现象和副作用，算总账，速度是快的。认清这一点，也是一个视野开阔不开阔的问题。

（《技术经济参考资料》1985年第18期）

生态农业与农业系统工程

一、从"两个基本特点"到"三大前提"

十一届三中全会以来，党中央采取一系列重大决策在农村进行改革，调动了农民的积极性，这个改革正在继续深入发展，即党中央在《关于经济体制改革的决定》中指出的，"目前农村的改革还在继续进行，农村经济开始向专业化、商品化、现代化转变"。这个转变是一个相当长的过程。

与此同时，党中央在发展生产力方面、在解决人与自然界的关系方面的指导思想与决策也有重大发展，它的重要性和深远影响，是同样重要的，这里，我着重讲这方面的问题。

1981年春，党中央和国务院明确提出："我国农业就总体来说有两个基本特点：一个是每人平均耕地较少，但山多，水面、草原大，自然资源丰富；一个是技术装备落后，但劳力资源丰富。"由这两个基本特点，特别是第一个特点就产生一系列生产方针和政策。

1983年党中央一号文件，明确把合理利用自然资源、保持良好的生态环境与严格控制人口增长并列，作为我国发展农业和进行农村改革的"三大前提条件"。这是党的十二大政治报告有关提法的进一步发展，也是对人与自然界的关系在认识上的飞跃，是发展农业和四化建设的崭新的，具有深远意义的战略决策。

就比较直接的意义来说，三大前提将使我国农业与掠夺性经营方式决裂，进入严格地按照自然规律和经济规律办事的新阶段，从而将由恶性循环逐步转变到良性循环，生产条件和生活环境将逐步得到改善，农业生产将稳步增长；就更为广泛的意义来说，它将使我们与自然界的关系进入一个新时期，即由把自然界视为需要加以征服的异己力量，因而不断向它开战的时期，进入把人与自然界视为一个统一体，因而彼此应该协调发展的新时期。有人称这个新时期为生态时代。今后我们再不能只向自然界索取东西，而首先要保护自然界，保护和培植资源，保护生态平衡，然后再向它要东西，而且要取之有方和有限度，使自然界能永远地向我们提供越来越多的东西和优美的生活环境。

我国国土虽大，但人口众多，就人均占有的自然资源来说，在许多方面低于世界平均水平；就我国来说，现在与新中国成立初期相比，人均占有的自然资源也少了一半，加上经济还相当落后，"供需矛盾"更加尖锐，从而生态环境的保护问题也越来越突出。上述三大前提正是从生态时代的高度考虑和解决这个问题的，它的深远意义就在这里。对于我国自然资源的利用，应有"一粥一饭，当思来处不易；半丝半缕，恒念物力维艰"的高度节约精神，对于我国比较脆弱的生态环境的保护，应有"如履薄冰"的高度警惕性。各行各业再有浪费资源和破坏生态平衡的，都应看做是犯罪行为。

在这前后，党中央对林、草的提法也有新的发展。1981年3月，对于林业提出一个新的论断："发达的林业，是国家富足，民族繁荣、社会文明的标志之一。"把林业与富足、繁荣、文明联系起来，充分肯定了林业的多种作用，也是对大木头思想的严厉批评。1983年8月，中央领导同志提出："要实现中国北方生态系统的良性循环，第一位的工作是种草、种树。"把种草、种树与生态系统直接联系起来。1984 年春，党中央与国务院共同决定，到公元 2000 年时，我国人工种草面积要达到 5 亿亩。这是实现农业现代化的极重要的措施。把草作为一业与农业林业并列的问题不久也就提出来了。1985 年春，党中央批评农业战线视野不开阔，对全面开发利用国土资源重视不够。这再次说明党中央对这个问题的关怀和密切注意。

党中央这样重视自然资源的合理利用和良好生态环境的保持，这样强调林草建设，这是党中央的高瞻远瞩，有其深远的理论意义和现实需要。

大家知道，社会主义最根本的任务是发展生产力，要在发展生产力的基础上体现出优于资本主义，最终实现共产主义。发展生产力，是不是只要有人的积极性就行了？这个理论问题，早在《哥达纲领批判》的第一条就作了明确的回答："劳动不是一切财富的源泉。自然界和劳动一样也是使用价值（而物质财富本来就是由使用价值构成的）的源泉，劳动本身不过是一种自然力的表现，即人的劳动力的表现。"没有自然资源，没有良好的生态环境，人的积极性再高，也是无所作为的。

从现实情况看，新中国建立以来，我国对于自然资源的利用合理吗？保持了良好的生态环境吗？应该说是很不合理，很不够的。不仅农业方面的掠夺性经营方式造成了严重的后果，工业方面的"三废"处理也有很大的问题。大江大河和城市周围的污染越来越严重，并迅速向农村扩散。这两方面结合在一起，就造成一个与社会主义建设极不相称的严重局面。1982 年冬，中央领导同志即明确指出：现在农村如果出问题，很可能出在自然环境、生态平衡遭到破坏上，这种破坏是带根本性的。我认为这里指的破坏，包括农业上的掠夺性经营和工业上的污染两个方面，三大前提的提出，正是考虑到了这两方面的严重情况，绝不仅仅是一个理论问题。

这也就提出一个新问题：三大前提论是仅仅限于农业呢，还是包括工业和整个四化建设？看来，应是后者。因为单是农业，解决不了自然资源的合理利用和良好生态环境的保持问题的，比如大江大河的污染，城市周围农村的污染，工矿区周围的污染以及大气污染等，农业就无能为力，而这些问题不解决，三大前提就无法全面落实。当前的问题，正在于对三大前提的理解不深，实际工作中更没有认真地、自觉地把它们作为前提，特别是对人口以外的两条颇为忽视，三大前提论已提出 3 年，合理利用自然资源的标准问题，良好的生态环境的标准问题，至今还未提出来，而且城市正在下放污染工厂给农村，农村也在盲目引进，而不注意建设生态环境和保护资源，这样的一种思想境界，怎么搞好四化建设？值得高兴和重视的是，在《关于制定国民经济和社会发展第七个五年计划的建议》中，党中央再次明确提出，"在一切生产建设中，都必须遵守保护环境和生态平衡的有关法律和规定，十分注意有效保护和节约用水资源、土地资源，矿产资源和森林资源，严格控制非农业占用耕地，尤其要注意逐步解决北方地区的水资源问题"。这实际上是把三大前提提高为一切生产建设的前提。党中央的提法又前进了一步。

二、生态农业是我国农业的根本出路和优势所在

在三大前提思想指导下，生态农业获得了新的意义，因而近年来发展很快，引起人们的兴趣和重视。生态农业在我国兴起不是偶然的，它是我国农业的根本出路和优势所在。

生态农业是国际上正在兴起的新事物。从国外情况看，它是石油农业遇到了不可克服的困难 (主要是投资大、耗能高、污染重) 的情况下所产生的一种新的探索。近些年来，国内一些学者、专家和研究单位也在探索这个问题。目前国内外对于生态农业有不同的理解，这是不同的环境和需要决定的，与研究和试验部门的性质也有一定关系。但总的精神是比较一致的，这就是：要求在农业生态系统中起主导作用的人，善于遵守自然规律和经济规律，立足今天，放眼未来，尽量避免以至根除恶性循环，力求促进和实现良性循环，在发展生产的过程中，为当代人以及子孙后代创造一个经常保持最佳平衡状态的生态环境。根据我国农业资源的特点及目前需要，

我们讲的生态农业，其范围比国外讲的要广泛一些，不限于种植业，包括农林牧渔各业和乡镇企业。可以概括为这样的概念：切实根据生态学和生态经济学原理组织农业生产，充分利用当地的自然资源，利用动物、植物、微生物之间相互依存的关系，利用现代科学技术，实行无废物生产和无污染生产，提供尽可能多的清洁产品，满足人们生活、生产的需要，推动乡镇企业的发展，同时创造一个优美的生态环境。即有效地利用现代机械设备、化肥和农药，但要把它们纳入新的生产体系尽量减少其污染影响和其他副作用，也充分吸收传统农业的经验和办法，并用现代科学知识加以总结提高。这种农业是一种科学的人工生态体系，具有整体性、系统性、地域性、集约性、高效性、调控性等特点，力争实现绿色植被最大、生物产量最高、光合作用最合理，经济效益最好、生态平衡最佳等目标。模式则是多种多样多层次的。小到一个家庭农场的安排，大到一个县一个地区的布局，这种农业又不是高不可攀的，所有农村现在就可以实行。

为了推行生态农业，就一个县来说，可以进行两方面的工作。

一是切实实行农林牧渔协调发展。利用耕地、林地、牧地（特别是人工草地）和水面，把境内全部土地资源利用起来，消灭裸露土地，尽可能多地把太阳能转化为生物能，为发展第二性生产和加工工业创造条件，以取得最佳经济效果。这实际上又是培植资源的有效办法，也美化了环境，一举数得。现在已有一批平原造林先进县，把境内的荒坡、荒滩、村庄、道路、渠道全部绿化，加上农田林网，使覆盖率达到20%左右，既解决了用材和燃料问题，保护了种植业，还促进了畜牧业的发展，副业和加工工业也发展起来，环境也美化了。不仅经济发展，人们的精神面貌也起了很大变化。这些地方风景优美，真是"远看一处攒云树，近入千家散花竹"的桃源仙境，令人心旷神怡。

二是建立农作物秸秆和其他副产物的循环利用系统，实行无废物生产和无污染生产。如按次生产食用菌、菌糠饲料、发展家禽家畜、发展沼气、养蚯蚓、制造优质有机肥料、发展屠宰业、食品工业和有关加工工业等，多次增加产品和产值，同时解决农村自身的污染问题，改善生态环境。由于有机肥大量增加和生物防治工作的开展，化肥、农药的使用量逐步减少，因而农产品的产量增加，质量提高，土壤的有机质含量也逐步增长。这些技术各地都有，也有一些成功典型，问题是各个环节分散进行，未形成系统，威力没有充分发挥出来，要认真组织，形成一个完整的循环系统。搞好了就等于开辟了一个新的生产领域，不仅有利于增加产量和产值，对于提高产品质量，降低生产成本，也极为有利。更为重要的是，许多新技术可以利用起来，而且能够协调地互相促进，推动传统农业加速向现代农业转变。在这一方面，江苏省海安县的经验是值得重视的。前几年，它来了个百万雄鸡下江南，引起了轰动，秘密就在于它较好地实现了上述的循环利用系统，产品质量好，成本低，又是清洁食物，有很强的竞争能力。目前正在建设现代化的屠宰业和相应的加工工业，如羽绒服装业、肉类制品业、药品制造业等（这些都是乡镇企业的重要内容），生态农业的威力将进一步发挥出来。

上述第一条已宣传多年，经验典型都很多，目前是进一步认真干起来的问题。第二条要有一定的技术力量和装备，成功的经验又不多，需要先集中技术力量进行综合实验和培训人员，再逐步推行，不能一哄而起。但也不是办不到的事。可以清楚地看到，这两条做到了，农村形势将发生巨大变化，一是农业生产就能进入良性循环，第一性产品将大幅度增加。二是畜牧业和加工工业将迅速发展，农村的生产门路将大量增加，而且在市场上有竞争能力。三是有利于乡、镇企业和小集镇的发展，还为阻止污染工业进入农村创造了条件。四是为各种新技术在农业和农村产业上的运用创造了条件，有利于提高干部和农民的科学文化水平，加速农业和农村的现代化。五是实行生态农业也有利于开发山区、草原和滩涂，使干部和农民的视野大为开阔。我们知道，我国的农业用地约106.5亿亩，其中80%以上不适于耕种而只能搞林和草；滩涂只能搞水产和大米草之类的牧草。但是，有了生态农业的思想，这些土地和水面就可以充分利用起来。不仅可以改善生态环境，所增加的财富也是十分可观的。

总之，生态农业在我国的兴起，是一件十分有意义的事情，我们应该重视这一新事物并积极推动其发展。应该把它视为我国农业的新的转折点。

杜润生同志前不久去西德考察，看到那里正在酝酿一个新的变化，就是要把农业搞成维护、保护自然环境的一种手段，坚持要保留农业，使地面能够绿化，能够保护清洁的空气、干净的水，使人类能够享受到自然环境给予的幸福。不但希望大农业而且希望小农业也不要被破坏，因为小农业可以少用一点工业的物质，可以搞有机物还田。他们主张农业的分散性要保持，但科学性也要保持，尽量运用生物学上的概念，生物科学的技术。他们禁止养鸡、养猪使用激素，因为激素最后要转到人身上，是有害于健康的。他们还积极试验有机农业。有个华侨在一个大城市郊区办农场，完全用中国的传统办法，不用机械、化肥、农药和激素，被称为无公害蔬菜，很受欢迎。我想，前面讲的生态农业的设想，与西德的新变化是一致的，而且我们的设想和试验，还要更完善一些，试验范围也更大一些。我们有传统农业的经验，并且正在生产中起作用，这是我们极为有利的条件。

三、农业系统工程——组织农业生产和农村建设事业的科学方法

1980 年以来，中国科学院农业现代化研究委员会根据著名科学家钱学森同志的倡议，在李昌同志支持下，积极把系统工程这门学科应用于农业生产和农业现代化建设，连续办了多期训练班，每期都组织学员在农业现代化综合科学实验基地县实践，学员回去后又在所在地区和县继续实践，因此试验范围不断扩大，到 1985 年 7 月，中国系统工程学会农业系统工程委员会成立时，全国已有 20 个省市自治区 100 多个地县开展了农业系统工程的应用。会后，有一批省市区很积极推动此事。安徽在阜阳地区办了农业系统工程高级训练班，同时办生态农业训练班，共 400 人，并决定在

3个县试验。江西以4个县市搞试点，天津成立农业系统工程研究会，并准备在全市试验。吉林决定办100人的高级训练班，然后用农业系统的办法搞全省的农业发展战略。山东拟把干部管理学院改为农业系统工程学院，大力培训人才。四川也要求派人帮助办培训班。可以预料，它的影响将越来越大。值得注意的是，农业系统工程与生态农业同时在我国兴起，并且逐渐结合，互助促进，协调发展，这是非常有意义的现象。

钱学森同志在《关于新技术革命的若干基本认识问题》的报告中明确提出，系统工程是新技术革命的一项重要的内容，是人改造客观世界的飞跃。要研究和创立社会主义现代化建设的科学，即系统工程在整个国家组织管理工作中的应用问题。近年来，在研究新技术革命与我们的对策这个问题的过程中，自然科学家与社会科学家，从不同的角度得出一个共同的结论：我们同外国的差距，在管理方面比在新技术方面更大。比如生物化学家曹天钦同志在《生物技术的现在和未来》一文中指出："我们的差距，与其说在科学技术方面，毋宁说更在管理方面。只要政策对头，全国一盘棋，我们一定会迎头赶上。"又说："只要政策得当，中国人比谁都不笨。"这是自然科学家的呼声。经济学家宦乡同志在《如何迎接新技术革命的挑战》的文章中指出："就电子计算机来说，我们起步并不太晚，……搞了二十多年，与外国的差距反而拉大了，……主要问题出在管理体制上，……存在着散、乱、差的问题……上述问题再也不能继续下去了，否则，不仅赶不上，反而会被更远地抛在后面。"这是社会科学家的呼声，为自然科学家的论点作了注释。他们二人的呼声又为钱学森同志的论点作了注释。

怎样解决管理落后的问题呢？就是要认真运用系统工程的方法，即对于复杂的系统的组织管理，不是靠思考、设想、估计就行了，要靠定量的科学分析。就是说，在解决我国管理工作落后的问题上，系统工程工作者肩负着重任，农业系统工程也应在农业现代化中发挥更大的作用。

农业是一个十分复杂的大系统，不仅因子众多，关系复杂，而且具有边界模糊、子系统之间接口无定型、系统弹性大以及追踪困难等特点。管理好这样的复杂系统，过去用的老办法是根本不行了，一定要积极采用农业系统工程的科学方法。这就是在唯物辩证法思想的指导下，将系统思想、开放系统思想、数学模型方法和计算机工具全面结合，对复杂的农业整体，采取多目标、多因子、多层次、多变量、多方案、多途径的综合分析，提出多种方案，供比较和选择。从一些这样做了的县来看，县级领导同志是欢迎这种办法的，因为不仅看到了问题的复杂性，而且懂得所选方案的优越性，信心大增，办法也多了。万里同志提出："要提高认识，用系统工程的观点，去揭示农村产业结构的全部内容和内在规律。"这就抓住了当前问题的关键所在。

关于农业的复杂性问题，我还想引用一点国外的论述以加深印象。1981 年 5 月，日本国民经济研究协会会长竹中一雄氏在《经济学家》周刊上发表文章指出：农业是需要高度科学知识的、最难搞上去的、比工业还强大的产业。

"一般说来，大部分制造业是建立在应用物理、化学规律基础上的产业，但是，农业不仅需要物理和化学，包括机械、电气、肥料、农药等，还必须涉及从生物学、动植物的生理、病理、生态学到微生物、土壤学、遗传学、医学以至气象学等广泛的基础科学研究。"

"农业是技术革新可能性很大的知识密集型产业，也是发达国家才能取得优势地位的产业。"

"发展发达国家类型的农业，是工业国家继续前进的方向，这是历史的必然。"

我国是农业、工业、国防、科学技术四个现代化建设同时进行的，对农业来说，情况就更复杂一些，困难也更大一些。然而我们对农业是怎样看的呢？恐怕传统农业的概念还在起主导作用。这个情况是值得认真思考的。

关于生态农业、农业系统工程与农业现代化的关系问题。可否这样概括：中国式农业现代化的核心内容是生态农业，主要方法是农业系统工程，在一个根据生态学和生态经济学原理并在农业区划的基础上制定的整体发展规划的指导下，有计划地综合运用现代科学技术成果，不断提高农业生产和有关加工工业水平，力求同时实现三个最佳效益（经济、社会和生态）。其前景则是生物工程技术在农业上的广泛应用，为迎接"更下一次的、可能由中国农村的变化所引起的一系列生产体系和组织结构、经济结构的变化"，即钱学森同志提出的第六次产业革命作好准备工作。这是发展农业的新思想、新探索，弄清这个关系问题以及它所具有的深远影响，不仅在认识上是重要的，对于领导和组织农业生产和农村建设作用更大，就此开展一场大讨论是非常值得的。

四、扩大视野，改进研究方法和工作方法

要把我国农业建立在生态农业的基础上，要用农业系统工程的方法来组织农业生产，并由此推动农业的现代化和农村的现代化，与过去的思路和做法相比，差异是很大的。要这样探索和实践，就要认真扩大视野，并大力改革研究方法和工作方法，否则，只能说说而已。

首先要扩大视野。前面提到的对视野不开阔的批评，是击中了要害的。目前，一方面是大量的资源特别是土地资源没有利用起来，白白浪费着；另一方面又在严重地破坏着资源，致使可利用的资源越来越少，如地上水资源的破坏情况就是一个典型例子，大江大河大部分被污染，不少城市的饮用水源成了问题。现在，全国27条主要河流都已受到不同程度的污染，其中严重的17条。根据对44个城市调查，已有40个地下水受到不同程度的污染。

有这样一种论调：先污染后治理，先完成产值翻番再说。这是"粮食未过关，其他顾不上"思想的翻版。还有一种论调：治理污染就完不成增长速度。这是什么样的速度呀？这不是偷工减料型吗？与三大前提论不是相差太远了吗？

就农村来说，一方面有大量土地资源没有利用，另一方面又感到生产无门路，因而积极引进污染工厂来增加产值，这无疑是慢性自杀。这种不愿做发展的基础工作，不择手段地急于富起来的思想，视野当然太窄了。在这种思想指导下，产业结构调整的工作只能在老框框里打圈圈，不可能有新的出路。也不可能真正富起来。所以，扩大视野的问题，是首先要解决的问题。我认为三大前提论应该成为我们的视野。有了这样广阔的视野，不仅一系列矛盾可以解决，生产之道也就非常广阔了，前面讲的生态农业已充分证明这一点。

其次，研究方法要进行改革。在这个问题上，有两位同志提出了新的论点，值得重视。一是杜润生同志，主张采用社会科学与自然科学相结合的方法来研究极为复杂的农村问题。这是研究方法上的新思索。二是许涤新同志，1982 年就明确提出自然规律与经济规律之间的关系问题："在生态平衡与经济平衡之间，主导的一面，一般说，应该是前者，因为生态平衡如果受到破坏，这种破坏的损失，就要落在经济的身上。"这个论点不仅对于搞好经济工作是重要的，对于研究工作更为重要，只有研究工作中把二者结合起来了，并以自然规律作为依据，理论上才能结合，才能推动实际工作上的结合。当前的问题正在于理论研究上结合不够甚至不结合，比如有一篇很重要的文章，作者也是一位受尊敬的老前辈，文章里只提严格控制人口，三大前提中的另两条一字未提，又只提经济效益，社会和生态效益也一字不提，社会与自然、经济规律与自然规律仍然是分割开来的。理论研究上的这种分割，对于政策的制定和工作方法的改进，不能不产生不利的影响。由此我们更进一步懂得改进研究方法的重要性和迫切性。我们研究农村经济问题时，一定要采取把生产力与生产关系两方面结合起来研究，并以发展生产力为着眼点。

其三，工作方法上也要改革。上面讲了，农业特别是农村经济是一个复杂的大系统，要综合研究，综合治理，实行生态农业，更需要各部门的工作在一个整体规划下，分工协作，互相支持，才能取得三个方面的最佳效果。各方面的人财物力要集中使用，以推动整个农村经济的发展。没有这样的形势，必然事倍功半，严重阻碍经济建设的顺利进行。目前的问题，正在于条块分割，条条分割、块块分割，协作很差，各干各的，人财物力不能集中使用，力量分散甚至互相抵消，大家都焦急，又都感到无能为力。下面希望上面拿出办法，上面则希望下面提供经验。这个宏观管理方面的问题，已到了非解决不可的时候了。如何办呢？上面支持，下面大力试验以提供经验的办法是可行的。不少县已取得了这个经验。宁夏回族自治区西吉县上下通力合作，4 年种草种树 150 万亩，超额完成 5 年计划并带来一系列变化的实践，提供了新的经验，西吉县办得到，其他地方也可试行。

（《农业现代化研究》1986年第1期）

生态经济思想与新农村建设

一、黄土高原三年来种草种树实践的启示

1986 年 7 月下旬到 8 月中旬，我到黄土高原的一些地方参观和考察，看了一批典型，听了蹲点科技人员和地方工作同志的议论，很受启发，耳目为之一新。

典型是多种多样的：有丘陵沟壑区农林牧综合开发与治理的典型；川区农田内种植牧草实行农牧结合的典型；在陡坡连片营造灌木和牧草的典型；大规模推广红豆草的典型；大规模营造宽广林带的典型；在干旱山头、河滩地造林的典型；豆类加工与养牛结合的典型；专业户、专业村（又是生态户、生态村）的典型；在全县范围内 4 年完成 5 年种草种树计划的典型；在全州（地区）范围内组织工农业生产、商品经济和小集镇建设同时发展的典型；还有对阴湿山区生产方针的重新探讨——集中力量发展牧业和林、药（材）业。所有这些典型，都有科技人员参加或科研部门指导，都取得了很好的经济效益，生态效益更为明显，社会效益也日益表现出来。

与过去比较，不仅种草种树已成为群众性的活动，自然面貌有了很大

的变化，生产门路不断增加，人的精神面貌也发生了变化，干部和群众中都有了一种乐观向上的气氛，看不到愁眉苦脸的形象了。过去认为没治的地方，现在却气象一新，实在振奋人心。我曾于1973年秋到这里考察过一段时间，当时人民生活很苦，生产上没有找到出路，不能从恶性循环中跳出来，我的心情很不好，写过一首打油诗，这次重来，又写了一首，一对比，就可以看出变化。1973年的一首是："穷种到山顶，诛求及陡坡；困厄何时已，肉食乏良谋。"1986年的一首是："山顶有小帽，林草入陡坡；江山行皆绿，前景暖心窝。"

为什么短短3年时间，就能使这个困难地区发生这样大的变化？党的农村政策的改变是主要原因，连续几年雨水比较调和也是一个因素，我以为种草种树的决策起了极为重要的作用。它把前两者结合起来，在生产上找出了路子，使农民很快得利，还在生产方面准备了后劲，这个地区经济上能够综合开发而且能够较快地发展的形势，已清楚地呈现出来了。

黄土高原的林草建设为什么能起这样大的作用？这是因为它合理地利用土地资源，因而产生了一系列效益：一是蓄水保土，减轻了干旱和水土流失；二是减轻了三料俱缺的严重情况，有些乡、村已解决了燃料和饲草，促使农业转入了良性循环；三是为种植业和畜牧业发展创造了条件，也为农产品加工事业的发展准备了条件；四是帮助农民开阔了眼界，找到了一条发展生产、改善生活的道路，他们的积极性越来越高，新创造也不断涌现。总之，从实际效果看，黄土高原的3年林草建设，比过去多年以改土治水为中心的农田基本建设，作用大得多，影响更深远，当然，它本身就是最重要的农业基本建设，符合黄土高原的实际情况，符合自然规律。这是生态经济思想的胜利，生态农业思想的胜利。应该从这个高度来认识黄土高原林草建设的成就。这个成就又向我们提出一个新课题：要认真探讨全国的生态经济和生态农业建设问题，并积极开展这方面的理论研究和实践，以推动农业生产和农业建设事业的顺利发展。当前，在全国范围内积极开展生态经济思想、生态农业思想的理论研究与实践，是农业战线的一项极为重要的新任务。

把生态学与经济学结合起来，并认为生态学是新的扩大的经济学的基础这样一种新的经济思潮，是 1981 年国际上著名的罗马俱乐部的第 9 个报告即《关于财富和福利的对话》中提出来的。罗马俱乐部是世界上著名的思想库，自 1972 年提出第一个报告即《增长的极限》以来，他们的论点引起了震动并得到许多国际团体和国家的重视和运用。通过不同观点的讨论，他们的论点也不断发展，对于推动全球问题的研究是起了很大作用的。现在，生态经济思想和生态农业思想，已引起越来越多的人的注意和兴趣，这是有深刻的时代背景和客观需要的。为了深入探讨这个问题，我讲一点有关情况。

二、严酷的历史和严峻的现实

先看一下人类历史上发生过的事情。

1955 年，两位很有经验的生态学家（汤姆·戴尔与弗农·吉尔·卡特）出版了一本书：《表土与文明》，写了这样的开场白："文明的人类几乎总是能够暂时成为他的环境的主人。他的主要苦恼来自误认为他的暂时统治是永久的。他把自己看作'世界的主人'，而没有充分了解自然的规律。"

"有个人曾对历史作了简要的概括，他说：'文明人走过地球表面，足迹所到之处留下一片荒地。……文明人掠夺了他长期栖息的大部分土地。这就是为什么他的进步文明从一个地方转移到另一个地方的理由。这也是较老的定居地区文明衰落的主要原因，这是确定各种历史趋向的主要因素。'"

"文明人是如何掠夺优厚环境呢？他主要是通过耗尽或破坏自然资源来掠夺的。他从植满树木的山坡和山谷里，砍伐或者焚烧大部分有用的木材，在饲养牲畜的草地上过度放牧，使草地成为秃土。他捕杀大部分野生动物、大量鱼类和其他水生生物。他听任土壤侵蚀夺去他农场土地的肥沃表土。他让侵蚀的土壤堵塞溪流，并让淤泥充塞水库、灌渠及港口。在许多情况下，他使用并浪费大部分容易开采的金属或其他需要的矿物。于是他的文明在他自己创造的掠夺中衰落下去，或者移到新的土地上去。已经有 10 ～ 30 种不同文明沿着这条道路走向覆灭（具体数目决定于将文明分类的人)"(《小的是美好的》1985 年)。

这些历史事实是不能否认的，关键在于现实又如何呢？人类是否已吸取教训改弦更张了呢？罗马俱乐部的主席利欧·佩奇在《世界的未来——关于未来问题》(1985 年) 中，曾作过比较集中的描述，指出：

由于人口爆炸和经济发展中的偏差，"当代人正在削弱或改变着大自然的生物能力，使它再也无力向沸腾的后代提供足够的支援"（同上书第 51 页)。所谓人口爆炸，实际情况是：1900 年世界人口 16 亿，1980 年达 45 亿；人类突然发现本世纪前 80 年中，世界人口增加了两倍，到本世纪末，将增加三倍 (即 63 亿)。人均消费量也大大增加，本世纪最后 25 年中，对能源的需求，将相当于人类有史以来所消耗的总量。"地球从未接待过这样多的人。""本世纪末地球住满了消费者，消费量将相当于足供 1900 年水平时 600 亿人口的数字"（同上书第 27 页)。这就必然导致对自然资源的无节制的开发。

所谓经济发展中的偏差：即人已被物质革命的引诱所降服，只根据物质革命给予的权力行事，再也不遵守大自然的规律了，物质革命已经成了人的一种宗教。人在控制地球之后，又准备征服周围的领域。一切都要归于自己，根本没有意识到，这些行为正在改变着自己周围事物的本质，污染自己生活所需的空气和水源，建造囚禁自己的鬼蜮般的城市，制造摧毁一切的炸弹，人类已从利用大自然变为滥用和破坏大自然。我们对于地球维持人类生存能力之有限，无知得惊人，对资源贪得无厌，而且急不可待。因而产生人口日益增加，而需要的资源却不断减少的危险局面。四大主要生物系统，即海洋动物、森林、牧场和农田，已经负担过重。"生命世界再也无力解决当代文明事业带来的大量废物和新的化学品所带来的问题了。生命世界已经没有足够的再生能力，来弥补人类的活动造成的破坏"。(同上书第 6 页）。形象的说法是：靠"超支过活"，即挪用将来的资源，"全世界都在推行全盘的生物和农业经济的赤字财政"（《纵观世界全局》第 26 ～ 27 页）。这些是结论性的论点，实际材料表明，如土壤的流失、沙漠化、森林和草原的破坏，一些动植物品种的消失，空气污染，海洋毒化等，许多著作和文章都有阐述，大家都是比较熟悉的。

我国是社会主义国家，又是实行计划经济，这方面的情况如何呢？是不是比人家好一些呢？我讲几个最近的事例：

第一，沙漠化过程在加速。国家气象局负责人讲，"沙漠化土地在过去 25 年间增加了 39000 平方千米"（《人民日报》海外版，1986 年 3 月 23 日）。过去说近 50 年来沙漠化面积增加了 5 万平方千米。这样，近 25 年的速度增加了 56%。

第二，水土流失面积扩大。以长江流域为例，现在比 50 年代增加 1 倍以上。如四川省，50 年代为 9.4 万平方千米，80 年代为 38.3 万平方千米。新中国成立初期，森林覆盖率为 20% 左右，70 年代末降为 12.5%，川中丘陵地带 58 个县仅为 3%。有的县已成为无林区（《经济参考》1986 年 3 月 23 日）。

第三，"长江鲥鱼濒临绝境"。这是《人民日报》1989 年 3 月 24 日的新闻报道标题。浩浩长江水竟无鲥鱼容身之地，可见污染之严重。最近，《中国环境报》也刊登了几十位科学家对长江污染日趋严重的问题发出呼吁。

第四，国家投资 10 亿元，解决上海市民饮水问题。由于黄浦江中下游污染严重，国家不得不把自来水厂的引水口上移 60 千米，需耗资 9.9 亿元（《光明日报》1985 年 2 月 28 日）。由于太湖污染日益严重，这个新取水口也不是安全的。下一步会怎样呢？

第五，我国农业精华地区受到新的威胁。"太湖地区近期来，生态环境污染日益严重。据调查表明：水体、大气、土壤、生物都不同程度遭受污染。如无锡、苏州、常州三市日排污水近百万吨，影响范围达 10 ～ 25 千米。县属小城镇日排污水量 5 万～ 10 万吨，影响范围 5 ～ 10 千米，形成了以城镇为中心向外扩展的污染区。二氧化硫平均浓度超过国家一级环境保护标准的面积达 1450 平方千米，超过国家二级环保标准的面积达 325 平方公里，影响人口达 173 万。大部分县出现酸雨，吴县的酸雨频率达 72%，常州市区 61%，对农业生产特别是对蚕桑生产影响较大（《农业现代化探讨》1986 年 16 期）。

第六，祁连山雪盖面积急剧减少。海拔 3600 米以下已无积雪，以上积雪也减少。中科院冰川冻土所观测资料表明，冰沟地区（西岔）雪线由 3428 上升为 3825 米，雪盖面积减少 30%。据我所知，除自然的原因外，人为的破坏因素也不小，长此下去，河西走廊就要成为问题了。此外，西北地区六盘山、子午岭等林区的森林面积也是缩小的。

第七，东北地区是我国开发较晚的地区，森林资源丰富，但人们也在大声呼吁了。《世界经济导报》1986 年 3 月 10 日刊登了一篇有关东北林业危机的导报，题目就是："十年后，东北还有莽莽林海吗？"报道认为东北森林危机是濒临灭绝的全面生态危机，是我国北方半壁江山的危机，关系社会主义建设的大战略。吉林省气象局局长、副研究员丁士昆提出"森林面积缩小，气候逐渐恶化"的呼吁，说本世纪以来，吉林省平均降雨量每年减少 1.03 毫米，新中国成立 30 多年来，平均每年减少 3.4 毫米。如果这个速度不变，百年后，吉林省中部地区的雨量将和西部地区相近，现在的一些产粮县将不复存在。他并用苏联远东地区、日本、朝鲜等地由于森林面积有所增加，雨量也有所增加的事实，说明吉林及黑龙江雨量减少并不是大气环流引起的。辽宁也提出莫把辽东变"辽西"的问题，说辽东林区正在遭到破坏，并已险象环生。

至于草原退化、水旱灾害日益加剧、江河湖库淤积、地下水资源超采等，这里就不谈了。总之，我国的生态环境问题也是相当严峻的。正是由于国际上和国内的这种严峻的现实，生态经济思想的兴起和得到重视，就成为十分自然的事情。罗马俱乐部主席在上述小册子中，也提到了这个新的经济思想，指出"经济和生态是一个不可分割的总体。在生态遭到破坏的世界里，是不可能有福利和财富的。旨在普遍改善福利条件的战略，只有围绕着人类固有的财产（即地球）才能实现；而筹集财富的战略，也不应与保护这一财产的战略截然分开。……一面创造财富而一面又大肆破坏自然财产的事业，只能创造出消极的价值或'被破坏'的价值。如果没有事先或同时发生的人的发展，就没有经济的发展"（《世界的未来》第71页）。因此，这位主席认为"经济领域比科学领域更需要有革新和革命的思想"。

在国内，著名经济学家许涤新同志于1980年就明确提出："在生态平衡与经济平衡之间，主导的一面，一般说，应该是前者，因为生态平衡如果遭到破坏，这种破坏的损失，就要落到经济的身上"（《经济研究》1980年第11期）。中外的专家们几乎同时提出这个问题，这绝不是巧合，而是客观条件和实际需要迫使人们提出来的。

三、加深对三大前提论的理解

党中央1983年一号文件明确把合理利用自然资源，保持良好的生态环境，与严格控制人口增长并列，作为我国发展农业和进行农村改革的三大前提条件，这是党的十二大政治报告中有关提法的进一步发展，是发展农业的崭新的、具有深远意义的战略决策。可以称之为三大前提论。在《关于制定国民经济和社会发展第七个五年计划的建议》中，党中央再次明确提出："在一切生产建设中，都必须遵守保护环境和生态平衡的有关法律和规定，十分注意有效保护和节约使用水资源、土地资源、矿产资源和森林资源，严格控制非农业占用耕地，

尤其要注意逐步解决北方地区的水资源问题"。这实际上是把三大前提论提高为一切生产建设的前提。

怎样理解三大前提论？它与生态经济思想有什么关系？它把人口问题、资源利用、生态环境问题与发展生产问题统一考虑，并把前三者作为经济工作的前提，这是生态经济思想的具体化，"前提"与"基础"实际上没有

什么区别。它是要把经济工作建立在生态学的基础上，这是我国当前实际经济建设的需要，是长治久安的需要，也是显示社会主义制度优越性的根本措施，同时，它更具有深刻的理论意义。

就农业来说，它将使我国农业与掠夺性经营方式决裂，进入严格按照自然规律和经济规律办事的新阶段，从而将由恶性循环逐步转变到良性循环，生产条件和生活环境将逐步得到改善，农业生产将逐步增长。就更为广泛的意义来说，它将使我们与自然界的关系进入一个新时期，即由把自然界视为需要加以征服的异己力量因而不断向它开战的时期，进入把人与自然界视为一个统一体因而彼此应该协调发展的新时期。有人称这个新时期为生态时代。今后我们再不能只向自然界索取东西，而首先要保护自然界，保护和培植资源，保持生态平衡，然后再向它要东西，而且要取之有方和有限度，使自然界能永远地向我们提供越来越多的东西和优美的生活环境。所以，无论在理论上还是在当前的经济建设上，三大前提论都是极为重要的战略思想。这是党中央的高瞻远瞩，抓住了经济建设中的要害问题。另一方面，从中外的历史教训和我国的现实情况来分析，三大前提论的提出，又都是十分自然和应该的。特别值得注意的是，当国外还是作为专家学者的主张进行探讨，或者作为群众团体和在野党（如绿党）的意见诉诸舆论的时候，我国却作为党和政府的决策提了出来，把科学结论变成党和政府的政策，这不仅是在战略决策上依靠科学的具体表现，而且在处理人和自然界的关系这个重大问题上，站到了时代的前列。这是我们的骄傲，当然也加重了我们的责任。一定要加深对它的理解并认真执行，力争在四化建设的过程中，同时创造一个优美的生态环境。应该说，执行程度又是测定理解深度的最好尺度。

此论提出了 3 年半，我们执行得如何呢？如果实事求是地面对现实，就应该说我们对于三大前提理解不深、执行不力，甚至有说完就完、不了了之的可能。具体表现是：

第一，此论提出已三年半，至今合理利用自然资源的标准和良好的生态环境的标准，远没有提出来，应该由什么部门提出也不清楚，谁管这两件事也不清楚。与严格控制人口增长的问题相比，无论是标准还是执行部门，实在相差太远。报纸杂志上阐述此论的文章很少，也反映了这一点。对于这样一个重大的战略决策，竟然如此冷淡，实在不可理解，也实在值得我们深思。长此下去，岂不就不了了之吗！

第二，林草建设投资太少，无法较大规模地进行。我国农业用地为106.5亿亩，除耕地和水面外（约24亿亩），其余82.5亿亩只能种草种树，合计占77.5%。种草种树对我国经济建设来说，有特殊重要意义，涉及77.5%的农业用地的合理利用问题。《小的是美好的》一书，有这样一个论述："在物质资源中，最大的资源无疑是土地。调查研究一个社会如何利用它的土地，你就能得出这个社会未来将是怎样的相当可靠的结论"（该书第66页）。不妨用它来衡量一下我们的用地情况。

种草，在1979年以前，我国约有人工草地1200万亩，按33亿亩永久草地计算，占0.36%，实在太少了。这几年有很大发展，到1985年，人工草地和改良草地，累计已超过1亿亩，这是很可喜的变化。1984年3月，党中央和国务院提出，到本世纪末，种草面积要达到5亿亩。最近一段时间以来，中央领导同志要求一年搞1亿亩，《经济参考》1986年6月底发表了这个消息，这些当然是鼓舞人心的，从农业建设来说，也是很需要的。能不能实现呢？业务部门没有信心，因为缺少必要的投资，很难组织此项工作。这项任务目前远没有落实。

造林，党中央和国务院要求2000年时，我国森林覆盖率要由目前的12%增加到20%，即增加11.5亿亩。以15年计算，除了补上每年采伐的面积以外，还要新造7700万亩。按造林的保存面积为50%计算，每年造林面积应是1.5亿亩，这个任务当然是很繁重的，投资也是比较大的。此外，林业方面还有5亿亩中幼林无钱抚育，每年火灾损失1000多万亩，消耗量大于生长量。这些问题不解决，20%的目标很可能落空，由于投资太少，目前不少人已认为很难完成。这个情况实在值得注意。

种草种树问题涉及三大前提中的两条能否落实。这是关系四化建设能否有一个良好的生态环境的大问题，不大力解决，我们就将在水旱灾害袭击中提心吊胆地、而且非常被动地搞四化建设。对这样的关键问题没有必要的投资，是对三大前提论认识不深，是先保证它再考虑建设规模，还是先考虑建设规模，有余力时再搞点林草建设，这不仅仅是一个思考问题的方法问题，而是涉及落实三大前提论的大事情，是前提论还是尾巴论的问题。从给林草的投资来看，实际上执行的是尾巴论。

第三，解决污染的决心问题。新上的工业项目是不是认真实行了三同时，改造旧工业企业是不是同时解决污染问题，这是是否决心解决污染问题的一个重要标志。还有，解决城市污染问题时，是净化污水再次利用，还是排出了事，再伸手要清洁的工业用水和生活用水，这又是一个重要标志。目前的做法是后者，这是污染的搬家和扩散。再有，城市的污染工厂是认真改造还是推给农村，这也是一个标志。目前也是后者。根据有关部门对乡镇企业污染情况的普查材料，目前乡镇企业中约有 15% 的污染企业，这是一个可怕的信号。山东省淄博市淄川区乡镇村办企业 600 多家中，有污染的达 400 多家。全市 110 多个电镀厂、点，大部分设在农村，没有环保措施，大量污水渗入地下，危及地下水源。这对大中城市郊区又是一个可怕的信号。所有这些做法又造成城乡关系中的新矛盾，不切实解决，矛盾会越来越激化。有一种"理论"认为，我们国家穷，只能先污染后治理，同时治理，发展速度就要慢下来，规定的公元 2000 年的目标就不能实现。这种"理论"似是而实非，不解决污染的速度是一种什么性质的速度，不是偷工减料吗？专家们并不这样看，认为每年的赔偿损失费加起来，完全可以解决污染问题而有余。不过不是基建投资而是每年在利润中开支而已，对国家来讲都是一样的。而且这样的工厂多了，不仅农业无法完成生产任务，环境卫生开支也要大增，生态环境还会越来越坏，算总账国家是很不合算的。就工业来说，这种只顾上产值，不顾周围农业生产和人民生活的做法，反映了一种什么思想境界，也是很值得注意的。

总之，从上述三方面看，我们对三大前提论的理解和执行是有问题的。为什么会这样呢？从建设思想来说，是一个大变革，从对自然的认识来说，是一个大变化。这个弯子很不容易转过来，实际工作中也有不少困难。这种情况是可以理解的。但这种状况实在不应继续下去了。由此可以进一步理解到，在我国生态经济和生态农业的研究和宣传是一项十分紧迫的任务，要积极宣传以引起各级领导和全社会的重视，共同努力解决我国的生态和生态经济问题，认真落实三大前提论，保证四化建设的顺利进行。

四、开展生态经济与生态农业的理论研究和实践

我国有生态学会和生态经济学会、国土经济研究会、自然资源研究会以及一些研究机构在从事这方面的研究和实践。有的侧重自然科学领域的研究，这方面居多数；有的侧重经济，但注意结合自然领域方面。研究生态农业的，还与有一些研究单位在小范围进行探索。1985年起，从事农业系统工程实践的人，有意识地与生态农业结合起来进行，这是一个很有意义的发展，一些省和地区也积极起来了。但是，总的说来，事情还仅仅是开始。这个新事物有待更多的人来精心培植。有这样几个方面，亟须进行研究：

第一，理论方面的探讨和宣传。生态环境与农业生产、农村建设关系极大，在理论上讲清这个问题，提高干部和群众的认识，是一项重要的基本建设。需要有一批同志从事研究并写出有分量的文章来。文章要深入浅出，使一般人能看懂并发生兴趣。为此，一定要结合实际情况讲清道理。

第二，总结经验教训。新中国成立以来，我国农业生产和农村建设，成绩是很大的，但也有严重的教训，特别是生态环境方面遭到很大的破坏。用生态经济理论来认真总结正反两方面的经验是非常重要的。例如：河南黄泛区的大沙岗已全部改造成为林带，变害为利，这是成功的典型；但江西鄱阳湖周围却出现了20多万亩流动沙丘，又是非常惊人的现象，向我们提出了警告。内蒙古自治区哲盟的科尔沁草原沙化面积发展很快是一件惊

人的事情；陕西榆林地区巨大规模造林，阻止沙漠南侵并进而向沙漠前进，又是一件喜人的信息。我国目前的贫困地区都是山区，大部分又在南方山区，这是一个很突出的问题，值得探讨。农村污染问题及其防治，是一个新的重大的事情，但也有一些县认真解决污染问题并取得成就。这类例子很多，对比研究、总结，对于人们认识生态规律，提高按生态学原理办事的自觉性，是非常重要的。这既是总结经验，又是理论研究。

第三，组织实验。目前，生态户、生态村已很多，并正在蓬勃发展。生态县试验也已开始，东北三省各搞了一县，1986年9月在吉林省的龙井县交流建设生态县经验，并且把它与农业现代化试验县结合起来，这是一个很好的计划。山西省1986年9月在闻喜县召开生态农业建设经验交流会。一批农业系统工程试验县也与生态农业试验结合起来进行，安徽的阜阳地区准备在全地区进行，决心很大。江西、湖南、山东等省也在一些县进行试验。黄土高原实际上是在进行生态经济与生态农业的大试验。真是天涯处处有芳草，形势是喜人的。这种实践应该更大规模地进行。

只有做好上述三方面的工作，才能用实践来说服各级领导和广大群众，才能进一步推动生态经济和生态农业建设，把我国的农村建设事业建立在生态科学的基础上。农业战线应该积极投入生态经济和生态农业的研究与实践活动，农经战线更应如此，扩大自己的研究和实践领域，以此来推动农业生产和农村建设事业，把我国农村建设成为清洁的、环境优美的、又是生产发达的新农村。

（《河北学刊》1986年第6期）

中国森林的危机

我坦率地谈谈对我国林业的看法，共三点。

第一，从几个统计数字看我国林业的现状。新中国成立以来，我国的林业建设是有成绩的，有了一批好的典型散布在各类地区，特别是一些无林地区，有很多好典型。这些典型给人们以有力的启示和信心。但是从总的现状看又是令人担心的。为了振兴我国林业，首先要面对现实，把真实情况弄清楚。下面几个统计数字值得认真思考。

1. 消耗量大大超过生长量。消耗量 1981 年测算为 2.9 亿立方米，国内估计是大大超过 3 亿，国外有人推算是 4 亿。生长量是多少？"五五"期间根据典型调查推算，除去台湾和中印边境实际控制线以外这两块，生长量是 2.3 亿立方米，就是说，每年消耗量大于生长量 1 亿到 1.5 亿立方米。现在我们是靠吃老本过活的，是赤字林业。

2. 南方集体林区，现在提供木材的县比 50 年代减少 42%，由 297 个县减少到 172 个县。南方集体林区在萎缩，还应当指出，这种状况与我国目前的贫困地区，大部分在南方山区有很大的关系。全国共有 14 片贫困地区，在长江、淮河、秦岭以南的是 9 片，它们所属的贫困县占总贫困县的

81.4%；以北的 5 片。南方山区是我国的一块宝地，宝地又很穷，这个问题就很值得研究。

3．全国 131 个森工局中，资源已经枯竭或者在 5 到 10 年内即将枯竭的占 65%，而东北地区这两个局占 77.2%。这说明什么问题呢？它们执行的是什么林业生产方针？是青山常在，永续利用呢，还是森林砍伐队，砍光了就走？他们留下的残林迹地，如果国家不投资，谁去恢复它？谁来搞这个义务劳动？这些林地的前途会怎样呢？

4．现在资源所在位置，根据林业部编印的《林业工作研究》资料专辑反映，现有资源中有近 40 亿立方米分布在西藏东部林区，川西南林区和大兴安岭林区的西北部，其中绝大部分是原始林。这说明，我国森林不仅在向边境线退缩，而且已缩到三个点，这也是我国森林近于枯竭的一种表现。

5．现有的 5 亿亩天然林和人工林没有钱抚育，任其自生自长。我国的造林保存率很低，1949～1976 年的 20 多年里，年平均保存率仅 31%，保存下来的这一点林子，又没有钱经营，这反映了一个什么问题，值得认真探讨。

6．我国林业用地是 40 亿亩，其中有林地才占 43%，疏林地、无林地比重很大，有林地比重与世界水平相比差距太大。世界平均 70%，西德是 79%，美国 59%，日本 76%。我们疏林、无林地这么多，这个情况很值得注意。

7．最近我到辽宁省东部的抚顺市参加该市的战略讨论会，该市管辖三个林区县，省里要这几个县以林为主，提出莫把辽东变"辽西"的口号（辽西已无林了），但是山区各县包括市都反对，他们说："以林为主就是永远穷下去。"林就是穷，这是对我们林业政策最严厉的批评。

把上述几个情况集中起来考虑，就能清楚地说明我国林业情况的严重。更值得注意的是这种状况的连锁反应。我讲几个实例：

1．我国沙漠化速度在加速。《人民日报》海外版 1986 年 3 月 23 日消息，国家气象局一位负责人在一个国际会议上宣布，我国沙漠化的土地，在过去 25 年里增加了 3.9 万平方千米。过去我们说近 50 年来我国沙漠面积增加了 5 万平方千米，即 1 年 1 千平方千米。那就是说，近 25 年，我国沙漠化的速度增加了 56%。

2. 水土流失面积扩大。以长江流域为例，现在比 50 年代增加了 1 倍。四川省，50 年代水土流失面积有 9.4 万亩，而到了 80 年代变成了 38.3 万亩；同期内森林覆盖率从 20% 下降到 12.5%，中部丘陵地区 58 个县仅仅为 3%，有的县成为无林区。《世界经济导报》1986 年 6 月 16 日报道，新中国成立以来，江西森林减了四成，水土流失面积则由 50 年代 1650 万亩增加到现在的 5100 万亩。科学院南方考察队反映，他们到过的地方，水土流失面积都是增加的。而有关部门统计，我国水土流失面积新中国成立初期为 150 万平方公里，现在还是 150 万平方公里，不知是怎么回事。

3. 西北地区、祁连山的雪盖面积急剧减少。根据科学院冰川冻土所的观察资料，冰沟地区雪线由 3428 米上升到 3825 米，雪盖面积减少了 30%。长此下去，河西走廊就将成大问题。

4. 东北地区雨量逐年减少。根据吉林省气象局材料，本世纪以来，吉林省雨量每年减少 1.03 毫米。新中国成立以来，平均每年减少 3.4 毫米，如果这个速度不变，100 年以后，吉林省中部地区的雨量将和现在该省的西部地区差不多，一些有名的粮产区就不能丰产粮食了。苏联东部地区、日本、南朝鲜（现为韩国）的森林面积在这个时期是增加的。那些地方的雨量也是增加的，唯独吉林中部和黑龙江南部这一块雨量是减少的，这显然不能用大气环流来解释，而只能说我们这个地方的森林面积减少了。《世界经济导报》1986 年 3 月 10 日登了一篇讲东北森林的文章，大标题是"十年后东北还有茫茫林海吗？"指出东北森林目前不仅仅是林业危机，而且濒临绝灭的生态危机，不只是东北的危机，而且是中国半壁江山的危机，关系社会主义建设大业，关系子孙万代。最近杨钟同志和吴象同志去那里看了看，回来写的报告说东北森林到了非抓不可的时候了。大家的结论是一样的。《光明日报》1986 年 7 月 16 日登了马世骏同志的意见，我国生态危机在某些方面相当严重。应当组织多方面的技术专家进行考察研究。

5. 水旱灾害日趋严重。新中国成立以来，尽管修了大量的水库，搞了很多水利工程，但是我国的受灾面积和成灾面积都是逐渐增加的。具体数字在这里不列了。总之，我觉得应该从 37 年来林业实践现状和其影响，特别是生态危机现状，来研究我国的林业建设。林业要为解决我国的生态危机服务，而决不仅仅是林业的自身问题和提供木材的问题。

第二，应该从党中央和国务院的战略方针来研究林业建设。这里讲三条。

第一条，三大前提论。党中央在 1983 年 1 号文件中提出，今后要在严格控制人口增长、合理利用自然资源、保护良好的生态环境这三大前提下搞农业，进行农业改革和农村建设。在关于"七五"计划建议里又指出：今后一切生产建设，都要注意保护自然资源和保护生态环境。那就是说，这三大前提是一切生产建设的前提，而不仅仅是农业的前提。这是一个伟大的决策。三大前提中的后两条即合理利用自然资源、保持良好的生态环境，与林草建设关系最大。因为我国农业用地是 106.5 亿亩，其中耕地大概是 20 亿亩，水面 4 亿亩，其余的 82.5 亿亩只能搞草搞林，林草建设在我国来讲是一个关系到国家生死存亡的问题，搞不好，82.5 亿亩就用不好，就谈不上合理利用土地，也谈不上良好的生态环境，更谈不上国家富强。

第二条，党中央、国务院对林业的评价。党中央、国务院提出："发达的林业是国家富足、民族繁荣、社会文明的标志之一"。发达的林业究竟是一个什么样子？比重究竟是多少？怎么分布？都应该具体化，决不能够每年在那里老念这几句经。我国的森林覆被率是 12%，世界平均数是 22%，林业发达国家要更高一点，总之，对于什么是发达的林业，要作出具体的回答，定出具体的指标和措施。关于三大前提论我就有这样的感觉，提出来已经有 3 年半了。到现在什么叫合理利用自然资源，什么叫良好的生态循环，连标志也没有提出来，谁来管，也不知道，这不是空谈吗？三大前提论这么一个伟大的决策，很有可能说说而已，不了了之。发达的林业是不是也要步这个后尘。

第三条，党中央决定到 2000 年我国森林覆盖率要达到 20%，比现在增加 8%，这是一个很宏伟的设想。为了实现这个设想应该增加森林面积

11.52 亿亩，15 年平均每年要增加 0.77 亿亩；另外，每年消耗的森林所占的面积还得补上。按照造林保存面积 50% 计算，每年还要造 1.5 亿亩。而现在的造林面积仅仅是 1 亿亩左右，就是说是一个大欠债的局面。附带说一下，以后要报道每年造林成绩，一定要讲计划是多少，欠债是多少，给人以清晰的概念。关于森林覆盖率的 20%，有的人讲这个指标没有人相信能够完成；还有人讲，能够补上每年耗掉的就不错；更有一种意见说，"五五"期间我国森林面积减少 1 亿亩。照此推算，如果没有特殊措施，到了 2000 年，我国森林覆盖率要降到 8%。这 3 种算法是我听到的，没有经过核算，不知道到底哪一个对。但是，没有人相信 20% 的目标可以完成，则是一致的。这些论断都是很严重的，如果不幸而言中，那么三大前提论就有落空的危险，发达的林业的设想也要落空，我国的生态危机将进一步恶化。对于我国的林业，没有新认识，没有改弦更张的决心，没有过硬的措施，是完不成党和国家的重托的。我们国家的生态危机现状也要求林业有所作为，为改善生态环境大显身手。林业建设要来一个大改革、大发展。

第三，关于林区建设问题。有的林业工作者对林业提出了新的见解，这是一个很好的现象。国务院农村发展研究中心印发了云南省林业调查规划院张嘉宾同志对林业产业结构体系提出的新观点（《农村工作》第 37 期）。他说：﹁我们国家现行的产业分类、产品分类、产值统计、部门分工不科学，比如种植业，不仅仅农业有，林业也有，造林不是种植业吗？牧业也有，种草也是种植业。﹂他认为林业本身就是综合的，提出一个新的林业经营系统，有第一产业，有第二产业，有第三产业，还有第四产业。按照他的方法计算，云南省到 2000 年，林业产值可以达到 100 亿到 200 亿元，可以生产 215 万吨纸和纸浆，还有多少油，多少粮食等；森林覆盖率可以由现在的 24% 提高到 35%。他还认为，保护森林的思想永远发展不了林业。只提"以营林为主"是很不完全的。他提出应该是经营林业发展森林。这次我在辽东的抚顺市座谈中也感到了这个问题。"以营林为主"，这里是水源涵养林，那里又是什么林，只能管理不能利用，林区人民如何富得起来，积极性从何而来？结果林区最多的地方就是最穷的地方，让人家怎么干？林区是一个社会，有人居住，他要富裕起来，要现代化生产当然应该是综合的四种产业都要。林区、牧区与农区一样，都有一个产业结构调整问题和整个地区的设想建设问题。只向他们要木头、要皮毛肉的办法是不对的，只取不予也不行。过去这样做，已吃了大亏，欠了债，现在非还债不可了。

现在有两种趋势，一种是无林地区积极发展林子，一种是有林地区向无林方向发展。无林地区缺木头用，搞不到就发展林子自用；有林地区对林子没有兴趣，觉得是个包袱，要弃林搞其他产业。前几年湖南省就有一种怪现象：洞庭湖地区大规模造林，因为木林价格没有限制，可以自由买卖。山区养鱼也很积极，因为鱼价不限，自由买卖。湖区造林，山区养鱼，这是对我们的批评！现在有林地区向无林区发展，是不是要等到搞光了以后再来"青石板上闹革命"？这是不是规律，能不能改变，如何改变，这些问题值得认真对待了。

关于林草建设，我觉得有些部门与中央的认识很不一致，包括农业在内。搞农业区划的同志提出："一些生态学家搬用外国情况，认为一定要把全国森林覆盖率提高到30%才能保持生态平衡是不切实际的。"我不赞成这种提法。我国是一个多山国家，山丘区加在一起面积占国土总面积的70%，如果连30%的森林覆盖率也搞不到，算什么发达林业！对于"三大前提"如何看？林草建设要多少钱先满足，然后再考虑建设规模，这叫前提论。反之，先搞建设规模，安排好了以后剩点钱给你搞林草，不问需要如何，搞"安慰赛"，这叫尾巴论。现在执行的究竟是尾巴论，还是前提论，要从资金分配上来检查一下，仅从文件决议上是看不出来的。

我国林业的问题太大了，认识又不一致，没有一番大讨论是不行的。要组织多学科的讨论，从各方面论证，以提高认识和改变做法。

附一：钱学森致林业部领导尹润生的一封信

（1987 年 4 月 23 日致尹润生）

尹润生同志：

4 月 17 日信及《林业问题》1987 年 1 期都收到。刊物翻看后，很满意，感到很有必要办这样一个出版物。我的意见是：

（一）林业实际上是以培育木本植物为基础的产业。可以称为 Ligniculture。

（二）林产业对社会主义建设的重要性绝不亚于农产业，为什么我们总是只讲农业，不提林业？六届人大五次会议的政府工作报告中，农业位置显著，而林业呢？是林业工作者自身的问题吗？

（三）《林业问题》1 期的你们四位写的头篇大文很好，是三种林业：商品林业、公益林业及多功能林业。讲得好！但该期后面石山同志文非常重要，应合起来读。

（四）张嘉宾同志及董志勇同志文都似未脱去陈词老调！我说的知识密集型林产业可以是商品林业，也可以是公益林业，又可以是多功能林业。目的不同，用知识的方面也就不同了；例如公益林中的园林，那就要讲究美了。要美，当然与要多出木材所要的学问不同，但都要知识。

（五）发展我国林产业是涉及多方面的，因此要用系统工程。您研究过系统工程吗？

此致

敬礼！

附二： 朱济凡给杜润生、石山同志的一封信

(这是朱济凡与王战给国务院农村政策研究中心杜润生、石山同志的一封信)

杜润生同志、石山同志并转

中共中央书记处：

我们建议用正确的思想方法、实事求是的方法解决林业生产问题。我们希望把解决林业生产的技术路线反映在第七个五年计划内。

(一) 林业生产有问题

我国森林资源已经遭受严重破坏，砍的多造的少，消耗多生长少，入不敷出，出现赤字。由于森林的严重破坏，生态环境严重恶化，如不急速扭转，不久将来不仅无林可采，而且将动摇国家的根本国土环境。巴比伦文明的毁灭是人类古代社会的事，楼兰王国的毁灭发生在我国1000多年前的事，这是前车之鉴，决不能再现历史的悲剧。

全国因国有林区过伐，群众乱砍滥伐和毁林开荒、森林火灾等原因，每年消耗森林资源达2.9亿立方米。而森林年生长量只有1.8亿立方米，即每年减少资源1.1亿立方米。多林的黑龙江省30年来森林蓄积下降20%，四川省解放初期森林覆被率19%，现在只有12%，云南省1950年森林覆被率56%，1975年只剩下了20%，黑龙江省林业总局所属40个林业局，已有5个局资源枯竭，能维持5～10年的有15个局，20年后40个局都将无林可采。其他各省的情况也类似。全国每年造林1300万亩，仅能抵销森林火灾而烧掉的林子。况且新造林一时不能成材，烧掉的是成林。目前林业系统尚有1200万亩采伐迹地未更新，就全国范围来说，森林面积蓄积和森林质量都在下降。我们希望在第七个五年计划内，停止森林蓄积下降的趋势，变成稳步上升的趋势。

森林大量消失的结果，造成严重的生态灾难，黑龙江省水土流失面积500万公顷；长江流域水土流失180万平方千米（有材料说是360万平方

千米）；长江入海泥沙每年 5 亿吨，黄河入海泥沙 16 亿吨，每年损失不可以数计的肥力，外国专家说这是大动脉出血。这是极为严重的问题；森林砍伐的结果使得气候失调，河床升高，水量失去平衡，水旱灾害频繁发生，许多城市供水紧张，地下水位下降，水资源面临枯竭。全国各地泥石流、塌方、塌坡层出不穷，许多水库、水利工程淤塞报废，沙化面积日益扩大（每年 15 万亩）。

森林资源所以锐减，首先是经营思想不对。30 年来，林业经营仍然按着"林业＝木头"的公式进行，延续至今。以一般采掘工业的经营方式来经营林业，单一的取材思想必然导致单一的木材经营，为了一时取木之利而毁掉了可以永续利用的具有多种效益的森林，得不偿失。在林业管理中，资源管理紊乱，机构臃肿庞大，林权不清，乱砍滥伐至今未能停止，资源集中过伐，采伐不考虑森林更新和全面作用，不讲究方式，不重视造林和抚育，后备资源接替不上，投资使用不合理，没有执行林价政策，以林养林，企业负担过重，木材浪费严重，东北林区仅烧柴一项就达 2000 万立方米，相当于国家下达任务，丢弃、垫道、临时住房修筑等浪费惊人，严重的浪费又加重了森林资源的消耗，利用率仅为 50% ～ 60%。而一般国家利用率都达到 80% ～ 90%。

过去林业上没有以法治林，今年才颁布《中华人民共和国森林法》，中外历史证明，没有严格的法治是难以管理好又大又分散的林业的。

林业所以造成今日这种局面，并不是国家下达木材任务过重。按可采伐利用的林木蓄积 35 亿立方米计算，每年国家下达 5000 万立方米，仅占 1/70，按生长量计算不到 1/3，不算多。而实际消耗资源达 2.9 亿立方米，也就是说计划外消耗 2.4 亿立方米，这部分完全是由于管理不善而损失浪费掉了，何等惊人。

（二）出现上述问题的原因是多方面的

主要的原因是指导上有失误，未充分认识林业的特殊性，没有掌握林业发展的客观规律，缺乏统筹安排和长远观点。问题出现以后未能及时拿出解决问题的办法来。

今后必须按着科学规划，一步步具体落实，强化林业机构，监督总体规划的落实与执行，使我国森林走上科学经营的轨道。

（三）目前应尽快做到以下几点

（1）必须强调永续经营思想，"以营林为基础"的思想，认识森林发生、发展、演替规律，按照森林生态经济学的原则办事，把符合"四化"条件的、懂行的、善于管理的、特别是有开拓精神的人员提拔到领导岗位上来。

（2）必须严法治林。古今中外的林业史证明，林业兴旺发达的地区或国家没有不使用严法的。现在应在《中华人民共和国森林法》的基础上，制定地方森林法实施细则。

（3）制定林业总体规划和实施细则。总体规划要立法，任何经营林子的单位或个人都必须遵守总体规划和实施细则，把林业经营纳入到科学管理正轨。

（4）对林业企业机构体制进行整顿和改革，精简并强化领导体系、指挥体系和监督体系。

（5）森林的存在所发挥的生态效益，已经对国家作出了贡献。并且今后还要依靠这些剩下的天然林和新生的中幼林继续作出贡献，建议现有林业利润应返回到林业上去。用于林业基本建设、迹地更新、荒山造林、抚育中幼林、发展林业科学、林业教育、加强法制护林管理及木材综合利用等。

朱济凡

1984年12月24日于沈阳

从生态经济思想到持久发展战略

——兼谈生态县建设的战略意义

　　1985年秋，我参加了"东北地区生态建设战略学术讨论会"，之后到了新宾县并参加了三个生态农业县的碰头会。去年因事未能参加，这次参加东北地区生态农业建设第二次经验交流会后，感到两年来变化很大：第一，队伍扩大了，不是三个县而是一批县，农业现代化实验县参加了，农业系统工程试点县，如靖宇也参加了；第二，各类典型多了，特别是改变贫困面貌的典型多了，如靖宇、阜新和龙井的几个乡，这说明生态农业是由穷变富的有效途径。认为搞生态农业一定要有坚实经济基础的论点是值得商讨的，如是这样，贫困地区就无法搞生态农业了，而它们却最需要这样做；第三，理论文章多了，研究深入了，这也是很需要的；第四，省区领导重视了，而且决心大。如辽宁要由一、二、三工程推进到四、五、六工程，省委领导比部门领导更积极。总之，在这个问题上，东北四省区走在全国的前列。我今后力争每次都参加这样的会，以汲取营养，希望不要嫌弃我这个老头子。

　　为什么搞生态县建设？为什么要当作大事来抓？对此，不能仅从农业生产需要来分析，也不能仅从国内需要来分析，还有着深刻的全球性的时代背景和经济发展的新思潮。懂得这些，工作就能更自觉。我讲几点有关情况和意见。

一、生态经济思想的兴起

所谓生态经济思想（生态农业是它的重要组成部分），是国际上著名的思想库罗马俱乐部在它的第九个报告即《关于财富和福利的对话》中提出来的，时间是 1981 年。这个新的经济思想，把生态学与经济学结合起来，并认为生态学是新的扩大的经济学的基础，它明确指出"经济和生态是一个不可分割的总体。在生态遭到破坏的世界里，是不可能有福利和财富的。旨在普遍改善福利条件的战略，只有围绕着人类固有的财产（即地球）才能实现，而筹集财富的战略，也不应与保护这一财产的战略截然分开。……一面创造财富而一面又大肆破坏自然财产的事业，只能创造出消极的价值或'被破坏'的价值。如果没有事先或同时发生的人的发展，就没有经济的发展"（《世界的未来》第 71 页）。

关于提出这个新思想的时代背景，罗马俱乐部的已故主席奥尔利欧·佩奇在所著《世界的未来》一书中，作过比较集中的描述："由于人口爆炸和经济发展中的偏差，当代人正在削弱或改变着大自然的生物能力，使它再也无力向沸腾的后代提供足够的支援"（第 51 页）。所谓人口爆炸，实际情况是 1900 年世界人口 16 亿，1980 年达到 45 亿；人类突然发现本世纪前 80 年中，世界人口增加了 2 倍，到本世纪末，将增加到 3 倍（即 63 亿），人均消费量也大大增加，本世纪最后 25 年中，对能源的需求将相当于人类有史以来所消耗的总量。"地球从未接待过这样多的人"。"本世纪末地球将住满了消费者，消费量将相当于足供 1900 年水平时 600 亿人口的数字"（第 27 页）。这就必然导致对自然资源的无节制的开发。

所谓经济发展中的偏差：即人已被物质革命的引诱所降服，只根据物质革命给予的权力行事，再也不遵守大自然的规律了。物质革命已经成为人的一种宗教，人在控制地球之后，又准备征服周围的领域。……一切都要归于自己。根本没有意识到，这些行为正在改变着自己周围事物的本质，污染自己生活所需的空气和水源，建造囚禁自己鬼蜮般的城市，制造摧毁一切的炸弹。人类已从利用大自然变为乱用和破坏大自然。我们对于地球维持人类生存能力之有限，无知得惊人，对资源贪得无厌，而且急不可待。因而产生人口日益增加，而需要的资源却不断减少的危险局面。四大主要生物系统，即海洋动物、森林、牧场和农田，已经负担过重。"生命世界再也无力解决当代文明事业带来的大量废物和新的化学品所带来的问题了。生命世界已经没有足够的再生能力。来弥补人类的活动造成的破坏"（第6页）。形象的说法是靠"超支过活"，全世界都在推行全盘的生物和农业经济的赤字财政（《纵观世界全局》，1985年）。我国通俗的说法是："吃祖宗饭，造子孙孽。"为此，美国的生态党提出一个新口号："我们不是从父母亲那里继承这个地球，而是从子女那里借来这个星球"。值得注意的是，世界银行今年也重视这个问题了，它建议把注意力集中在解决全球性环境恶化问题上，要求"加强努力来把自然资源管理纳入国家和部门的经济计划之中"。这是一个重要的信息（《参考消息》1987年4月19日）。

二、持久发展战略的提出

1983年联合国大会成立环境发展委员会。该委员会于1984年10月召开首次会议，1987年4月出版了它的报告：《从一个地球到一个世界——世界环境与发展委员会的总看法》。这个报告提出了持久发展战略，并希望能成为"联合国持久发展规划"。

所谓持久发展战略，就是既满足目前的需要，又不危及子孙后代满足他们自己的需要。它隐含着极限——不是绝对的极限，而是目前的技术状态和社会组织对环境资源施加的限制，以及生物圈吸收人类活动效应的能力所产生的限制。但是技术和社会组织可以加以管理和改进，为经济增长的新时代铺平道路。

持久的全球发展要求那些更富足的人把生活的方式控制在本行星的生态资源许可范围之内，也要求人口数量与增长同生态系统生产潜力改变协调一致。

总之，持久发展并不是一成不变的协调状态，而是一个变化的过程。在这个过程中，资源开发，投资方向，技术发展的定向及体制上的变化，都要与将来以及目前的需要取得一致。这将是一个痛苦的选择，要依靠政治上的意志。

选择这样的发展战略，目的在于能使全世界发展，经由持久的途径进入 21 世纪。

提出这样的战略，有其深刻的原因：

第一，对地球的新认识。本世纪中叶，人类第一次从太空看到了地球，发现它是一个小而脆弱的球体，它并不是被人类活动和体系所主宰，而是被云、海洋、绿色草木和土壤的形态所支配。人类无法使其行动适应这一形态。这一现实正在根本上改变本行星的各种系统。很多这样的变化都伴随威胁生命的危险。必须认识和管理这种无法逃避的新现实。

第二，人类的破坏能力空前增加并正在从根本上破坏地球。本世纪初，人口数量及技术都没有能力从根本上改变本行星体系。现在具备了这种能力，而且在大气中、土壤中、水中、植物与动物之间，以及在所有这一切之间的关系上，都正在发生着重大的非故意的变化。变化的速度正在超过各门学科的能力以及我们目前评价和建议的能力。它正在挫败在一个不同的、更加四分五裂的世界上发生的各种政治与经济体制适应与抗衡的尝试。该报告列举了这样一些重大问题：沙漠化、森林被破坏、酸雨、二氧化碳引起的"温室效应"、臭氧层被破坏及其后果，工农业的有毒物质进入食物链和地下含水层等等。

第三，人类必须在有限的环境中，为另一个人类让出位置。据联合国预测，到下世纪某个时候，世界人口可能稳定在 80 亿 ~ 140 亿之间。所增加的人口中，90% 以上将出现在最穷的国家，而且这一增长的 90% 是在已经人口爆炸的城市。令人想起了王安石的《秃山》诗,一群猴子不断繁殖,把山上的草吃光了,自己也消失了,留下一座寸草不生的秃山。

第四,懂得了生态和经济交织成一个无缝的网。过去人们关注经济的增长对环境的影响,现在被迫把注意力集中在生态压力——土壤、水系、大气和森林退化——对经济的影响。我们现在被迫使自己习惯于各国间日益加速的生态相互依赖性,人类终于从自己错误的经济活动中懂得了生态和经济日益紧密的交织成——地方性、区域性、国家性和全球性的——一个无缝的原因与后果之网。

从生态经济思想的提出到持久发展战略的形成,时间上相隔6年(1981～1987年)。前者是理论上的论述、后者则形成经济发展战略,还计划变成联合国的持久发展规划。可以说后者是前者的具体化,指导思想是一致的,因为面临的问题是一致的,要解决人类在经济发展中造成的生存危机。因此,虽然研究单位和人员不同,却不妨碍得出相同的结论,这一点是值得我们注意的,我们必须面对现实,从实际情况得出正确的结论和采取正确的措施。

三、三大前提论与它们的关系

中共中央1983年一号文件明确把合理利用资源,保持良性生态环境,与控制人口增长并列,作为我国发展农业和进行农村建设的三大前提条件。这是党的十二大政治报告中有关提法的进一步发展,是发展农业的崭新的、具有深远意义的战略决策,可称之谓三大前提论。在《关于制定国民经济和社会发展第七个五年计划的建议》中,中共中央再次明确提出:"在一切生产建设中,都必须遵守保护环境和生态平衡的有关法律和规定,十分注意有效保护使用水资源、土地资源、矿产资源和森林资源,严格控制非农业占用耕地,尤其要注意逐步解决北方地区的水资源问题。"这实际上把三大前提论,提高为一切生产建设的前提。

三大前提把人口问题、资源利用、生态环境发展与发展生产问题统一考虑，并把前三者作为经济建设的前提，就是要把经济建设建立在生态学的基础上，这正是生态经济思想的具体化。这是我国当前实际经济建设的需要，是长治久安的需要，也是显示社会主义制度优越性的根本措施，它具有深刻的理论意义。即不仅把《哥达纲领批判》第一条具体化而且发展了，作为生产建设的前提条件。

就农业来说，它将使我国农业与掠夺性经营方式决裂，进入严格按照自然规律和经济规律办事的新阶段，从而将由恶性循环逐步转变到良性循环，生产条件和生活环境将逐步得到改善，农业生产将稳步增长，就更为广泛的意义来说，它将使我们与自然界的关系进入一个新时期，即由把自然界视为需要加以征服的异己力量，因而不断向它开战的时期，进入把人与自然界视为一个统一体，因而彼此应该协调发展的新时期。有的称这个时期为生态时代。今后我们再不能只向自然界索取东西，而首先要保护自然界，保护和培植资源，保持生态平衡，然后再向它要东西，而且要取之有方和有限度。使自然界能永远地向我们提供越来越多的东西和优美的生活环境，并使我国的社会主义建设事业，能持久发展而且越来越好。所以，无论在理论上，还是在当前的经济建设上，三大前提都是极为重要的战略思想。这是中共中央的高瞻远瞩，抓住了经济建设中的要害问题。当国外还是作为专家学者的主张进行探讨，或者作为群众团体和在野党（如绿党）的意见诉诸舆论的时候，我国却已作为党和政府的决策提了出来，把科学结论变成党和政府的决策，在处理人和自然界的关系这个重大的问题上，站在了时代的前列。这加重了我们的责任，要在实施上也走在时代的前列。

总之，三大前提论的提出，既体现了生态经济思想，又是持久发展战略，不仅在指导思想上与它们一致，而且我们已成为党和政府的决策，并成为全国人民的行动。

四、三大前提论得来不易，执行起来更不易

先说得来不易。我们不妨回忆一下，新中国成立以来对于解决我国农业问题的各种提法。如农业的根本出路在于机械化，农业现代化就是水利化、机械化、化学化和电气化，以粮为纲、八字宪法、农业学大寨，1980 年基本实现机械化，农业的出路在于高质量地学大寨等。十一届三中全会以后，1981 年提出"我国农业就总体来说有两个基本特点：一个是每人平均耕地较少，但山多，水面、草原大，自然资源丰富；一个是技术装备落后，但劳力资源丰富。"这就引出了大农业思想，至少给它以理论支持，并使把眼光局限于耕地的人，失去立足点，两个基本特点，是对我国农业认识上的一个升华。1983 年提出三大前提论，是对我国农业认识上的一次革命，不仅恢复和发展了《哥达纲领批判》第一条，而且与国际上新的经济思想不谋而合，站到了时代的前列，从而推动了生态农业、生态经济建设，给它们以政策上的支持。也推动了城乡经济一体化的建设。从 1949 年到 1983 年，历时 35 年，才得出了正确的结论，真是得来不易。我以为主要是掠夺性经营方式及其严重后果教训了我们，迫使我们不得不改弦更张，前事不忘，后事之师。只有认真总结经验教训，才能做到这一点。这之前，专家们在研究我国农业综合区划时提出了掠夺性经营方式及其恶果的论点，并经过争论才肯定下来。三大前提论的后两条，是这个结论的另一种说法。这又使我们进一步懂得了《哥达纲领批判》第一条，也是吃了亏以后才懂得的。真是吃一堑，长一智。我认为只有这样思考，才能理解三大前提论的深远意义，才能决心实行它。

为什么说执行起来更不易呢？列宁不是说过，对于革命者来说，认识了错误就等于改了一大半吗？问题在于党中央认识了，部门和下面的人却还没有认识。有一个理解的过程，新旧认识还有一个交替过程，这个过程并不是平静的，有时争论还是很激烈的。

从三大前提论提出以来的情况看，就是如此：

第一，4 年半过去了，什么叫合理利用自然资源，标志是什么？什么叫良好的生态环境，标志是什么？至今没有提出来。由哪个部门提出，也不明确。这是不理解和不愿执行的表现，不然为什么这样不积极呢？

第二，报纸和杂志上，讨论三大前提论的文章极少，可见理论界和宣传部门也不理解和重视。

第三，种草种树与三大前提论关系极大，因为我国农业用地的 77.5% 只能造林种草。但投资很少，党中央规定的任务根本完不成（公元 2000 年时，森林覆被率要达到 20% 和 5 亿亩人工牧草），从投资上看是尾巴论，而不是前提论。可见计划部门和财政部门也不理解、不执行。

这三种现象实在发人深省。

其次从我们的现实经济思想与生态经济思想及三大前提论之间的距离之大，也能看出执行后者的难度。下述 10 个事例可以说明。

第一，一个造纸厂污染一条河是一个比较普遍的现象，受害者意见很大。但主管部门和纸厂的负责人安之若素，长期不解决。

第二，有的城市几个工厂的烟囱成天冒黑烟，一城居民受害，工厂领导人心安理得，长期不改进。有的竟理直气壮地反问："你要钢铁，还是要空气"。

第三，许多城市周围都有了一个污染区，并不断扩大和加重，一面污水下乡，一面污菜进城，以污对污，有关负责人听之任之。

第四，矿产部门有的把尾矿泄入河道，造成堵塞，甚至污染下游农田，有的造成上面的农田塌陷无法使用。也长期如此。

第五，一个工厂污染一大片，农民有意见，有的上告。有关人员却说：搞石油就得排污水，排污水就得淹地，这官司你到哪儿也打不赢。

第六，把污染工厂或车间下放给农村，还美其名曰"支农"，有的还提出最好的治污办法就是迁出的理论。迁出者，搬家也。治污变成污染扩散。

第七，先污染后治理论，以为这是世界各国的通例。这是"移交论"，把困难留给后人，自己则得经济发展快的美名。

第八，把河流变成排污渠道，不问下游人民的死活，"以邻为壑"，这也是普遍的现象。这是一种什么经济思想和精神状态！

第九，粮食未过关，其他顾不上。为了粮食过关，就挤经济作物，挤林地、挤草原，……不考虑作物与环境的关系以及农林牧协调发展的问题，单因子思想，一意孤行。

第十，只在耕地上打圈子，觉得英雄无用武之地，对于4倍于耕地的林地、草地、荒山荒坡，不考虑如何发挥其作用，甚至不放在自己的视野之内。于是产生了一面掠夺耕地和一面破坏、闲置其他土地的怪现象。

这样的事例，谁都能举出很多。

更值得注意的是，今年3月国家计委负责人向人大报告中提出了这样一个意见，"一切适合种粮食的地方都要坚持种好粮食"（公开发表时改为"适宜粮食的地方要积极种好粮食"）。这样，几年来种植业结构调整的成果都得一风吹掉，恢复老样。这是不提以粮为纲的以粮为纲。可见旧的思想还在紧紧地束缚着人们的头脑，一有风吹草动就走回头路。在各种场合，人们对这个意见提出强烈的批评，这是好现象，人们敢于提不同意见了。

总之，实行生态农业、生态经济，特别是三大前提论，是很不容易的，需要有一场大的论战。

五、建设生态县的战略意义

建设生态县，就是严格按照生态经济学原理，组织全县的社会、经济、生态整体建设，把生产和各项事业，建立在生态学和生态经济学的基础之上。这正是生态经济思想的具体化，具体落实三大前提论和实际上实行持久发展战略。所以建设生态县是一个战略性的决策，一个伟大的实验。建设生态县是一个高层次的综合措施，可以把农业现代化实验，生态农业建设，乡镇工业与小集镇建设，城市和工业建设，以及科技文化、教育、卫生建设等，在一个总体规划下协调进行，并可收事半功倍之效。这是以县为单位的城乡一体化建设的有效办法。不仅把人们的认识提高一大步，也能把社会、经济、生态整体建设工作推向一个新阶段。

建设生态县是时代的需要，也是时代的挑战，是对现行体制，条条专政（分散主义）、经济建设思想（掠夺性经营方式）、决策方法（拍脑袋、个人说了算、随意决定）、官僚主义（办事久拖不决，坐失时机）等落后于时代东西的挑战，对象是强大的，但他们又是注定要消失的，但将有一场大争论。时势造英雄，时代呼唤着新人。

建设生态县是一项全新的综合性的而且极为繁重的工作，与过去的建设工作相比是一次革命。为此，它要求县一级有较大权力，能集中各方面的人财物力，在一个综合规划下，分工协作，步调一致地完成各项任务。现在县一级无权，也无法做计划。一个县长反映：谁给钱就给谁干，谁抓得紧给谁干，没有计划可言，也根本不敢捆起来使用。条条下达任务并硬性推行的做法，必须改变；各部门各行其是，互不通气，甚至以邻为壑的作风必须改变。它也要求县一级领导有较高水平，要把有才华、有干劲的人调配到县一级，使之具有活力，能排干扰闯新路。没有这样的条件，就谈不上建设生态县。会上反映的龙井县的农业科技人员分布情况（共315名，中级以上仅81名，这部分人中的大部分又在县级各部门）使人同样感到，县也有一个加强第一线的问题。

东北地区的同志首先提出这个问题，是有远见的，但又不是偶然的。东北地区现在同时存在着三种自然状态，一是已严重破坏的（西部），一是正在遭受破坏的（中部），一是情况比较好的，还是一个森林环境，自然资源比较丰富（东部和北部）。三种状态都不是静止的，正在向坏的方面发展，给人以危机感，迫使人们考虑今后的问题。已全部破坏的地方，缺乏鲜明对比，人们习惯了，以为历来如此，也就麻木了。生态县建设将使自然环境向好的方面转化，不仅对生产有利，更能鼓舞其他地区也这样做。在全国起推动作用。

为了有效地建设生态县，一定要组织力量搞出一个社会、经济、生态整体建设规划，并认真组织实施。这样的规划一定要用农业系统工程的方法来搞，县委、县政府的主要负责同志要亲自领导。没有这样的规划，只能一将写一个令，并且只能继续拍脑袋，根本无法进行有计划地建设，也建不成生态县。在干部调动频繁的情况下，尤其如此，三年任期制又加深了这个矛盾。因此，认真搞整体建设规划是一个很突出很关键的问题。

这次会议在海伦县召开很有意义，表示生态县建设与农业现代化实验结合起来了，这是应该的，也是合适的。1985 年秋，中国系统工程学会农业系统工程委员会，在太原召开了第一次学术讨论会。提出一个论点：中国式农业现代化，核心内容是生态农业，主要方法是农业系统工程。农业系统工程试验也已发展到搞县的社会、经济、生态整体规划和实施，不限于低层次和种植业内部，也不限于大农业范围。差不多同时，东北同志提出了生态县建设，可谓不谋而合。但提的更明确、更响亮，我们同意这个提法，并赞成农业现代化实验县也这样做。

六、生态农业和生态县建设的前景

生态农业的推行，不仅能完成当前的生产建设任务，而且还将在人才、科学技术、财力、管理水平等方面，为实现著名科学家钱学森同志提出的农业型知识密集产业准备条件。就是说，我国的传统农业将通过生态农业逐步过渡到知识密集型产业。所谓"知识密集型产业，就是把所有的科学技术都用在生产上，靠高度的科学技术生产"（钱学森《第六次产业革命和农业科学技术》）。生态农业本身就是知识密集型产业的雏形。因为现有的新技术都可以也需要用起来，在用的过程中，既发展生产又培育人才，包括技术人才和管理人才。生态农业有一个由低到高的发展过程，它的起点是在传统农业的基础上调整生产的布局并对它进行改造、提高，在发展生产的过程中，逐步运用各项有关新技术，不断提高生产水平；它的高级阶段，就是或者说非常接近知识密集型产业。这个过程的长短，主要取决于我们的指导思想、组织能力，国家和农民的财力、物力投入。这是一个非常重要的实践阶段，我们应该密切注意和大力促进这个发展过程。这是一条新路，一个创新的过程，难度是很大的。应该看到，我们国家的经济现状迫使我们这样做，优越的社会主义制度允许并保证我们这样做，只要认真实践，一定能闯出一条新路子。

英国著名历史学家阿诺尔德·J·汤因比的一个论点，值得在这里提一下。他认为随着自动化、电脑化的发展，以劳力为主体的体力劳动和事务性操作正成为多余的东西，城市容纳不了许多劳动者。人口会发生逆转现象，农村人口会重新占多数。历史的发达国家大概都不得不长期陷于逆境中。中国过去虽然由于工业落后受到欺凌，但对将来反而是值得庆幸的事，避免了极端的城市化和工业化。或许可以说，这是一个廉价的代价（《展望二十一世纪》第 48 ～ 50 页）。从另一个角度提出类似问题的是英国的 E. F. 舒马赫。他指出：“世界的贫困主要是 200 万个乡村的问题，也就是 20 亿农村居民的问题。在贫困国家的城市里找不到解决问题的办法”（《小的是美好的》第 130 页）。这两个论点都是 70 年代初提出的，是值得重视的。现实情况也证实了他们的论点，整个第三世界目前有百分之三十的人口生活在城市中，其中约三分之一生活在贫民窟和棚户之中（《依靠这个地球》第 35 页）。就是说现在城市人口已超过需要。发达国家的城市又何尝不是如此。比如，在美国的大城市里，45% 的有色青年找不到工作，13% 的成年人是文盲（《参考消息》1986 年 12 月 26 日）。这说明各国的出路都在农村，要使农村现代化，能吸引人们在那里生活和工作，而且生活得很好。因此，科技人员送科技成果下乡，在那里扎根、开花、结果，不是大推广，而是大综合，是一项阿波罗登月计划，没有这一条农村不能腾飞。所以其功劳大矣。

我们在农村发展商品生产，推行农村工业化，建设小集镇，建设现代化农村，以及实行市管县体制和提出城乡一体化构思等，正是在开创一条建设社会主义社会的新路，是有远见的战略决策。就农村来说，推行生态农业是关键性措施。这一根本环节抓好了，其他各项工作就有了发展的条件，全局就活了。

生态县建设比生态农业的建设范围大，层次高，把城乡建设、工农业建设，以及科教文卫等都包括进来，不仅是农村现代化建设，实际上也是农业地区（包括县城）的建设。这样做，难度大，效果也大。从城乡一体化的角度来考虑问题和进行建设，可以克服片面性和分散主义，可以避免许多失误和扯皮，可以真正把四个现代化中的三化结合起来（国防现代化除外）进行，这是我国目前最需要的。这样的经验是最可贵的。东北地区能创造出一条新路，就是了不起的贡献。我希望看到这个新成果。

（《农研资料》1987年第17期）

增强生态教育的紧迫感

5月12日《光明日报》发表的《百花齐放，生态共荣》一文，提出"培植现代科学文化的生态系统是当前我国精神文明建设的重要任务"，还认为"任何一种社会改革，都要讲究文化生态的平衡，都要既有民族的个性，又要有科学的共性，更要有自然的合理性"。引起我的共鸣。我想就加强生态教育问题讲点意见。

一、我国的生态问题已很严重

《人民日报》4月19日报道：我国的"工业污染成为严峻社会问题"，"当前工业污染状况相当于发达国家五、六十年代的严重时期"。

《光明日报》5月8日报道："我国城市垃圾对环境造成严重污染"，"垃圾无害化处理率平均不到5%，95%的垃圾未经处理就被迫运出城市，或堆积，或倒入江河湖海，造成严重危害"。

由于长期以来我国工业污水处理率很低，农田被污染情况日益严重，农业部门统计：工业"三废"污染的农田已达6000多万亩，乡镇工业污染的农田已达 2800 多万亩，农药污染的农田已达 2 亿亩，此外酸雨污染农田已达 4000 多万亩。很显然，上述数字还将继续增加。

水土流失问题早已引起人们的关注。由于长江上游水土流失严重，国务院最后决定对该地区进行重点防治。这个地区共有 100.5 万平方千米（即十个江苏省的面积），1985 年统计，水土流失面积占 35%。另一材料指出葛洲坝为防止航道淤积，建成后不到两年时间内，就用了 170 多天来冲沙清淤，这间接地反映了长江上游水土流失的严重性。

上述数事已能反映出我国生态问题的严重性。所以，专家们提出我国环境保护的指导思想，应从污染防治转向整个生态环境的保护。

二、问题更在于对生态环境的破坏活动还在继续

且看两则最近的信息：

《中国环境报》5 月 7 日报道：无锡市地下水位迅速下降，地面不断下沉。5 年来水位下降最大达 6 ~ 8 米，城北区仅 3 年时间地面就下沉了 39 毫米。地面下沉的主要原因是，地表水受到污染，无法取用，只得改抽地下水，超量开采造成下沉。

《光明日报》5 月 6 日报道：数百对渔轮在东海"扫荡"产卵带鱼，专家们担心舟山渔场带鱼资源有枯竭危险。《人民日报》于 5 月 10 日也报道了"东海'带鱼妈妈'处于危难之中"。

这种做法是断子绝孙的野蛮行径，说明毫无生态观念。

这两个例子绝不是个别特殊现象，它们说明，我国的工农业生产，目前仍在实行掠夺性经营方式，短期行为极为突出，其后果当然是十分严重的，我国的自然资源将继续被破坏，生态环境将进一步恶化。

有一个调查材料更说明问题的严重。70 年代中期以来，我国共花 120 多亿元兴建了 2 万多套工业废水处理设施，前不久，环保部门检查了其中的 5000 套，情况如下：12.5% 的设施已停用或报废，28.7% 的设施达不到

设计能力的一半，在运行的设施中，10% 没有规章制度，40% 没有岗位记录，近一半的设施几乎是在无监督下运行的，许多工厂无专人负责。1987 年冬，一位环保专业人员告诉我，我国处理污水能力约为污水量的 15%，实际处理的不足 2%，因为罚款数小于运行费用，都愿意被罚款。这个情况暴露了一系列的问题。

三、增强生态教育的紧迫感

生态问题涉及广大干部和群众的文化素质和科学水平，要在干部和群众的思想中树立生态意识，自觉地保护生态环境，特别是群众自觉地起来监督，运用有关法律与违犯者进行斗争。因此，加强全民族的生态教育，使广大群众正确认识人和自然的关系，学会正确处理人和自然的关系，在我国当前的形势下，已成为一项带根本性的而且是十分紧迫的任务。

如何加强全民族的生态教育呢？

第一，在学校教育中有系统地进行。从小学起就开设生态课，宣传人和自然的正确关系，使儿童从小就树立生态意识，爱护自然，节约自然资源，中学、大学继续不断深化这一意识。

第二，在社会教育中，在各种成人教育中开设生态课，使受教育的人树立生态意识，并身体力行。

第三，在干部教育中开设生态课，结合总结工农业生产的经验教训，提高干部维护生态环境的自觉性。

第四，在报刊上，开辟专栏，通俗讲解，不断向读者灌输生态意识。

"科学与文化"论坛是探讨科学与文化建设方面重大战略问题的，特提出这个问题，希望能引起注意和讨论。

（《中国科协促进自然科学和社会科学联盟委员会简报》1988年第15期）

附：我国在人与自然界关系上的困境和对策

居安思危是我国的一条重要经验，一个优良的文化传统。它既是管理国家大事应有的战略思想，又是重要的人生哲学。人无远虑必有近忧，几乎成了我们的处世格言。

现在，我国总的形势是居安，经济快速发展，政局稳定，人民安居而且生活不断改善，国际刮目相看，认为21世纪我国将是一个世界强国。但是，从人与自然界的关系看，却是一种居危的形势，十分令人担心。由于我们无论生活还是生产都不能片刻离开自然界，特别是大规模的经济建设需要大量的自然资源，需要向自然界索取，用后的废弃物（许多还是有毒的）又要扔给自然界。如果索取和扔给不当或过量，自然界承受不了，就要出问题，时间久了，就形成危机。我讲的居危形势就是指的这方面已发生和将要发生的情况。不正视、不及早解决，就要影响经济建设，影响社会安定。

一、居危的具体情况

只要把最近一个时期报纸和杂志上刊登的有关信息、资料、文章集中一下，就能看出问题的严重性。现简述如下。

（一）关于北方荒漠化

我国是世界上受荒漠化危害最严重的国家之一，受荒漠化影响的土地面积约332.7万平方千米，占国土总面积的34%，其中沙质荒漠化面积为153.3万平方千米，近4亿人口生活在荒漠化或受其影响的地区。每年因荒漠化危害造成的损失高达540亿元，干旱、沙尘暴等灾害频繁。荒漠化以每年2000多平方千米的速度扩大着。目前，有1300万公顷农田受到荒

---

* 注：本文已收入《大农业战略的思考》一书，考虑到为在此书中把我国面临的"生态问题"表述得更集中、更清晰，也考虑到《大农业战略的思考》一书并未公开发行，故再次收入此书。文中数据、资料的引用出处省略。

漠化危害，耕地退化率超过 40%，草地退化率达 56.5% 以上。由于我国西部荒漠化日趋严重，一批专家在访问以色列和埃及之后，建议移民开发与治理荒漠，创建中国的荒漠农业，并认为这是中国现代化的一项重大工程。我国对荒漠进行了认真的治理，成绩很大，但治理速度赶不上荒漠化速度。

（二）关于西部草原退化

以青海为例，青海草原是我国五大草原之一，共 5.47 亿亩，可利用的 4.7 亿亩。目前已有退化草原 1.45 亿亩，占可利用草原的 30.6%，其中黑土滩（有人称为秃斑化）5000 万亩，沙化 2900 万亩，严重退化 6600 万亩。沙化面积年均 200 万亩。还有鼠害面积 8100 万亩，它又在制造黑土滩。近几年每年死亡牲畜 150 万头，为同期出栏数的 50%。有人惊呼"风吹草低无牛羊"。素有长江黄河源头第一县之称的曲麻莱县，正在遭受草原沙化的威胁，县城周围及通天河边的草甸已成了沙滩，继续下去，十年后县城就保不住了，原因是人工采金和鼠害。农业部材料指出，我国草原面积每年净减少 1000 万亩左右。

（三）关于西南地区石漠化

我国是岩溶（又称石灰岩、喀斯特）面积最大、类型最复杂的国家，共 136.8 万平方千米，占国土总面积的 14.2%，占世界岩溶面积的 3.4%。分布在 7 个大区，以西南地区（连片分布在云、贵、桂、川、湘、鄂、粤七个省区）面积最大，占全国岩溶面积的 39.38%。以岩溶面积在 30% 以上的县作为岩溶县计算，全国共 244 县，除 8 个在浙江外，其余均在这个地区。西南地区岩溶总面积近 54 万平方千米，占 7 省区总面积的 27.15%，其中裸露面积 46 万平方千米，占岩溶总面积的 85.4%，有相当一部分已石漠化了。石漠化目前还在扩大中，如贵州省正以年均 900 平方千米的速度扩大着。这里森林面积锐减，水土流失面积扩大，程度加重。如云南，新中国成立初期森林覆盖率为 50% 左右，现在为 24.6%，分布又不平衡，昭通地区仅为 6.4%。水土流失面积，新中国成立初期为 7%，现在达 30% 以上，年流失 5 亿吨土，为全国的 10%。

（四）关于海水入侵与沿海污染

山东最早发生海水入侵问题。近20余年来该省沿海地区普遍发生、急剧扩展，并造成严重危害。目前，全省入侵面积已达730.7平方千米，特别是莱州湾地区已形成相当严重的灾情。由于地下水变咸，淡水枯竭，对工农业生产和人民生活造成极大困难，一些特殊疾病也发生了。入侵的原因，除持续干旱、地形地貌、水文地质等自然因素外，主要是超量开采地下水、陆上海水养殖和扩建盐田、上游修建水库引起入海淡水减少等因素。

关于沿海污染问题，最近杨振怀已发出救救渤海湾的呼吁，指出渤海湾近岸水域污染已到最紧要关头，一些近岸海域已超过了它的自净能力，达到了临界点。他还指出，环境问题一旦超过了临界点，将会急转直下，一发不可收拾，淮河就是一个例子。差不多同时，全国政协的联合调查组则提出了"切实重视渤海黄海环境保护"的呼吁。

关于近海渔业资源枯竭的呼救声就更多了。有的指出：我国海洋四大经济鱼类中，大黄鱼、小黄鱼、墨鱼已基本形不成鱼汛，带鱼前景也不乐观。有的指出：在黄渤海30多种经济价值较大或产量较高的渔业资源中，已严重衰退的占20%左右，过度利用的占50%，尚有潜力的只有个别种类。由于污染和捕捞过度，香港海已成为一片"空城"。

还有遍及全国的水土流失问题，一年下泄泥沙50多亿吨，不仅山区承受不了，江河湖库的淤积问题也日益严重，危及防洪、通航和灌溉，国家不得不实施百船排淤计划，以疏浚主要河湖的通道。但年年下泄如此大量泥沙，区区百船实在清不胜清。

工业化引起的酸雨和污染更是威胁着我们的生产和生活。我国酸雨污染范围日益扩大。中国pH值小于5.6的降水面积，1985年约为175万平方千米，1993年为280万平方千米，pH值小于5.6的降水等值线已大幅度向西向北移动，越过长江和黄河。1986年pH值低于4.5的重酸雨区仅为重庆、贵阳等局部地区，1993年我国江南包括川、贵、湘、鄂、赣、桂、粤、闽、浙大部分地区平均降水pH值低于4.5，面积达100多万平方千米。国家环保局局长指出，"在酸雨严重的地区，由于大气污染和酸雨的长期侵袭，已发现明显的经济生态损失"。

工业三废污染的日益严重尽人皆知。国家环保局的报告指出，全国6百多个城市中，大气环境质量符合国家一级标准的不到1%，"中国七大水系中有近一半遭到严重污染"。我国有1000万公顷农田受到不同程度的污染。所以，报载："政府决定，在'九五'期间，把治理淮河、海河、辽河和太湖、巢湖、滇池的水污染，及酸雨控制区、二氧化硫控制区的空气污染作为环境保护的重点工程"。人与自然界的关系方面，准确些说，在掠夺和破坏自然资源方面，情况已十分严重而且还在继续发展，说是居危是毫不夸大的。近年来不少省区从山区迁出部分居民到平原安置，就说明一些地方已失去生存条件。这样，就产生一个问题，居危应该思考什么，应该如何办？我们必须面对这个问题并给予回答。

二、如何认识和解决

首先是正视现实，努力找出原因。

对于上述种种问题，我们是如何分析和认识的呢？一般的说法是，由于这些地方自然生态系统十分脆弱，人口众多而且增长很快，农民文化素质低，技术力量少而弱，为了当前生活不得已向自然界多索取了些，引起了自然资源的破坏，有的则加上工作有失误一条，但放在最后，无足轻重。如果真是这样，在人口还在增多的情况下，我们只能继续破坏下去直到全面崩溃，自动退出地球。如真欲扭转形势，那就应该承认上述种种问题之所以发生，主要是工作失误造成的，失误的关键是那里的生产方针错了，违反了事物发展的规律，以及对于不合理的习惯，如广种薄收和超载过牧等纠正不力和管理不严。只有在这方面下工夫探讨，才能找到解决问题的办法和扭转居危形势。

其次是找出路，找解决办法。

一方面要进行理论探索和自然规律的研究，并借鉴国外的研究成果和成功经验。这方面过去已做了不少，今后还要继续做并及时运用，使我们的经济建设工作更具有科学性和自觉性，力争能按自然规律办事，少犯瞎指挥错误。另一方面，而且是更重要的方面是到群众中去找经验找办法，向群众学习。他们处于与自然界打交道的第一线，了解真实情况，最有实践经验，为了生存和致富，他们总能创造出新经验、新办法，既取得财富又保护自然，给我们以新思路和启示。下面几个非常普通的实例，就给予我们极大的启示。

第一个，一位一级伤残退伍军人绿化一座光山头。辽宁省朝阳县李德富，现年67岁，参加过辽沈、平津、渡江等战役和抗美援朝战争，先后5次立功，是一位双下肢瘫痪的一级伤残革命军人。1986年承包了一座荒山，10年来日日治山不止，现种植果树1万多棵、沙棘1万多棵、杂树1万多棵，硬是把一座被称为和尚头的光山变成四季苍翠的青山果园。他多次被评为县乡的优秀党员，两次出席省残疾人代表大会，被授予"模范革命伤残军人"称号。

第二个，一位农村妇女带头向荒山挑战。河北省临城县虎道村，位于太行山深山区，全村300多户，人均8分地，拥有荒山9600亩，一直与贫困为伴。该村妇女王秋鱼于1987年主动向村里立下"军令状"，要向荒山挑战。以她为主组成一支60多名妇女的"娘子军"，10年来植树10万余株，绿化荒山5700亩，果品收入全部用于村里70岁以上老人的生活。他们为山区人民闯出一条致富路。王秋鱼最近被美国妇女资源基金会授予"亚洲地区农村有贡献妇女"称号。

第三个，一位村支部书记的高尚情怀。四川黔江地区彭水苗族土家族自治县龙塘乡黄荆村党支部书记钱远书，改革开放后靠养牛和种烤烟致富，1984年手中有4万元存款。他看到村子四周的大山都荒秃着，已承包到户的荒山无人种，他向村委提出承包8000亩荒山（分属26户），与各户签订合同，利润的30%归各户，70%归他。经过10年造林，这片人工林现在总价值达7780万元，他可分得5 000万元。1997年9月他主动把这片林子无偿交村集体，办成股份制林场，三七制的合同不变。他的这一举动在当地干部和群众中引起巨大反响。

第四个，"奇，灾区有条无灾河"。这是《人民日报》一篇报道的醒目标题，说的是湖北黄冈地区罗田县北丰乡小流域综合治理见成效，大灾之年无灾的事实。该县 1997 年 6 月 28 日到 7 月 16 日，遭受三次大雨袭击，平均降水 715.42 毫米，造成大量农田被水打沙压，公路、河堤被山洪冲断。但是处于暴雨中心的这条小流域，30 多千米的河堤无一处溃决，1.9 万余亩农田没有遭受水打沙压，8800 亩中稻一片丰收景象。1991 年以来，他们用 6 年时间，全面规划，对全流域进行了综合治理。新建高效经济林基地 3 万亩，改造马尾松林 1.2 万亩，在河堤、路旁植树 28 万株，使全流域森林覆盖率由 1991 年的 48% 上升到 1997 年的 68%。泥沙流失量由过去的 30 万立方米降到 10 万立方米。1997 年虽遇罕见的洪水，河床却比 1996 年降低了 5 毫米。

这四个实例很平常，各地都可以找到。但它们代表了一种新思想和发展方向，意义重大。前三个都发生在国家级贫困县，都是在人们看不起或者看着发愁的荒山上做出了大文章，证明荒山是大财富，大有文章可做。我国的荒山多得很，如果都这样利用起来，我国山区就将发生巨变，并大放异彩。他们三位都是平常人，但看得远、决心大，创造出成绩，树立了榜样。第四个实例说明了 20 世纪 80 年代山区人民创造的小流域综合开发和治理经验的伟大意义和巨大作用，证明它是经济建设的新思路，是生态经济理论的生动实践，把发展生产、建设环境和培植资源统一起来。它又体现了治水的新思路，说明抗旱与防洪是一个问题的两个侧面，而且关键在治山，把雨季的大部或一部分水留在山区，既解决山区抗旱又解决下游防洪，上下均得利。山区的小流域治理好了，山区就富起来，大江大河的防洪任务将大为减轻，水旱灾害将大大减少、已这样治理和开发的小流域，各地均有，效果都不错，应该大力推广。此外，在治沙、改造草场、经营水面等方面，群众都有好的创造。所有这些都有待我们去认真总结、完善、提高，更有待我们认真推广。但是，各地的许多好典型有不少就是推不开，成了人们参观和观赏的花瓶，这个现象值得深思，毛病出在哪里呢？

现在已进入生态时代，人与自然界和平相处、协调发展的时代。一味掠夺自然界的做法绝对不行了，我们应该学会新的生产方法和经济建设方法，实现持续发展战略。居危是现实但并不可怕，不仅在科学道理上，而且在群众的实践中，都提出了许多去危的办法，群众中已提出要苦干不要苦熬的响亮口号，正是解决问题的良机。需要的是决策层的远见和勇气。

（《通讯》1997年第1期）

木本粮食的战略地位

——关于发展木本粮食缓解我国粮食供需矛盾的建议

据预测，到 2000 年时，我国人口实际上将达到或接近 13 亿。按每年人均粮食 400 千克计算，粮食年产量应达到 5.2 亿吨，这比 1988 年的产量要高出 1.2 亿吨。在耕地不断减少的情况下，12 年内要提高到这个新水平，显然是十分艰巨的。勉强为之，粮产区势必要压缩经济作物面积和大量增加投入，那么人民的负担必将加重并引起许多问题。这个形势人们都看到了，正在探讨解决办法。

为了缓解我国粮食供需矛盾，我以为应立即实行双管齐下的办法，即努力在粮产区增产粮食的同时，大力在丘陵山区发展木本粮食。具体说，2000 年前，在丘陵山区有计划地营造板栗、红枣、柿子、银杏等木本粮食林 2 亿亩。全部达到盛产期后，年产量可达 5000 多万吨，约占 2000 年前应增粮食数的一半。发展木本粮食问题过去有人提过，但未引起注意。现在重新提起，有其新的重要性和紧迫性。我们提出这样做的理由是：

第一，我国木本粮食（也叫干果）资源丰富，共有 400 多种。上述 4 种仅是种植较多、适应地区较广、群众又有种植经验和习惯的几个主要品种，各地还有许多乡土品种可供利用，增产潜力很大。第二，丘陵山区有大量未利用起来的荒山荒坡，有多余劳力，人民历来有经营木本粮食的习惯。第三，这些木本粮食营养价值很高，有利于提高人民的营养水平。第四，目前这些木本粮食的经济效益很高，不少地方已积极行动起来。只要各级领导重视，倡导和给予一定的经济支持，这项生产事业就可以较大规模地发展起来。第五，经营木本粮食比之开荒扩大耕地，投资要省得多。因为可以利用各种地形条件，不用大规模平整土地；水利条件也不如耕地要求高，还可以与农民的庭院经济结合起来，住房周围和自留山均可种植。

安徽省大别山区金寨县是个有名的贫困县。近几年，县领导在大力发展山区经济时，抓了发展板栗的生产，目前已种植 1000 万株以上，群众仍继续种植，发展潜力依然很大。按 1000 万株计算，到了盛果期产量将超过 5000 万千克，产值将超过 1987 年该县农业总产值（1.2 亿元）。邻近的霍山、舒城两县也在积极发展。据中国科学院南方山地科考队调查，我国南方山区适合种板栗的荒山荒坡有 4.5 亿亩，用科学方法经营，亩产可达 450 千克。以近期经营 1 亿亩，亩产 300 千克计算，总产量即可达到 300 亿千克（合 3000 万吨）。目前国际市场价格 1900 美元 1 吨，国内市场价格 3～4 元/千克。按后者计算，年产值为 900 亿～1200 亿元。由此可见，木本粮食实在是山区人民的一大支柱产业。

河北省赞皇县是一个位于丘陵浅山区的小县，总面积 800 多平方公里，人口不足 20 万，也比较穷。1983 年根据专家意见，大力发展红枣，当时仅有枣树 64 万株，产量 120 万千克。1985 年县人代会立枣树为县树。1988 年种植株数达到 2000 万株（结果的 300 万株）、产量 750 万千克。计划种到 3000 万株（20 万亩成片、实行小株密植，其余分散经营），到 2000 年时，产量可达 1 亿千克以上。现已可加工一系列产品，乡镇企业随之发展起来。国际市场上目前每吨 1000 美元以上。该县的枣品质好，去年的青枣即卖到 0.45 元/千克。林业专家谈，太行山上酸枣极多，经营起来，可以形成许多片枣林，产量可成倍地增长，经济、生态效益都极好，是一大潜力。

江苏省泰兴县是一个平原县，但却是我国最大的白果（银杏）生产基地。

1988 年产量为 200 万千克，此项收入为 6000 万元。近两年来全县新嫁接了 40 多万株。该县白果质量好，是滋阴补肾的高级营养品，供不应求。目前国际市场上每吨 1500 ~ 1600 美元。我们知道，山区才是白果的主要产地。泰兴县的例子说明我国有发展白果的潜力。

上述诸例说明，只要认真抓此项生产，2000 年前，全国经营起 2 亿亩木本粮食是可能的。只要科学管理，就能成为稳产高产的铁秆庄稼，不仅可补粮食之不足，还能改善食物结构，提高人民的营养水平。

当然，有关部门的工作应协调起来，认真解决苗木供应、管理技术、防止病虫害、加工、储运、销售等全套服务业务，促使生产的发展。

发展木本粮食的好处是：第一，可以减轻粮产区的压力，使之有可能兼顾经济作物的生产，对发展产粮区经济大有好处。第二，可以大幅度增加山区人民的收入，对发展山区经济和建设山区有利。按现行价格计算，这 2 亿亩的产值可达 1500 亿 ~ 2000 亿元，按一人一亩计算，人均增加产值 750 ~ 1000 元，可使 2 亿山区人民生活从此达到较富裕水平。第三，可以增加出口创汇和满足国内市场供应，改善城市居民生活。国内市场供应，以北京为例，1988 年冬，鲜柿子 1 千克 2 元，糖炒栗子更成了罕见的食品，可见此类货物之短缺。2 亿亩投产后，市场供应将大大丰富起来。第四，生态效益好。2 亿亩成林后，等于在丘陵浅山区营造起 2 亿亩风景林和防护林，有利于调节气候，减少水土流失，保护农田、池塘和水库，也等于新建了许多风景区和花园，生活环境将大大美化。 第五，社会效益好。这样做，山区、平原、城市均得利，当然都会满意。它特别显示出山区建设的光明前景，将进一步掀起山区人民开发和建设山区的巨大热情。第六，对农业战线来说，冲破了小农业思想的圈子，真正实行大农业发展战略，并将进一步合理开发山区、草原、滩涂和水面，逐步把全部农业用地经营起来。我国农业将进入一个新的境界，开辟广阔的生产新领域。总之，这样做一举多得，对缓解粮食紧张形势有利，推动我国农业实现新的突破，促进四化建设。

　　有人以为这样做好是好，就是周期太长，见效太慢，远水不解近渴。但是，我想，只要认真分析，经过努力，问题是不难解决的。经营木本粮食，时间要长一些，见效要慢一些，但也有新变化。一是实行小株密植新技术，可以早结果；二是运用嫁接技术也可以早结果。此外，品种上可以有新创造，管理上更有文章可做。更为重要的是，从我国土地资源现实状况来看，耕地后备资源有限，开发难度大，能解近渴的近水实在难找。从全局看，非走这条道不可，抓得越迟越被动。2000 年后，我国人口还得继续增加，将来能在 15 亿～ 16 亿上稳定下来就不错，那时我国粮食需要量至少为 6 亿～ 6.4 亿吨，而耕地不能扩大，只靠提高单产，难度是极大的。靠新技术突破当然有可能，也应积极抓，但何时实现并无把握，不能只抓这一条。当前唯一的出路就是在认真经营好耕地的同时，积极利用我国山区荒山荒坡多又适合种木本粮食的优势，有计划地扩大木本粮食经营。第一步搞 2 亿亩，再视情况逐步增加，同时品种也应增加。现在就应组织力量，认真研究山区资源情况及综合开发问题。我国山区不仅土地资源丰富，动植物资源也极丰富，木本粮食仅是其中的一部分。就植物资源来讲，《当代中国的林业》指出：我国有木本植物 8000 多种，其中乔木 2000 多种；我国是竹类资源最多的国家，有 300 种以上；世界食用油为主的油料树 150 种，我国就有 100 种左右，其中 80 多种的果实，种子含油率达 50% 以上；干果树有 400 多种；芳香植物有 300 多种；药用植物 3000 多种，常用的 500 多种；还有众多的野果资源和山珍野味。畜牧部门统计，我国牧草资源中仅禾本科的 1200 多种，豆科的 1130 多种。近年来，还引进一些国外的优良树种和草种。

　　总之，我国山区是一座巨大宝库。新中国成立以来，我们长期忽视了对山区的科学开发和建设，损失太大，也贻误了时机。希望以经营木本粮食为开端，有计划地开发和建设山区，实现我国农业的新突破。

（《中国林业报》1989 年 7 月 1 日）

运用生态经济思想
指导干旱、半干旱地区农业生态建设

一、干旱、半干旱区是一个广袤而重要的地区

按照比较一致的看法，年降水量400毫米等值线是我国湿润地区与干旱地区的分界线。此线所经过的地点，大体与夏季风在盛夏季节影响的北界基本上一致。这条线东北自大兴安岭起，向南偏西经坝上草原，过陕北到兰州，再到拉萨。这条线以北以西地区都属于干旱半干旱地区。在干旱与半干旱地区之间，也有一条分界线，大致是东起二连浩特，经流海图、中宁、酒泉、敦煌、和田到喀什以北为干旱地区。

可见我国的干旱半干旱地区，主要是指华北、西北、内蒙古高原、青藏高原的绝大部分地区，面积约占我国国土总面积的一半（一说为45%，一说为52.5%）。这是一个广袤而重要的地区，这里是我国未来的能源重化工基地；我国的牧区主要在这里；我国两块最大的天然林区，即大兴安岭林区和川西—藏东南林区也在这里；这里的冰川雪山共4.4万平方公里，是一个巨大的固体水库群，总蓄水量为2.3万亿立方米；位于这个区域的黄土高原是中华民族的发祥地，历史上曾是一块林草丰茂的地方；这里又

是我国旱作农业的集中地区，共有耕地 4.5 亿亩。此外，我国 16 亿多亩沙漠以及沙漠化土地，也都在这里，是一个具有威胁性的破坏因素。干旱少雨则是天然的不利因素。

研究这个地区的自然规律、严格按规律办事，充分利用有利因素，克服不利因素，有效地进行开发和建设，是一项艰巨、复杂而又极为重要的任务。现在要认真解决这个任务，为下世纪我国经济建设战略转移做好前期准备工作。

二、干旱、半干旱地区面临着严重的生态危机

表现在以下几个方面：

第一，草原严重退化、沙化、碱化。

1989 年 5 月召开的我国首次草地科学学术会指出："全国已有 13 亿亩草地退化，约占可利用草地的三分之一，目前还以每年 1000 万亩（另一材料为 2000 多万亩）速度继续退化"（《光明日报》1989 年 5 月 20 日）。一位专家解释说，这只是指严重退化部分，实际上 90% 以上的草原都在退化。

第二，森林资源消耗严重。

就全国来说，公元 2000 年时，成过熟林将基本采光，这个地区的两大林区自然不例外。本区内几个小林区也在继续缩小，白龙江林区有采伐任务，蓄积量自然严重减小，没有采伐任务的，为子午岭林区，毁林面积已达原有面积的 44%，六盘山林区在缩小，大小罗山已无林了。这个情况也严重威胁着这个地区原来就极度脆弱的生态环境。

第三，冰川雪山在缩小。

以祁连山为例。目前海拔 3600 米以下已无积雪，以上积雪也减少。中国科学院冰川冻土研究所观测资料指出：冰沟地区（西岔）雪线由 3428 米上升到 3825 米，雪盖面积减少 30%。长此下去，河西走廊的农业将受到严重威胁。

第四，高原湖泊在缩小或消失

新疆近三十多年，罗布泊干涸了，艾丁湖见底了，玛纳斯湖消失了，博斯腾湖水矿化度已达 1.8 克／升，超出了国家规定的农用水矿化度 1.5 克／升的标准，而且以每年 0.07 克／升的矿化浓度增加，艾比湖水面已由新中国成立初期的 1200 平方千米缩小到 523 平方千米，缩小了 56%。

第五，沙漠面积在扩大。

沙漠化与草原的退化关系很大，草原越退化，沙漠化的速度也将增加。前几年国家气象局负责人指出：沙漠化土地在过去 25 年里增加了 3.9 万平方千米(《人民日报》海外版 1986 年 3 月 23 日)。过去说近 50 年来沙漠化面积增加 5 万平方千米，这样近 25 年的沙漠化速度是大大加快了。

第六，黄土高原地区不少地方广种薄收的情况没有多大改变。

黄土高原一些地方，每年种草种树不少，但有的随种随破坏，广种薄收的习惯未大改变。一旦国家补助停止，种草种树活动将大大缩小，势将继续走广种薄收的老路。目前应该利用国家补助的良机，狠抓林草建设并巩固下来，改变广种薄收习惯，实现农林牧结合，以改变这个地区面貌。

第七，水土流失面积在扩大。

这是一个全国性的问题，从一些典型材料看，这个地区的水土流失，仍然是继续加重的，与此有关的是耕地地力也在普遍下降。

从上述七个方面可以清楚地看到，这个地区正面临着严重的生态危机，威胁着工农业生产和人民生活。

三、运用生态经济思想，开发和建设干旱、半干旱地区

我国干旱半干旱地区如何开发和建设呢？显然，各行各业各顾各的是不行的，必须有一个综合开发与建设规划而且要有新的建设思想，长期以来实行的掠夺性的经营思想与做法再不能继续下去了。新的建设思想应该就是生态经济思想。这个新的经济思想，把生态学与经济学结合起来，并

认为生态学是新的扩大的经济学的基础，它明确指出："经济和生态是一个不可分割的总体，在生态遭到破坏的世界里，是不可能有福利和财富的。旨在普遍改善福利条件的战略，只有围绕着人类固有的财产（即地球）才能实现。而筹集财富的战略，也不应与保护这一财产的战略截然分开。……一面创造财富，一面又大肆破坏自然财产的事业，只能创造出消极的价值或'被破坏'的价值，如果没有事先或同时发生的人的发展，就没有经济的发展"（《世界的未来》）第 71 页）。

在国内，已故著名经济学家许涤新于 1980 年提出自然规律与经济规律，一般说来自然规律起决定作用的论点，是这种思想的不同表达形式。中外学者差不多同时提出这个问题，反映了生态时代的共同要求，是值得认真思考的。

关于提出这个新思想的时代背景，罗马俱乐部的已故主席奥尔利欧•佩奇有比较集中的描述：由于人口的爆炸和经济发展中的偏差"当代人正在削弱或改变着大自然的生物能力，使它再也无能力向沸腾的后代提供足够的支援"（《世界的未来》第 51 页）。所谓人口爆炸，实际情况是 1900 年世界人口 16 亿，1980 年达 45 亿；人类突然发现本世纪前 80 年中，世界人口增加了两倍，到本世纪末，将增加到三倍（即 63 亿），人均消费量也大大增加，本世纪 25 年中，对能源的需要将相当于人类有史以来所消耗的总量。地球从未"接待过这样多的人"。"本世纪末地球将充满了消费者、消费量将相当于足供 1900 年水平时 600 亿人口的数字"。这就必然导致对自然资源的无节制的开发（《世界的未来》第 27 页）。

所谓经济发展中的偏差：即人已被物质革命的引诱所降服。只有根据物质革命给予的权力行事，再也不遵守大自然的规律了。物质革命已经成了人的一种宗教，人在控制地球之后，又准备征服周围的领域。……一切都要归于自己。根本没有意识到，这些行为正在改变着自己周围事物的本质，污染自己生活所需的空气和水源，建造囚禁自己的鬼蜮般的城市，制造摧毁一切的炸弹。人类已从利用大自然变为滥用和破坏大自然。我们对于地球维持人类生存能力之有限，无知的惊人，对资源贪得无厌，且急不可待。因而产生人口日益增加，而需要的资源却不断减少的危险局面。四大主要生物系统，即海洋动物、森林、牧场和农田，已经负担过重。生命世界再也无力解决当代文明事业带来的大量废物和新的化学品所带来的问题了。生命世界已经没有足够的再生能力，来弥补人类的活动造成的破坏"（《世界的未来》第 6 页）。形象的说法是："靠超支过活"，"全世界都在推行全盘的生物和农业经济的赤字财政"（《纵观世界全局》1985 年）。我国通俗的说法是："吃祖宗饭，造子孙孽"。对此，美国的绿党提出一个值得重视的新口号："我们不是从父母那里继承这个地球，而是从子女那里借来这个星球"（《参考消息》1983 年 10 月 23 日）。

中共中央 1983 年一号文件明确把合理利用自然资源，保持良好的生态环境，与严格控制人口增长并列，作为我国发展农业和进行农村建设的三大前提条件。这就是著名的三大前提论。它把人口问题、资源问题、生态环境问题与发展生产问题统一考虑，并把前三者作为经济建设的前提，就是要把经济建立在生态学的基础上，这正是生态经济思想的具体化。这是我国当前实际经济建设的需要，也是显示社会主义制度优越性的根本措施，它更具有深刻的理论意义。即把《哥达纲领批判》第一条具体化而发展了，作为生产建设的前提条件。这个三大前提论使我国的经济建设思想站到了时代的前列，也是我们进行经济建设和治理环境的强大思想武器。

根据生态经济思想特别是三大前提论，我国干旱半干旱地区的开发与建设，应该先从宏观上狠狠抓住草场建设、林业建设，保护冰川和雪山，积极治沙等四大项，由于这四项是这个地区的生命线，所以决不能因为任务大或收效慢而稍有忽视。

草场建设，本身既能兴利又能起到屏障农区和发展少数民族经济，一举数得。

发展林业虽是慢功，却是根本措施。且不说两大林区，就是从本区内几个有林子的山区来看也是很明显的。凡是有林子的山区，雨量较周围地区就多些，还形成一个大小不等的阴湿区，有利于当地农业的发展。宁夏大小罗山林子消失后的现实变化给予人们的教训极为深刻。依托现在有林子的山区发展林业，逐步向外扩张，是扩大阴湿区，克服或减轻干旱威胁的有效办法之一。

保护冰川和雪山就是保护固体水体，与保护人工建设的水库作用是一样的。

治沙与防止沙漠化，更是一项艰巨的，也是非做不可的任务。40 年来，在治沙方面我们的成绩很大，引起国际上的重视与尊重。但另一方面，我国的沙漠化问题仍很严重，治理跟不上破坏，应该加强这方面的工作，解除它对本地区农业的威胁。

上述四项是国家项目，应有专款和专门机构来抓。除草场建设可以与牧民共同进行外，其他三项主要应由国家承担。

耕地当然是十分重要的，要认真经营好，力求解决粮食自给和发展其他经济作物以增加收入。但是农业区和草原地区的各级地方政府特别是县乡两级政府应树立大农业思想，制定并实行综合发展规划，合理利用全部土地，实现农林牧副渔协调发展，跳出只看到耕地只经营耕地的小圈子，或者只掠夺草原单一经营牧业的做法，从恶性循环中解脱出来。乡镇工业应与各项农副产品加工密切结合，并实行农工商一条龙，把农村经济搞活。

在经营非耕地、农用地和治山方面，在小流域治理的基础上，推行生态经济沟建设，是值得积极提倡的。这是河北省在开发太行山时的做法，已收到很好效果。河北省林业界专门进行了研究和讨论并写了文章（《林业经济》1989 年第 4 期）指出："生态经济沟作为河北省山区治理的一种模式，是山区水土保持工作的成绩，是群众治山治水经验的升华。"文章指出："进入 80 年代，开始小流域治理，80 年代中期，在这个基础上，生态与经济相结合，发展成为三大效益结合的生态经济沟。"我看了几个典型，从沟底到山顶，全部土地都合理利用起来，沟底是水果，之上是木本粮食或油料，再上是用材林、灌木或牧草。由于土地都覆盖了，沟底还有一些蓄水工程，一般年雨量，可以做到水不出沟。一些原来没有什么收入的荒沟，现在成了生产基地，产量和产值都大大增加，建设早一点的村庄已成了富裕山村，而且环境优美、景色秀丽、令人神往。

在发展畜牧业方面，应该推行养畜与种草结合的办法，比方说养一只羊必须种一亩牧草，养多少只兔种一亩牧草等。每户还要营造足用的薪炭林，用这种办法解决饲料与燃料，另一"料"也将随之缓解。长期困扰人们的"三料"俱缺问题是可以和应该解决的，关键在于措施得力并持之以恒。

科技应跟上，以彻底改变各项生产技术落后的面貌。山西闻喜县在会上介绍的做法，打开了人们的思路，认真考虑以县为单位统一组织生态农业和环境建设问题，这是经济建设中的一个具有重大意义的新发展。

该县的做法是：

第一，按照综合发展规划，把该县的三大任务（粮食自给、脱贫致富、改善人与环境的关系）协调起来，同步进行，改变过去机械地分阶段进行的做法。

第二，县成立生态农业领导小组，统一安排建设工程项目，把各部门的人财物力捆起来使用。科技人员组织起来，按工程承包，签订合同。资金、物资同时拨给，有职有权有责。

第三，各项科技成果组装配套，形成新的生产力，充分发挥作用。

这样，多年来困扰人们人财物力分散，形不成拳头的问题解决了；科技人员按工程承包，钱物跟上、有用武之地，可以大显身手了；党政领导参与活动，与科技人员息息相通了。形象的说法是：权力＋科技＝生产力。

总之，只有宏观与微观建设这样紧密结合，持之以恒，这个地区的建设才能有效地进行。

（《河北农业生态》1990年第1期）

关于加速黄土高原水土流失严重地区综合治理与开发的建议

黄土高原水土流失严重地区，经济贫困落后，生产发展困难。黄河下游河道泥沙淤积严重，平均 10 年淤高 1 米，10 年就得加高一次河堤，一次比一次难度大、花钱多，而且年年汛期提心吊胆。这种上下交困的情况，举国上下关注，都在讨论、思考能否治理，如何治理。最近，我们和山西省有关部门一道，对晋西黄土高原作了一次现场实地考察，结合座谈访问和查阅资料，深深感到:这里已出现了一大批各类成功典型，只要认真总结、提高和组织推广，改变这块国土的面貌和发展农业生产，使农民富裕起来是完全可能的；同时又可大大减轻泥沙下泻和下游河道的淤积问题，一举两得。解决问题的时机也比较成熟了。

一、晋西黄土高原的经验

山西西山地区在党的十一届三中全会以来发生了可喜的变化，目前正处在一个大变化的前夕。

1. 农村经济状况有了初步改善。西山 28 县，属全国 18 个贫困地区之一，十一届三中全会前，大部分群众仍然过着"糠菜半年粮，破布烂片做衣裳"的贫困生活。80 年代以来，当地干部群众艰苦创业，党和政府大力支持，到目前为止，人均收入已超过 300 元，有的已达 500 元以上，人均粮食产量高于 600 斤。临汾西山 6 县，1988 年粮食人均产量达到 1110 斤，1989 年因灾减产，人均亦达 888 斤，群众衣食居住条件有了初步改善。

2．出现一批综合治理开发的典型，在这块黄土地上，已经出现了像吉县、隰县、柳林、中阳、河曲、偏关这样一批综合治理、优化开发的先进县，涌现出一大批脱贫致富的好典型。他们改变过去条条分割、单项治理的做法，将人、财、物、力集中到一个经济小区、一个流域，实行垣、梁、峁、坡、沟、山、水、田、林、路统一规划，农、林、牧、水、机分工协作，综合配套治理。不仅投资少（治理 1 平方公里，国家投入约 3.2 万元，其中用于林草建设的占 24% ~ 30%）、速度快（治理一条 3.3 平方千米的小流域，只用 20 个月，治理重点流失区三川河流域第一期工程 700 平方千米，只用 7 年），经济、社会、生态效益也很显著。我们实地考察了几十个万亩以上的林果基地和小流域综合治理区，其中有些已做到土不下山，清水长流，人均粮食产量和纯收入已大大超过当地一般水平，涌现出一些万元户和人均年收入超过千元的村。水土流失的治理面积，吉县达 52.4%，三川河流域 4 县达 42.2%，河曲 59%，偏关 61%。按黄委会水文站提供的资料，减沙效果清水河已达 70% 以上，三川河达 58.8%。河曲县共有 12 条大沟每年有大量泥沙直接流入黄河，现在已有 8 条做到一般雨量年，水土不入黄河。

3．成片造林。作为陆地生态主体的森林已由零星、小片发展为万亩、十万亩规模。吉县除天然次生林 52.5 万亩，又营造人工林 53.5 万亩，覆盖率 25%，羊庄山—李家垣 10 万亩油松林，红旗林场教场坪 10 万亩用材林已初具规模，近年计划建成明珠至城关的百里绿色走廊；永和的四十里山、数万亩人工林郁郁葱葱，煞是可爱；偏关营造柠条林、油松林 40 万亩，固定了总面积约 5 万亩的 120 多块流动沙丘。对保水保土，发展畜牧，改善生态环境起到明显作用。

4．通过规划明确治理目标。重点是基本农田建设和植被建设，吉县人大通过的发展规划为：1988 ～ 1990 年人均栽好管好 1 亩果园，建成 2 亩旱涝保收田，种好 3 分烤烟，实现户均 1 亩草、2 头畜、千株树，人均产粮 1300 斤，收入达到 400 元，大部分指标都已超额实现。以中垛乡和柏山寺乡为主栽植果树 10 万亩，在王家坪文城乡等沿黄地区营造以红枣为主的 10 万亩干鲜果林带，综合治理赵家垣工程等都已有一定基础，并且组建了专业队，可望在 1993 年如期完成。5 ～ 10 年后，林地郁闭，果园进入盛果期，通过保鲜，加工储运，群众收入将有明显增加。隰县、河曲、偏关等县都有类似情况。

5．乡镇企业有一定发展，进行了农副产品的加工增值，有的乡镇还实行了以工补农、建农的办法，即用采煤所得利润进行本乡镇的土地综合治理，推动农业的发展，叫做"以黑色换绿色"。

他们的经验集中到一点，就是县有一个综合发展规划，按规划对不同地区进行各有特点的综合治理和开发，把治理与生产结合起来。因而以面上治理为主，以生物治理和耕作措施为主，辅以谷坊、堤坝、塘库等工程措施，先治上后治下，先治垣坡后治沟，同时，把各类土地利用起来，营造各种生产基地，生产也随之发展起来。农民见到实效，积极性越来越高。这些正是 40 年来黄土高原治理和建设经验的科学总结。据我们了解，黄土高原各县都有类似典型和经验，只是规模和成果有所不同而已。

二、建议

晋西黄土高原的治理、建设经验是可贵的，可以也应该推广，用以推动整个黄土高原水土流失严重地区的治理与开发，并使这块重要地区较快地改变面貌。这样做，并不需要国家再投入多少钱，只是改变一下目前的做法。

黄土高原水土流失面积共 43 万平方千米，涉及 189 县，较严重流失地区 28 万平方千米，涉及 123 县，最严重流失地区 11 万平方千米，涉及 50

县。人们都认为应先集中治理这 11 万平方千米的地区，共需投入 35 亿元，以 15 年为期，每年为 2.3 亿元。

也可以用另一种组织推广办法。黄土高原有 4 片集中贫困地区，共 81 县，这是国家确认了的。其中定西和西海固共 33 县，已有"三西"专项治理经费。另两片为陕北和晋西，共 48 县，年水土流失 9.08 亿吨，占黄河总输量的56.8%。可以先治理这 48 县，同时用新办法加紧治理另两片。

这些地方，除每年有一定数量的扶贫款外，还有"三北"防护林建设经费、水保经费，有煤矿的地方还可以收取一定的治理费用，还有其他专项费用。如山西省为了保护汾河水库，已决定每年拨款 2000 万元（10 年为期）治理上游 4 县的水土流失问题。这些款项目前分散使用并由条条指挥，对综合治理和改变面貌形不成力量，影响效果和进度。这些方面给的钱共有多少，谁也难搞清，县里也不清楚每年能分到多少。但大家认为与综合治理所需费用差不多，即使差一点也不用补多少。

山西省人大常委会主任王庭栋同志认为，每个县一年有 300 万元用于综合治理和开发就很好了，多用了不好，反而造成浪费。以此推算，这两片 48 县，一年也不过 1.44 亿元。如果小县按 300 万元，大县按 400 万元，平均按 350 万元计算，一年也不过 1.68 亿元。把现有各项投资集中使用，不足的补一点，在目前情况下是完全可以做到的。

因此，我们建议，在这 4 片地区，各县都运用晋西各县的经验，集中使用有关经费，集中使用有关部门的人力和物力，有计划地实行综合治理和开发，一片一片地进行，一个流域一个流域地进行，并且要求各届政府都坚持这样做，直到全县规划完成，再进一步研究制定新的规划。

三、要解决的几个问题

实行上述建议，要解决好以下几个问题：

第一，配好县级领导班子。县级领导班子应是一个团结战斗的班子，有决心领导全县人民坚持综合治理和开发。把不安心和无干劲的人调离，另调进有决心、有干劲的，只要讲清楚新的任务和工作方法，会得到广大群众的拥护，勇士是不会少的。对这类县，任期可以长一些。省委要下决心做好这件事。

第二，加强县级的权力。要明确宣布县级政府有权集中县级各部门的人财物力，进行治理和开发，上级各业务部门应支持县级这样做，并在各方面给以帮助。这也是省级领导要做好的事情。

第三，每个县应制定一个包括经济、社会、生态在内的综合发展规划，经专家论证和县人代会通过后，具有法律效力，在一定期限内（比如说10年或20年），各届政府都须执行，共念"一本经"，搞接力赛。制定规划的经验是现成的，人才也有，完全可以实行起来。

第四，对干部和科技人员实行优待政策。在贫困地区工作的干部和科技人员，比一般地区困难多、任务艰巨，付出的辛劳大，生活上也艰苦得多，不仅应提高政治待遇，在经济上也应得到照顾，比如说工作几年就提一级，有特殊成绩的也应提一级甚至几级，以鼓励干部和科技干部到贫困地区工作。彻底纠正在贫困地区工作低人一等的荒谬"舆论"。

第五，党中央和国务院应把改变黄土高原面貌作为一项重大任务，列入"八五"和"九五"规划。这不仅有政治意义，在经济上也极合算，既富民又治黄，如果能治好这4大片就能减少黄土高原下泻泥沙的一半，形势就可大大改观，专家们说河道就不会再淤高。对减轻黄河泥沙淤积也将起重大作用。

以上五条，是领导决心和工作问题，不用多花钱，因此是可以也应该能做到的。

为了有关省市地区都行动起来，应召开一定的会议，总结经验，统一认识，制订行动计划，形成一个有声势的治理和开发活动。还要动员在这个地区进行各项工业建设的单位也积极参加，力避在工业建设中对环境造成大的污染和破坏。这样做，定能使黄土高原早日改变面貌并建设起内容丰富的农业生产基地，既富当地人民，又支援国家的工业建设，下游沿河诸省获益也多。一举多得，利在当代又造福子孙，是一项迫切的任务，现在是下决心的时候了。这是中国生态经济学会石山、王耕今在山西西山黄土高原区考察后，同有关同志研究的意见。当否？请予指示！

（《生态经济通讯》1990年8月5日）

附：黄土高原重新崛起

一、大批成功典型出现在高原大地

今年8月下旬，我到兰州参加一个研讨会，之后又访问了中科院水保所，了解到黄土高原新涌现出一批成功典型，老典型则不断充实、完善，并且普及到较大的面，深感这块古老高原正在重新崛起，心情十分愉快。水保所搞的几个试验点，得到领导和群众的认可，开花结果了，比如宁夏回族自治区固原县上黄村种草发展畜牧业的试验点，内容更加丰富并已扩大到六七个乡镇，自治区领导决定在宁南山区全面推行。这个试验点曾被当时任副总理的田纪云看中，认为是黄土高原发展的方向。一批小流域综合治理和开发的成功典型，由于留住了水土和林草建设，生产条件改善，成为充满生机又各具特色的生产基地，逐步引起人们重视。在毛乌素沙地及其周围，涌现出几位民间治沙英雄：一是殷玉珍，她用15年时间，未花国家一分钱，在沙地深处造林3.36万亩，环境好了，自己也富了起来。二是石光银，在沙地南缘奋斗18年，把原来寸草不生的20多万亩大沙梁变成一片绿洲，并把它建成内容丰富的生产基地。日本的治沙专家远山正瑛老人，长期投入库布齐沙漠的治理，"其情可佩，其志可鉴，其功可彰"，更推动我们奋起治沙。更令人高兴的是涌现出一批县一级的成功典型，我知道的就有山西的偏关县、陕西的淳化县、甘肃的庄浪县和定西县。延安市的宝塔区更是人们经常提到的，肯定还有许多我不知道的县级典型。我以为县一级典型更具说服力，它们的经验是综合性的，包含着许多模式的协调发展和相互促进，各部门工作的协调和配合，是一个很好的系统工程，又是一个小型区域的全面建设模式。它们对高原的重新崛起作用巨大。"郡县治、天下安"，这是我国历史经验的总结，今天仍然适用。一个县的生态建设好了，既能富民又可富县，各项事业就能随之发展起来，这个小区域就能安定祥和，人民心情舒畅，乐观向上。各县都如此，当然"天下安"了。

这一大批典型把黄土高原照亮了，它们提供各类地区的治理办法和经验，最重要的是坚定了人们的信心。这是50多年来建设高原的经验总结和结晶，也是高原人民、科技人员、干部智慧和辛劳的总结和结晶，是非常可贵的，是建设高原的新起点。我们不仅要十分珍惜它们，更要认真学习充分运用它们，以加快高原的建设。

二、定西经验的深远意义

定西县的成就和建设经验，前几年就有过报道，引起我的兴趣，据说近年来又有发展，令人高兴。这次会议期间，希望能进一步了解其具体内容和深刻含义。8月下旬在兰州曾听过庄浪县的情况介绍，兴奋不已，觉得黄土高原有了新的增长点，它将带起一批县有计划地进行生态环境建设与发展经济，显示新的建设思想的威力。这次研究的定西经验是一个地区的，范围大了，包括丘陵沟壑区、中部河谷地区、南部高寒阴湿山区等类型，更具综合性，经验更是多方面的，当然更为丰富多彩，影响将更深远。在西部大开发中，这样的建设经验是十分需要的，更为重要的是它的社会意义。定西历来被称为"苦瘠甲天下"的穷地方，土地贫瘠，人民穷苦。现在则被称为双困难地区，即生态环境极为恶劣，人民生活十分困难，脱贫难度最大。1973年，周恩来总理了解到这里的实情后，心情沉重，派了一个强大的工作团来研究和解决这里的问题。我是工作团工作人员之一，在工作中了解了情况，受到了教育和启示，形成一个新的论点而且至今不改，因而深深关心和怀念这个苦地方。改革开放后,中央继续关注,拨专项扶持"三西"地区,定西是重点。在上级的关怀和支持下,定西人民和地方党政经过长期努力,找到了发展道路并取得了积极成果。这个成功经验极为可贵。这样困难的地方找到了解决办法并取得积极成果,其他地方再也无话可说,只能奋起直追。

应该科学地总结定西经验,包括成功的、不足的甚至失误的,投入及使用情况也应如此写出来(这是大家回避谈的问题)。使自己提高一步,使别人看了能学到真正有用的东西,这项工作应由领导同志亲自抓,组织大家认真讨论,虚心听取各方面的不同意见,最后写出科学性的、实事求是的总结来。领导不抓,由一般干部组织写,是做不到这一点的。而一般化的总结,假大空式的总结,人们听厌了,什么作用也不起,白白浪费人力,再也不能搞了。

三、应该有计划地建设黄土高原

经过 50 多年的试验和探索,在有了大批成功典型,特别是有了县一级和地区一级典型后,有计划地建设黄土高原的问题,应该提出来了。再不能由各部门各自主张,各自为政地搞建设了,高原人民再也承受不了这种瞎折腾。当前由于中央对这里的投入很多,各方面的建设均将大规模地进行。这个形势一方面令人高兴,另一方面人们对于如何用好这笔投入,如何协调各方面的工作以发挥更大作用等问题,也感到更为紧迫,解决不好,将来无法向人民、向上级交代。这样,有计划地建设黄土高原的问题不仅要提到议事日程,而且必须迅速解决,再不能坐失时机而铸成大错。

怎么样有计划地建设黄土高原呢?首先,黄土高原是一个客观实体,有它的发展规律和运行规律,这是必须深刻认识并严格遵守的。其次,由于这里的生态遭到长期破坏,当前又呈现出功能性紊乱的特殊情况,如水土流失、荒漠化、干旱、气候失调等等,又必须具体对待。其三,人民比较贫困和地方财政困难也是一个要考虑的因素。建设高原是一项艰巨的并需要长期坚持的大工程,又是一个很复杂的系统工程,需要各方面的紧密协作,因此应运用系统工程方法搞出一个科学的规划,经各方讨论修改组织实施。规划应分解到县，各县根据本县实际情况确定实施计划。各业务部门的工作纳入规划之中，各部门人财物力协调集中使用。把发展生产、建设生态环境、富民富县等任务结合起来，一片一片改造山河与建设生产基地，一届接着一届干，直到全县改变面貌。各县都行动起来是关键所在，决不能只抓点。每个县都做到了，整个高原也就建设好了。这是我国生态农业县建设的成功经验，少花钱多办事，能调动群众和干部的积极性，能推动各项建设事业，还能形成新的社会风尚，总之，全局皆活。当然，要这样做，首先要加强县级领导班子，加大它的权力，能放手推行上述各项活动。

当前的问题是在于这样做的阻力很大，因而这样的好事只能在很少数县进行，靠的是县领导的决心和毅力，而且也困难重重。阻力来自各业务部门，他们习惯于各干各个的，不愿与别的部门合作，并造成当前的九龙治水，群龙无首，各干各的局面，不仅工作重复，有时还互相矛盾，弄得下面十分被动和为难。人财物力大量浪费，工作效率低下，更是一个长期无法解决的难题。还有一个投入层层流失的问题，这正是阻力的根本原因所在。这个情况谁都知道，谁也无法解决，只能无奈地承受着。我们能长期处于这种困境吗？广大群众能长期承受吗？如果有一天群众严厉地向我们提出这样的问题："新中国成立五六十年了，还要我们穷多久、等多久？你们为什么连推广好典型的能力也没有？"我们如何回答又如何处理呢？现在已到了下决心解决这个难题的时候，再不能拖了。这是决策层的事，但我们有反映情况和提建议的义务，该提不提，也是一种过失。范仲淹在《岳阳楼记》中讲的古仁人之心不是正表现在这种时候和这种地方吗？！

四、建设黄土高原与黄河下游治理

今年 8 月 18 日《人民日报》刊登一条"权威发布"型消息，大标题是："黄委员宣布实施黄河近期重点治理开发规划，10 年投资 1508 亿元建设防洪减淤体系"。规划确定的黄河近期治理开发目标的重点有三，一是用 10 年左右时间，初步建成黄河防洪减淤体系；二是把解决黄河水资源不足和污染防治放在突出位置；三是加强水保，……每年减少入黄泥沙 5 亿吨，遏制生态环境恶化趋势。

从大标题看，重点是建设下游的防洪减淤体系，从内容看，还要求上游每年减少入黄泥沙 5 亿吨，这是非常大的动作，过去 50 年也没有减少这么多。这是大工程，需要治理的面积很大而且要高标准。但不知 1508 亿元中，有多少用于这项工程。从未来 10 年首先要确保的几项工作来看，它又不见了，使人又产生了疑虑，是不是把这项大工程推给上游人民去完成？如果是这样，就有落空的危险，而成了虚晃一枪的花招，就令人失望了。

黄河下游的防洪减淤，实际上是对付高原汛期下来的雨水和夹带的泥沙。水沙俱下，一方面害苦了高原，弄得年年干旱和土壤贫瘠，人民生活无法提高；另一方面也害苦了下游，年年汛期耗费大量人财物力于防和减，还得不断加高河堤。这是长期以来，高原和下游人民共同面对的困境。从高原建设的需要看，必须把汛期的雨水尽可能地留在高原，既防止了肥土的流失，又解决了生产和生活用水的需要。中国科学院院长期研究黄土高原土壤侵蚀规律和水保工作的朱显谟院士，得出的高原生态环境建设与国土整治的"28 字方略"，头一句就是"全部降水就地入渗拦蓄"。从黄河下游的需要看，汛期上游的洪水和泥沙不涌下来，防洪减淤任务就没有了，至少减轻到不为害的程度，是求之不得的事。因此，高原蓄住汛期雨水是防汛之上策，也是治黄的根本之策，一举而两得。如果今后 10 年之内真能做到每年减少入黄泥沙 5 亿吨，下一个 10 年水保工作将更有力地加强，至少会取得同样效果，这样入黄泥沙就达到了不为害的程度。但是，对今后 10 年大力建设成的防洪减淤体系又如何理解呢？总不能仅用十来年吧，那么它又反映出什么问题呢？还有一个问题，现在下游两岸有大片地下水漏斗区，而且情况越来越严重，为什么不能用洪水来补充呢？不能变防洪排洪为蓄洪用洪吗？似乎应该思考一下了。

对"全部降水就地入渗拦蓄"问题如何理解和具体实施？我的想法是以小流域为单元拦蓄汛期雨水，做到水土不出沟或清水缓流不为害。这样，各个小流域就能发展生产和建设有特色的商品基地，人民就能富裕起来，这正是山区建设的有效途径和山区生态建设的必由之路。而且建设小流域的工作各地已进行多年，经验是成熟的，效果是好的，群众更欢迎。大力推行没有什么困难，而作用则十分可观。有一个提法问题想提出来商讨，我以为"小流域综合治理"是水保工作的提高和发展，是水利部一家的事，农民认为主要为了下游，当然他们也利用它发展生产。"小流域综合开发和治理"，开发是目的，治理为了开发，它就成为山区建设的一种有效模式，并成为农林水三家共同的事。因为要做到有效开发，建成有特色的生产基地，造什么林，种什么草，发展什么产业，就得认真研究，就得有农林专家参与。加上"开发"二字，它的性质和作用就起了质的变化。如果能这样做，把三家的力量组织起来，联合建设小流域，速度会加快，质量会提高，山区建设会出现一个新局面。黄土高原当然也是如此，高原的重新崛起，不仅更有希望，而且能早日实现。

后记：一笔大账

这篇小文写成后，又看到中国科学院水利部水土保持研究所的《黄土高原水土保持与生态环境建设若干科学问题建议》。该建议提出的几个重大原则问题，是他们几十年来的研究成果，非常值得重视，其中他们算的一笔大账特别引起我的思考。

他们主张以小流域为单元来治理黄土高原，实行水土流失治理与生态农业建设有机结合，建立水保型生态农业体系，实现富民富县。并根据陕西黄土高原的实际情况提出一个治理计划，算了一笔大账。这一地区"千沟万壑的地形为淤地坝建设提供了得天独厚的条件，潜力十分巨大。根据调查分析，这一地区还可兴建淤地坝12万多座，其中大型1万座，中型2万座，小型9万多座，需要投入270亿元。建成后，可控制水土流失面积7.8万平方千米，新增库容340亿立方米，拦泥280亿吨，新增坝地20多万公顷，年增产粮食10亿千克，增加人口容量200万人，并可促进60万公顷坡耕地退耕还林（草），保护沟台坝地 7.5 万公顷。如果 12 万座淤地坝全部建成，仅拦泥一项，就可为下游节约清淤加坝费用 1430 亿元，是建坝投资的 5 倍多"。此外，还可以利用前期蓄水灌溉林草，提高林草成活率。我认为治理和运用得好，其中部分坝就是小水库，可以长期利用，作用更大。

整个黄土高原严重水土流失区急需治理的，过去认为是 10 万平方千米，也有说是 11 万平方千米的，按此标准推算，前者需投入 346.2 亿元，后者为 380.8 亿元。这是以 20 年计算的，按 10 年计算折半，为 173.1 亿元和 190.4 亿元，对 10 年治黄投入的 1508 亿元来说，实在微不足道。该所长期研究黄土高原水保工作并造诣很深的唐克丽同志最近对我提出这样的论据：治理好 1 平方千米，一般的需 20 万元，较困难的 30 万～40 万元，最困难的 50 万元。黄土高原水土流失严重的 10 万～11 万平方千米，1 平方千米平均按 30 万～40 万元计，共需 330 亿～440 亿元，与上述规划数字大体相同。

10 年投入 190 亿元治理黄土高原的水土流失，成绩如此巨大，若与其他治理工程组装配套，协同运行，作用更大，将掀起高原的建设高潮，对高原的重新崛起是一个巨大推动，对西部大开发事业当然也是一大促进。我认为实在值得认真研究并尽快付诸行动。连续干 20 年，把汛期雨水大部分留在高原并分割蓄在小流域内，高原就活起来了；下游防和清的任务将大大减轻，下泄的洪水完全可以回补两岸地区的地下水，实在是一举多得。与老办法比，不可同日而语。因为在下游防和清，是"千载工程"，永无尽头。群众谚语早已讲清楚："水是一条龙，打从山上来，治下不治上，到头一场空"。新中国成立后，治黄已 50 多年，河道上有了大批工程，防洪能力已大大加强，特别是有了"无忧的小浪底"，可以保证下游河床 20 年不淤高，现在可以也应该大力治理和建设黄土高原了。

（2002 年 10 月 8 日）

生态时代与生态农业

由中南财经大学、中国生态经济学会生态经济教育委员会、《农业现代化研究》杂志社，《生态经济》杂志社联合举办的"全国首届生态农业优秀论文评奖大会"，具有重大而深远的意义。标志着我国已有一大批学者、专家、年轻的科学工作者、农业工作者在潜心研究生态农业问题而且产生出一批优秀论文；更标志着我国生态农业已有了长足的发展，有了丰富的成功经验和众多的有生命力的模式，这些正是优秀论文产生的客观条件。而评奖大会本身就是非常值得重视的学术活动。

（一）

生态农业在我国迅速崛起，是有许多主客观因素的，最重要的是生态时代的到来，应该从时代的要求来理解和探索。所谓生态时代是指人与自然界的关系发生了质的变化，由人是自然界的主人、统治者转变为自然界的伙伴，由征服自然界转变为与之和睦相处，协调发展。从社会发展史分析，就是一个新阶段、新时期，也是人类认识史上的一次革命。它的到来是历史发展的必然产物，但又推动历史向新的方向发展。关于它的特征，有人作了如下概括："把现代经济社会运行与发展，切实转移到良性生态循环和经济循环的轨道上来，使人、社会与自然重新成为有机统一体。达到生态与经济在新的更高水平的协调发展，是生态时代的根本标志。所以，建立在生态良性循环基础上的生态与经济的协调发展，就成为生态时代首要的、本质的特征"（刘思华《论生态时代》）。

随着生态时代的到来，人们对各种问题的认识也随之发生变化。例如：历史观方面，有人提出了文明的生态史观。文化观方面，有人引入了生态思想，认为现代科学文化是包括科学文化、人文文化和自然文化在内的复杂的文化生态系统，称之为大文化。社会观方面，有的主张应建立新的环境伦理与价值体系，其方针有三：（1）加强人类、环境、开发三者之间的关系；（2）按照位于生态系背后的自然规律采取行动，而生态系在地球上是有限的，而且容易受到伤害；（3）不垄断环境，世界上所有国家都平等分享；根据当代人和下一代人的需要采取行动。有的主张建立"保护环境式的社会"。有的主张富国的工业化文明应转变为环保文明。在国内，近年来也提出了许多新的论点和主张：有的主张建立生态文化；有的主张建设生态文明；有的主张社会主义的现代化文明，应该是物质文明、精神文明和生态文明的高度统一。经济思想方面，则是生态经济思想的兴起，其特点是把生态学与经济学结合起来，并认为生态学是新的扩大的经济学的基础。它明确指出，经济和生态是一个不可分割的总体，在生态遭到破坏的世界里，是不可能有福利和财富的。在国内，已故著名经济学家许涤新提出的自然规律与经济规律之间，一般来说起决定作用的是自然规律的论点，是这种经济思想的另一种表达方式。复旦大学经济学院教授，中国《资本论》研究会副会长张薰华提出的林农牧渔副新排列次序论，实际上是生态经济思想在农业方面的发展，是一个非常重要的农业发展战略设想，为建设资源培植型的农业生产体系提供了依据，建立这个新的生产体系是我国农业的唯一出路，用以取代目前普遍存在的资源掠夺型的农业生产体系，后者已到了非改变不可的时候了。

总之，近年来，人类的生态意识和生态经济思想越来越浓厚和强烈，生态时代的气息也越来越浓厚。最近《参考消息》刊登的评介历史学家保罗·肯尼迪的新著《为二十一世纪作准备》（1993 年 5 月 14 日）和美国副总统艾尔·戈尔的著作《燃烧中的地球》（1993 年 5 月 17 日），它们说明，历史学家和社会活动家现在也像生态学家那样关心和谈论全球的生态问题了。这充分表明生态时代的时代特征已影响着更多人的思想和行动。这一点非常值得我们重视和深思。

（二）

生态农业发展是历史的必然，是时代的需要。它是现代人类迈向生态时代的桥梁。因而，生态农业建设是现代社会经济发展的重要内容，也是生态文明建设的重要组成部分。它在我国的蓬勃发展，是一个非常值得重视、探索和研究的重大课题，关系着我国农业和农村经济的发展，也关系着我国现代化建设的发展。70 年代末 80 年代初开始试办，受到了国际上替代农业思潮的影响，但更重要的是我国农业和农村经济发展的需要，企图按照生态经济思想探索我国农业既能发展生产和富民、又不破坏环境和掠夺资源的一条新路。大部分试点贯彻了经济、社会、生态协调发展的思想，还运用了系统工程的方法，因而一开始就摆脱了掠夺性经营思想和做法，小农业思想和做法以及手工业工作方法的影响。试点从农户、自然村、农场（包括林场、猪场、鱼塘）开始，逐步发展到行政村、乡镇；80 年代后期，发展到生态农业县建设。1981 年 5 月，在河北省迁安县召开的"全国生态农业（林业）县建设经验交流会"标志着生态农业发展新阶段的到来，即以县为单位有计划地建设生态农业。

以县为单位有计划地建设生态农业，说明县级党政领导接受了生态思想和生态经济思想，而且积极领导生态农业建设。这是一个质的变化，既使全县的农业生产和农村经济发展有了新的指导思想，又使全县的农业生产和各项建设事业能够协调进行，各部门的人财物力能够协调使用或密切配合。从而使多年来困扰我们的四个难题也叫四大矛盾，即掠夺性经营思想、小农业思想、短期行为和条条各自为政，以解决县级领导的短期行为为主，一下子都比较顺利地解决了，并且把发展生产与建设环境、培植资源结合起来，使农业生产和农村经济建设进入良性循环的轨道。这正是生态农业县建设突出特点和威力所在，也是迅速崛起的秘密所在。特别值得注意的是，生态农业县建设是在现有条件的基础上进行的，国家没有新的投入，只是县级党政领导按照新思路，把现有人财物力加以合理安排和协调使用，而效果却大不相同，真是五味调和百味香，也有力地指出高速发展农业和农村建设事业的潜力所在。可以毫不夸大地说，它是我国农村继家庭联产承包和乡镇企业之后第三个伟大创造。不仅使前两者更增加后劲，又为农村工业化和现代化奠定了更坚实的基础，展示出一条建设现代化农村的新路，其作用和影响是极为深远的。

更值得高兴的是，90 年代将是我国生态农业特别是生态农业县建设较快发展的时期。推动的力量有五：

第一，现有的 100 多个生态农业试验县的示范和推动作用。它们分布在各省市和各种类型区，虽然起步条件和发展水平各异，但都显示了生态农业的强大生命力，其示范和推动作用将越来越大。

第二，一批地区和市正在规划或推行在全地区全市范围内发展生态农业，这批地市的实践成果，其推动力将是很大的。

第三，一些省决定在全省范围内推行，有的第一把手明确表示支持，有的省成立了省级领导生态农业建设的机构。这个影响力当然更大。

第四，生态经济市建设的发展，也将产生一定的推动力。目前搞生态经济建设的市不断增加，其中决定把所属县区合起来一齐搞的也逐渐增多，一些经济发达的县将不断升级为县级市。因此城乡一体化，工农业一齐抓的生态经济建设活动将形成新的趋势。

第五，生态农业理论的系统化和深化，也将起其推动作用。

此外，国务院有关领导和有关部门已明确支持和加强了对生态农业建设的领导，这个推动力将是强大的。这些推力的汇合，无疑将使 90 年代成为我国生态农业特别是生态农业县建设波澜壮阔地发展的时期，它又将促使我国农业、农村经济、农村工业化实现良性循环和健康发展。

在这种新形势下，生态农业的新经验总结、新理论探索、新问题及时发现和解决，无疑是一个重大攻关课题。这是一项繁重任务，必须紧紧抓住，力争高质量地及时完成，起到指导、推动作用。生态农业优秀论文评奖活动，将成为重要工作内容之一，因而应该定期举行，举办单位应该更多些，规模应该更大些。优秀论文集应该定期尽快出版。这次评奖大会仅是事情的开始。这个头开得好，立了一功，我国生态农业发展史将记载一笔。

祝贺大会圆满成功。

（在"全国首届生态农业优秀论文评奖大会"上的讲话）

生态经济思想与我国干旱、半干旱地区的开发和建设

一、一个广袤而重要的地区

比较一致的看法，年降水量400毫米等值线是我国湿润地区与干旱地区的分界线。这条线东自大兴安岭起，向南偏西经坝上草原，过陕北到兰州，再到拉萨。这条线以北以西地区都属于干旱半干旱地区。在干旱与半干旱地区之间，也有一条分界线，大致是东起二连浩特，经流海图、中宁、酒泉、敦煌、和田到喀什以北为干旱区。可见我国干旱半干旱地区，主要分布在华北、西北、内蒙古高原、青藏高原的绝大部分地区，面积约占我国国土总面积的一半。这是一个广袤而重要的地区，这里是我国未来的能源重化工基地；我国牧区主要在这里；我国两块最大的天然林区（即大兴安岭林区和川西—藏东南林区）也在这里；这里的冰川雪山共 4.4×10^4 平方千米，总蓄水量为 2.3×10^{12} 立方米，是一个巨大的固体水库群；这里又是我国旱作农业的集中地区，共有耕地3000公顷。闻名中外的黄土高原是中华民族的发祥地，历史上曾是一块林草丰茂的地方。此外，我国 1.07×10^8 公顷沙漠以及沙漠化土地，也都在这里，它是一个具有威胁性的破坏因素。

干旱少雨则是天然的不利因素。

二、面临着严重的生态危机

这一地区面临的严重生态危机，表现在以下几个方面：

第一，草原严重退化、沙化、碱化。1989 年 5 月召开的我国首次"草地科学学术会"指出："全国已有 8.7×10^7 公顷草地退化，约占可利用草地的三分之一，目前还以每年近 6.67×10^5 公顷（另一材料近 1.33×10^6 公顷）速度继续退化"（《光明日报》1989 年 5 月 20 日）。一位专家解释说，这只是指严重退化部分，实际上 90% 以上的草原都在退化。

一位专家指出："历史证明，人类文明发源于干旱地带，人类文明也首先毁灭于干旱地带"，"我们的草原正加速向毁灭前进"（任继周给钱学森的信）。

一位专家把我国草原与美国的草原加以比较指出："我国草原的拥有量和自然条件，大体与美国的相同。可是草原牧业经营水平和牛、羊肉及皮、毛的产出，却相距甚远。美国草原牧业每年提供的牛羊肉为 9.0×10^9 千克，占全国肉类总产量的 70% 左右，而我国却要用大量的粮食去转化为猪肉，草原牧业所提供的牛羊肉，在全国肉类总产量中只占 10%，相当于美国的二十分之一"（《科技日报》1989 年 1 月 25 日）。

有人指出，我国草原牧业与国外相比，至少落后半个世纪。

我国北方草原形势处于危机状态。

第二，森林资源消耗严重。就全国来说，公元 2000 年时，成过熟林将基本采光，这个地区的两大林区自然也不例外。本区内几个小林区也在继续缩小，白龙江林区有采伐任务，蓄积量自然严重减少，没有采伐任务的子午岭林区，毁林面积已达原有面积的 44%，六盘山林区也在缩小，大小罗山已无林了。这个情况也严重威胁着这个地区原来就极度脆弱的生态环境。

第三，冰川雪山在缩小。以祁连山为例，目前海拔 3600 米以下已无积雪，上部积雪也在减少。冰沟地区（西岔）雪线由 3428 米上升到 3825 米，雪盖面积减少 30%。长此下去，河西走廊的农业将受到严重威胁。

第四，高原湖泊在缩小或消失。据有关资料，新疆近 30 多年，罗布泊干涸了，艾丁湖见底了，玛纳斯湖消失了，艾比湖水面已由解放初期的 1200 平方千米缩小到 523 平方千米，缩小了 56%。博斯腾湖水矿化度已达 1.8 克 / 升，而且每年以 0.07 克 / 升的矿化浓度增加，水质已超出农用标准。我国最大的内陆咸水湖青海湖水位逐年下降。著名的鸟岛一带，自 1976 年至今水面缩退了近 3000 米，鸟岛已变成半岛（《中国环境报》1987 年 12 月 31 日）。

第五，沙漠面积在扩大。沙漠化与草原的退化关系很大，草原越退化，沙漠化的速度也将越快。有人说近 50 年来沙漠化面积增加 5.0×10^4 平方千米，前几年也有人指出"沙漠化土地在过去 25 年里增加了 3.9×10^4 平方千米"（《人民日报》海外版，1986 年 3 月 23 日）。可见近 25 年的沙漠化速度是何等之快。

第六，水土流失面积在扩大。这是个全国性的问题，南方比北方似乎更为严重。这个地区的水土流失情况过去是严重的，现在仍然继续加重。从这个地区的草原、森林、冰川、雪山、湖泊等方面的变化情况分析，水土流失加重是可以理解的。

从上述几个方面可以清楚地看到，这个地区正面临着严重的生态危机，威胁着工农业生产和人民生活，更影响到民族的兴衰，决不可等闲视之。应该说已经到了下决心认真整治的时候了。

同时还可以看到，整治这个地区，光整治农业区是远远不够的，因为农业区只占 1/4，草原占 2/4，沙漠化和沙漠地区占 1/4。不经营好草原沙漠地区，想经营好农业区是难以实现的。

三、运用生态经济思想，开发和建设干旱、半干旱地区

我国干旱半干旱地区如何开发和建设呢？显然各行各业仍然各顾各地

分头建设是不行的，必须有一个综合开发与建设规划，而且要有新的建设思想，长期以来实行的掠夺性的经营思想与做法再不能继续下去了。新的建设思想应该就是生态经济思想。所谓生态经济思想，是国际上著名的思想库罗马俱乐部在它的第九个报告即《关于财富和福利的对话》中提出来的，时间是1981年。这个新的经济思想，把生态学与经济学结合起来，并认为生态学是新的扩大的经济学的基础，它明确指出，"经济和生态是一个不可分割的总体，在生态遭到破坏的世界里，是不可能有福利和财富的。旨在普遍改善福利条件的战略，只有围绕着人类固有的财产（即地球）才能实现；而筹集财富的战略，也不应与保护这一财产的战略截然分开。……一面创造财富，一面又大肆破坏自然财产的事业，只能创造出消极的价值或'被破坏'的价值"（《世界的未来》第71页）。我国已故著名经济学家许涤新于1980年提出自然规律与经济规律之间，一般说来自然规律起决定作用的论点，是这种思想的不同表达形式。中外学者差不多同时提出这个问题，反映了生态时代的共同要求，是值得认真思考的。

中共中央1983年1号文件明确把合理利用自然资源，保持良好的生态环境，与严格控制人口增长并列，作为我国发展农业和进行农村建设的三大前提条件。这就是著名的三大前提论。它把人口问题、资源问题、生态环境问题与发展生产问题统一考虑，并把前三者作为经济建设的前提，就是要把经济建设建立在生态学的基础上，这正是生态经济思想的具体化。这是我国当前实际经济建设的需要，也是显示社会主义制度优越性的根本措施，它更具有深刻的理论意义。作为生产建设的前提条件，即把《哥达纲领批判》第一条具体化而且发展了。这个三大前提论使我国的经济建设思想站到了时代的前列，也是我们进行经济建设和治理环境的强大思想武器。

根据生态经济思想特别是三大前提论，我国干旱半干旱地区的开发与建设，首先应该从宏观上狠狠抓住草原建设、林业建设、保护冰川和雪地、积极治沙四大项，这是这个地区的生命线，也是实现经济建设战略转移最关键的前期准备工作，决不能因为任务大或收效慢而稍有忽视。

草原建设，本身即是兴利又起到屏障农区的作用，还是发展少数民族经济的有力措施，一举数得。钱学森同志提倡建立草业，并希望与农业、林业并列，主张先成立国家草业局，估计下世纪会有草业部，这是有远见的主张和设想。只有草业的发展，才会有畜牧业的兴旺。

发展林业虽是慢功，却是根本措施。且不说本区的两大林区，就是从几个有林山区来看也是很明显的。凡是有林山区，如六盘山、子午岭等，雨量比周围地区就多些，还形成一个大小不等的阴湿区，有利于当地农业的发展。极具说服力的是宁夏的大小罗山，原有森林时雨量多，周围也有阴湿区，森林消失后，雨量小了，阴湿区也不复存在。这个现实的变化给予人们的教训极为深刻。依托有林山区发展林业，逐步向外扩展，是扩大阴湿区，克服或减轻干旱威胁的有效办法之一。这件事一定要坚持做下去。

保护冰川和雪山就是保护固体水体，与保护人工建造的水库作用是一样的。祁连山冰川和雪线上升的情况，应引起我们的高度重视并应采取坚决措施认真保护。

治沙与防止沙漠化，更是一项艰巨的，也是非做不可的任务。40年来，在治沙方面我们的成绩很大，引起国际上的重视与尊重。但另一方面，我国的沙漠化问题仍很严重，治理跟不上破坏的速度。应该加强这方面的工作，解除它对本地区农业的威胁。

上述四项是国家项目，应有专款和专门机构来抓。除草原建设可以与牧民共同进行外，其他三项主要应由国家承担，责无旁贷。

农业区和草原地区的各级地方政府特别是县乡两级政府应树立大农业思想，制定并实行综合发展规划，合理利用全部土地，实现农、林、牧、渔协调发展，跳出只看到耕地只经营耕地的小圈子，或者只掠夺草原单一经营牧业的做法，从恶性循环中解脱出来。乡镇工业应与各项农副产品加工密切结合，并实行农、工、商一条龙，把农村经济搞活。

耕地当然是十分重要的，要认真经营好，力求解决粮食自给和发展其他经济作物以增加收入。这个问题已有大量文章论述，这里不再重复。在耕地较少或条件较差、粮食不易自给的地方，应积极发展木本粮食、油料以补不足。值得高兴的是，柿、枣、核桃、花椒以及其他水果，在黄土高原多有分布，而且品质很好，农民也有经营习惯，加以提倡和组织，较大规模地发展木本粮油作物，完全可以做到，而且经济上作用更大。当前由于粮食紧张，不少地方在考虑开荒扩大耕地的时候，在广大山区认真研究发展木本粮油作物以补粮油不足并减轻粮食产区压力的问题，应引起各级领导的重视。我们应该避免重犯盲目地不适当地在山区和草原开荒的历史教训。

在经营非耕地农用地和治山方面，在小流域治理的基础上，推行生态经济沟建设，是值得积极提倡的。这是河北省在开发太行山时的做法，已收到很好效果。河北省林业界专门进行了研究和讨论，并提出了生态经济沟建设的模式和标准（《林业经济》1989 年第 4 期）。我看到几个典型，从沟底到山顶，全部土地都合理利用起来，由于土地都有植被覆盖，沟底还有一些蓄水工程，一般年雨量，可以做到水不出沟。一些原来没有什么收入的荒沟，现在成了生产基地，产量和产值都大为增加，建设早一点的村庄已成了富裕山村，而且环境优美，景色秀丽，令人神往。山西也同样进行了生态经济沟建设，出现一批这样的沟，说明由小流域治理向生态经济沟发展是事物发展的规律。

这样的沟多了，不仅财富大增，干旱情况也能缓解，对种植业极为有利。水保专家朱显谟同志把黄土高原全部降水"就地入渗拦蓄"的设想，就能逐步实现，黄土高原的形势就能大变。

现在科技成果已有一定的储备，典型很多，只要认真推广就能把生产大大提高一步。在这个问题上，山西闻喜县介绍的做法，打开了人们的思路，认真考虑以县为单位统一组织生态农业和环境建设问题，这是经济建设中的一个具有重大意义的新发展。

该县的做法是：

第一，按照综合发展规划，把该县的三大任务（粮食自给，脱贫致富，改善人与环境的关系）协调起来，同步进行。

第二，县成立生态农业领导小组，统一安排建设工程项目，把各部门的人财物力捆起来使用。

第三，各项科技成果组装配套，形成新的生产力，充分发挥作用。

这样，多年来困扰人们人财物力分散，形不成拳头的问题解决了；科技人员按工程承包，钱物跟上，有用武之地，可以大显身手了；党政领导参与活动，与科技人员息息相通了。形象的说法是；权力加科技等于生产力。依靠科学找到了较好的形式。

集中人财物力，分片综合开发治理，把生产与建设结合起来，把各项生产协调起来，符合自然规律和经济规律，从而与掠夺性经营思想与经营方式决裂，进入良性循环轨道，实现三个效益很好结合。这是农业战线建设思想和行动上的革命，是一个质的飞跃，是 40 年建设经验的升华，值得认真宣传和推广。各地均有自发这样做的县，可见是客观需要，应该捕捉住这个战机，大力推行，把农业生产和农村建设大大推进一步。

四、值得探讨的几个论点

在开发与建设干旱与半干旱地区的问题上，目前有几个认识问题值得探讨。

第一，草原生产力低下论。有人明确指出"依靠 1.33×10^9 公顷还是依靠 4.67×10^9 公顷"的问题。前者指耕地，后者指山区和草原，认为后者的现实生产力合起来只顶 4.0×10^8 公顷耕地，2.2×10^9 公顷草原只顶 1.1×10^8 公顷耕地，不能"寄予过高的奢望"（《中国土地科学》1988 年第 2 卷第 2 期，第 5 页）。

我国北方 2.2×10^9 公顷多草原只顶 1.1×10^8 公顷耕地，1.33 公顷顶 0.07 公顷，如此低下的生产力，能有多大的希望呢？问题在于这样低下的现实生产力，是天生就如此低下还是由于人为破坏造成的？是能够提高还是只会永远低下去，这是问题的关键所在。我们认为现实生产力低下是长期掠夺的结果，是可以改变的。把它作为不能依靠的理由，是倒果为因，是逻辑上的混乱，并且回避了问题的实质。

第二，投资建设草原不合算论。我国每年要进口 2.0×10^5 吨净羊毛以发展毛纺工业，约花外汇 16 亿～17 亿美元。有人以为这样做很合算。可以当年获利，而投资建设草原，两三年内毫无所得，所以很不合算，远不如直接进口羊毛，质好，及时，利润有保证。这种不合算论实际上决定着我国的投资政策，目前每年投到草原的仅 3000 万元人民币，又只用于灭鼠害飞播牧草和基本建设（围栏），都只在极小的范围内进行，这就是佐证。放着自己广阔的草原不建设，任其退化、沙化、碱化，听任牧区人民生产不能发展，生活不能提高，却每年花大量外汇买进羊毛，这实际上是花钱帮助别国建设草原，毫无长远战略眼光。况且原料和价格均受制于人，并不利于毛纺工业的发展。其合算性在哪里呢？可见此论不除，不仅我国的草原无法建设，其他工业原料基地也无法建设好，近几年来原料收购方面各种"大战"不断，就是有力的证据。这个不合算论，实在有彻底探讨与纠正的必要。

第三，粮食自给决定论。此论认为"黄土高原加剧水土流失和生态失调生活贫困的根源是由粮食问题引起的"，并提出"只要能修好基本农田，实行科学种田，可以在退耕陡坡之后，实行粮食自给"（《黄土高原综合治理与开发》第 22 ～ 23 页）。

粮食是重要的，争取自给也是对的。但是解决粮食自给有一个过程，在这个过程中，农民既有时间也有余力更有土地来发展林业与牧业，实行农林牧结合，互相促进，共同过关。为什么一定要在粮食自给之后，才可以进行林草建设呢？那种"粮食未过关，其他顾不上"的论点，早已被证明是不正确的了，生活的逻辑则正相反；"其他不顾上，粮食难过关"。粮食自给决定论显然也是不正确的，它违背了事物发展的客观规律。

第四，人口膨胀决定论。此论认为"导致黄土高原农业生态经济区陷入生态失调与经济贫困的直接原因有两个：一是本区生态系统的脆弱性；二是人为的过度开垦。但是根本原因是人口膨胀"（《生态经济》1989 年第4 期）。

人口发展过快，是黄土高原地区一个严重问题，今后严格控制其增长也是十分必要的。但是，造成黄土高原目前这种严重状况的是否只是人口膨胀一个原因呢？改变黄土高原的严重局面是否只有这一途径的呢？显然不能这样说。

实际情况是违背自然规律的、不合理的经营思想和经营方式，是造成黄土高原目前贫困多灾的更为重要的原因。具体说，片面强调单一发展粮食作物，又沿袭了广种薄收的老习惯，以致土地利用极不合理。林牧业发展不起来，这又造成对粮食的压力，迫使进一步扩大粮食种植面积，从而又使林、牧业进一步萎缩，如此循环不已，局面也越来越困难。这是问题的症结所在，也是我们的主观失误所在，是人力可以纠正的，我们应该从这里入手解脱当前的困境。

片面强调人口因素，回避主观指挥失误，只能延误问题的解决，对改变黄土高原的贫困面貌是不利的，也不符合实际情况。

我国干旱半干旱地区的开发与建设问题，草原开发与建设问题，黄土高原开发与建设问题，都是十分重要和复杂的问题，有不同认识是很正常的，开展讨论也是必要和正常的，各自进行试验，用实践来检验，更是需要的。

我的看法也只是一家之言，欢迎批评与指正。

（《生态学杂志》1990年第3期）

时代呼唤着新的理论

一、新的觉醒

这次生态经济理论讨论会，虽然规模不大却很重要，是一次自发组织起来的务实的讨论会，反映了时代的要求，会产生积极成果的。

现在已进入生态时代，人和自然界的关系改变了，由人是自然界的主人、统治者转变为自然界的伙伴、由征服自然转变到与自然界和睦相处、协调发展。这个大变化引起一系列连锁反应。从经济思想到哲学思想都在发生变化，在日本已有人写了《文明的生态史观》一书，我国的学者也写了《人类生态学——一种面向未来的文化》一书，并在大学里讲授。经济理论方面的变化更是明显，中外学者有大量著作问世，各种学派争鸣，现在已提出持久发展战略论。这是人类新的觉醒，是严峻的环境问题促使我们这样做的。人类为了继续生存下去必须这样做，毫无别的选择。

人类掠夺自然界最后自食苦果的教训是极多的，1955年就有两位有经验的生态学家作了如下论述："文明的人类几乎总是能够暂时成为他的环境的主人。他的主要苦恼来自误认为他的暂时统治是永久的。他把自己看作世界的主人，而没有充分了解自然的规律。"

……

"有个人曾对历史作了简要的概括，他说：'文明人走过地球表面，足迹所到之处留下一片荒地。'……文明人掠夺了他长期栖息的大部分土地。这就是为什么他的进步文明从一个地方转移到另一个地方。这也是较老的定居地区文明衰落的主要原因，这是确定各种历史趋向的主要因素。"……

"文明人是如何掠夺优厚的环境呢？他主要是通过耗尽或破坏自然资源来掠夺的。他从植满树木的山坡和山谷里，砍伐或者焚烧大部分有用的木材，在饲养牲畜的草地上过度放牧，使草地成为秃土。他捕杀大部分野生动物，大量鱼类和其他水生生物。他听任土壤侵蚀夺去他农场土地的肥沃表土。他让侵蚀的土壤堵塞溪流，并让淤泥充塞水库、灌渠及港口。在许多情况下，他使用并浪费大部分容易开采的金属或其他需要的矿物。于是他的文明在他自己创造的掠夺中衰落下去。或者移到新的土地上去。已经有十至三十种不同文明沿着这条道路走向覆灭（具体数目决定于将文明分类的人）"（《小的是美好的》第 66 ~ 67 页）。

现在的问题是：地球到处住满了人，没有新的处女地可供迁移了，而变化的速度大大加快，照样继续掠夺，不用说后代，自身就得受苦。

我国的情况更为严重。我国历史上经济重心曾由黄河流域转移到长江流域，从而保证了全国经济的长期继续发展。现在没有这样的条件了，再不可能破坏后另找一块新地。唯一出路是建设好现在的居住地区，永远住下去，并保持人口与自然资源协调发展。

我们应该从这个角度，理解生态经济思想或理论在我国兴起和迅速发展的问题，它代表了人们的新的觉醒，也可以说是时代的呼唤。

二、"生态经济并不神秘"

《人民日报》于 1990 年 10 月 6 日发表的关于江西省铜鼓县生态经济建

设成就的报道和配发的"生态经济并不神秘"的短语，反映了一个极为重要的信息。

这个县是革命老根据地、大林区，由于县级领导人员认识了客观规律，坚决从掠夺性经营转变到按生态经济理论组织全县的工农业生产，把木材采伐量一下子压到合理的水平，由于措施得力，加工业和运销工作及时跟上，人民收入保持继续增加的势头，经济走上良性循环的轨道，还成为全省首批没有荒山的县。短短4年情况大变，呈现出"青山共林海一色，生态与经济齐飞"的动人景观。老将军肖克同志看后，欣然写道："大有现代化之概，定有美好的未来"。这个县实现了这样巨大的变化，国家并未新投入多少资金，农民投入的也不多，最大的投资是指导思想的转变，发展战略和生产方针的转变。当然，这里还是一个林区，林子未砍光，恢复容易一些。但成功地改变荒山秃岭的例子也不少。时间则要长一些。

《人民日报》的短语写得好，它明确指出："生态经济这门科学尽管人们还很陌生，但并不神秘。发展生态经济是条新路，并不需要什么尖端技术和庞大设备。这是一种科学道理、一种认识方法，一条现实的林业开发和经济开发的道路。"

《人民日报》刊登这样的报道并发表短评，说明生态经济思想或理论，已在向广大干部和群众传播。这是一个极为重要的发展，表明这个思想或理论已和群众的经济生活、工农业生产结合起来。这就要求生态经济理论工作者，密切结合实际问题研究理论，从实践经验中提炼理论，使理论进入寻常百姓家，成为人们的共识。我们知道，理论一旦被群众掌握，就会变成物质的力量，推动事物前进和发展。

另一则报道使我们从另一个角度思考同一个问题。这就是《文汇报》于1990年12月24日发表的《上海航道局坚持不懈清障开道，确保长江口等航道长年畅通》的消息。消息指出："长江每年有5亿吨左右泥沙随江水而下。只要三五天停止疏浚，航道就会变窄变浅，使大船难以通行。上海航道局职工迎难而上；驾驶挖泥船日夜三班施工，常常春节也不休息。近两年从这里挖出的泥沙达 3000 万立方米。"应该感谢他们，实在太辛苦了。但是，如果上游来泥沙不止，这个单位的职工就得子子孙孙继续日夜挖个不停，成为实实在在的新愚公，而且永无尽头。由于送出海的泥沙，海浪又会送上来，上下结合，任务还会越来越大。老办法显然不行了，新办法是什么呢？又得回到铜鼓县来，消灭荒山，青山与森林一色，下泄的泥沙就会大大减少，江水就能冲走，就不用挖了。不是要治理大江大河吗？如何治呢？是上海航道局的办法包括黄河下游加高河堤的办法还是铜鼓县办法？很清楚，要运用生态经济理论走一条新路，不仅铜鼓县，所有大江大河上游各县都得这样做，工农业建设都得走这条路，特别是采矿和山区修道工作，要关心下游，不要给别人制造困难。看来，新闻工作者也得有点生态经济理论，有点环境意识，反映问题才能深刻和全面，这也是时代的特点、时代的要求。

所谓生态经济思想或理论，是国际上著名的思想库罗马俱乐部在《关于财富和福利的对话》一书中提出来的，时间是 1981 年。这个新的经济思想指出："经济和生态是一个不可分割的整体。在生态遭到破坏的世界里，是不可能有福利和财富的。旨在普遍改善福利条件的战略，只有围绕着人类固有的财产（即地球）才能实现；而筹集财富的战略，也不应与保护这一财产的战略截然分开。一面创造财富，而一面又大肆破坏自然财产的事业，只能创造出消极的价值或'被破坏'的价值。如果没有事先或同时发生的人的发展，就没有经济的发展"（《世界的未来》第 71 页）。

在国内，已故著名经济学家许涤新于 1980 年也明确提出："在生态平衡与经济平衡之间，主导的一面，一般说，应该是前者，因为生态平衡如果遭到破坏，这种破坏的损失，就要落在经济的身上"（《经济研究》1980年第 11 期）。

中外的专家们几乎同时提出这个问题，这绝不是巧合，而是客观条件和实际需要迫使人们提出来的，有着深刻的时代背景。

10 多年来，这个新的思想或理论在我国传播和发展是很快的，特别是在农业战线差不多形成了一股洪流，表现出强大的生命力，上述铜鼓县的例子就是有力的例证。

三、农村包围城市的新形势

　　生态农业是生态经济理论或思想的重要组成部分。关于生态农业，目前在国内虽有不同的理解，但总的精神则是比较一致的，这就是要求在农业生态系统中起主宰作用的人，善于遵守自然规律和经济规律。特别是生态学和生态经济学原理，立足今天，放眼未来，在发展生产过程中，为当代人及子孙后代创造一个经常保持平衡状态的生态环境。简单地说，就是要求在发展农业生产过程中，做到保持和培植资源，防止污染，提供清洁食物和美化环境。根据我国农业资源的特点及实际需要。我们讲的生态农业，其范围应比国外讲的要广泛一些，包括农、林、牧、渔各业，还包括乡镇企业。可以概括为这样的概念：切实根据生态学和生态经济学原理指导农业生产，充分利用当地的自然资源。利用动物、植物、微生物之间相互依存的关系。也利用现代科学技术，实行无废物生产和无污染生产，提供尽可能多的清洁产品，满足人民生活、生产需要，推动乡镇企业的发展，同时创造一个优美的生态环境。既要充分利用现代机械设备、化肥和农药，把它们纳入新的生产体系，尽量减少其污染影响和其他副作用；又要充分吸收传统农业中现在还适用的经验和办法，并用现代科学理论加以总结、提高。这种农业是一种科学的人工生态系统，具有整体性、系统性、地域性、集约性、高效性、调控性等特点，力争实现绿色植被最大、生物产量最高、光合作用最强、经济效益最好、生态效益最好、动态平衡最佳等目标。模式则是多种多样和多层次的。小到一个家庭农场甚至庭院经济的安排，大到一个县一个地区的布局。但是，这种农业又不是高不可攀的，所有农村现在就可以实行也应该实行。我国农业要以此取胜，优势也正在这一方面。

　　生态农业在我国的迅速兴起和顺利发展，完全证实上述论断是符合实际情况的。近年来我国的生态农业发展更快，目前已进到以县为单位有计划地进行的新阶段，这是一个质的变化。上述铜鼓县就是以县为单位统一规划和实施的典型事例。

发展过程是这样的，70 年代末和 80 年代初一些科研单位和业务部门以户、村、场为单位试点，在成功的基础上，逐步扩大到乡以及较大的场，也有以小流域、水库为单位的。有些县积极性很高，按生态农业理论搞县级综合发展规划并组织实施。

与此同时，中国科学院从 1978 年开始搞 5 个农业现代化综合科学实验基地县，当时虽未提生态农业一词，但一开始搞县的农业区划，接着搞发展规划，首先搞出了《公元 2000 年的海伦》，这是制定县一级综合发展规划的最早典型之一。1981 年起，开办农业系统培训班，每办一期就接着搞一些县的发展规划。1983 年以后此事由中国系统工程学会所属农业系统工程专业委员会接办，采取地方为主专业委员会派人指导和讲课的方式，到现在已搞了 400 多县，编出了一套农业系统工程丛书，培养了一批骨干。目前正在福建龙岩地区帮助办培训班，计划接着帮助所属各县搞发展规划。这样一件大事，完全由一批科技人员和一批地方党政领导自发搞起来的。当然，钱学森同志的倡导和当时中国科学院领导人李昌同志的支持，起了重要的推动作用。农业系统工程专业委员会的指导思想是：中国式农业现代化的核心内容是生态农业，主要方法是农业系统工程。实施时，中外的技术和经验凡是适合的都拿过来用，没有任何门户之见。这一大批县有许多正是当前以县为单位大抓生态农业的重点县。

一批大专院校和科研单位也帮助不少县搞了一级的发展规划并帮助组织实施。

以上几股力量终于汇成今天的洪流。

一些地区和市也积极行动起来，如盐城市、杭州市、阜阳地区、抚州地区、吕梁地区、伊犁自治州等等。

一个省范围内有计划地推行生态农业的，有黑龙江省。江西省的山江湖综合开发治理，实际上也是按生态经济理论有计划地进行的，这是一个大范围的实验。

上述生态农业的发展形势是喜人的，也是有着深刻的社会、经济、生态多方面原因的，值得我们认真探索和思考。

今年 5 月将要在河北省迁安县召开全国的生态农业县讨论会，会议由农业部、林业部、环保局、中国生态学会、中国生态经济学会共同召开。体现了大农业的概念，包括生态农业、生态林业、生态牧业，还包括环境保护。会后，我国的生态农业将有一个新的发展。

这里，我想讲一下新的农村包围城市问题。

在我国，农村包围城市的问题，人们是熟悉的，首先是以农村为根据地包围城市，最后夺取全国的胜利；其次，合作化运动先由农村开始，推动城市工商业的合作化；其三，80 年代初的改革，由农村联产承包责任制开始带动城市和工业的改革，这一过程还远未结束。这次的生态经济理论的兴起和生态经济建设的推行，不仅农村开始早而且已形成了一定规模，现在已发展到县一级，一些地区和市也已行动起来。一个农村包围城市的新形势已可以感觉到了。生态经济建设在农村进一步开展以后，一方面可以大量清洁食品供应城市，同时为城里人提供一个清洁优美的农村环境以及清洁的风景区、旅游点，使城里人的生活和休息条件大大改善。另一方面也要求城里人讲文明、讲公德，不再把污水和垃圾送到农村害人。这个要求会越来越强烈。这是可以理解的，他们辛苦地建设起来的优美环境，无端地被城里人破坏，能不愤怒吗？面对这样的形势，城市和工业建设应该采取新的章法。

这个新的包围城市的运动实在是好事，既表示了中国农民的智慧，又表示了农民对国家的新贡献，在生态经济建设中，一马当先，不仅自己动手建设文明农村，还推动城市进行生态经济建设。

我国农村，在工农业产值比重由 3∶7 转变为 7.5∶2.5 的情况下，仍养活着 80% 以上的人口，负担已是很重的了；由于我国工业改革尚未完成，工业经济效益很差，农村还得支援国家建设，负担就更重了。在这种情况下，还能在不断发展农业生产的同时，实行生态农业，走出一条新路，用一个清洁幽美的环境包围城市,实在是奇迹。城市和工业工作者还能无动于衷吗?经济工作者和经济理论工作者更不能无动于衷,应该认真研究农村生态经济建设的经验,研究农村包围城市的新形势,把我国的经济建设工作提高到一个新的水平,适应时代的要求。这个任务是责无旁贷的了。

四、新思路不断涌现

近年来,伴随着生态经济理想、生态农业的发展,新思路、新论点不断涌现,既活跃了人们的思想,又推动生产建设事业的发展,也反映着时代气息,举其大者如下:

第一,林农牧渔副新排列次序论。

复旦大学教授兼中国《资本论》研究会副会长张薰华在所著《生产力与经济规律》一书中提出一个新的论点,认为农、林、牧、副、渔这种排列次序不够科学,应改为林、农、牧、渔、副。理由是:"由于农业应是生态农业才有发展前途,森林是生态系统的支柱,没有"林",生态系统就会崩溃,就没有农、牧、渔的发展。"林"是人类生存问题,"农"是人们吃饭问题。农业搞不好会饿死一些人,森林砍光了会使整个人类难以生存下去。因此"林"应放在首位,至于工、副业非农业正业,应在末位。所以,比较科学的次序应是:林、农、牧、渔、副(《文摘报》1990年第712期)。

这个新提法,反映了人们生态意识的增强,对森林的依赖程度增强和对农业认识的深化。

这个新提法对于农业战线极为重要,促使我们重新考虑农业发展战略问题,再不能就种植业抓种植业和就粮食抓粮食了,也不能只在耕地里打转转,首先要抓农业大环境即森林建设,以保证农牧渔业的健康发展,即实行大农业发展战略。就说水吧,水利是农业的命脉,这是对的。但森林又是水的基础,山清水秀,山穷水尽,凶山就要出恶水。有了森林,既保护了水资源,又保护了农牧渔业,林业是最根本的农业基本建设。明确提出把森林放在第一位,人们对农业的认识也就豁然开朗,进入一个新的境界。

第二,生态林业思想的兴起。

林业部于1990年4月在京召开了生态林业讨论会,这是林业建设思想的重大发展。专家们对生态林业的表达方式虽不尽相同,但基本思路一致,共同之处有这样几点:

(1)发展林业的指导思想,都是以生态原理、生态经济原则为依据。

(2)遵循生态学原理,努力探索发挥森林的多种效益及开发利用森林的多种资源价值,按照生态系统的整体规律,达到多层次物质和能量循环利用的有效途径。

(3)主张开发以林为主,立体开发,综合利用,以短补长,建立生态经济型的林业。

(4)通过生态林业建设,摆脱林业困境,增强活力,建设一个具有中国特色的社会主义现代林业。专家们还认为"生态林业的出现,是历史发展的必然,是大势所趋。"上述论断非常重要,不仅把生态林业的特点表述清楚了,还讲清了实行生态林业的必然性和紧迫性。

第三,草业的创立与发展。

1984年,钱学森同志把草业作为我国农业型的知识密集产业之一提出来,以后又主张国务院设立草原局专管草原建设,一下子打开了草原学界专家学者和实际工作者的视野,也提高了人们对草和草原的认识。近年来,重视草的人越来越多,南方各地都进行了试验,由于试验效果都比较理想,草业的发展出现了喜人的形势。这项伟大的事业一定会继续发展下去,对我国的经济建设将发挥重大作用。它的开阔思路的作用更大,影响更深远。

第四,"希望在山区"论。

1988年夏,我写了《希望在山区》一文,是根据各地山区建设的成功经验提出的,认为我国农业的潜力在山,希望在山。其实,不少山区都先后提出了这个论点,这样实行的更多。广东在全省范围内这样做了并取得了辉煌成绩,最近被国务院授予"全国荒山造林绿化第一省"的光荣称号。我们多山的国家终于认识了山区的重要，这也是一种新的觉醒，这个认识所产生的威力，将在今后的经济建设中发挥出来。我国的山区建设将出现新的形势。

第五，海洋牧业的曙光。

山东长岛县的渔业生产已由猎捕型转向渔牧型，这是一种战略转移。其海水养殖业已由海带为主的第一代，经过以扇贝为主的第二代，正向以鲍鱼等海珍品为主的第三代过渡。产品质量和经济收入都大幅度提高。"耕海"观念和海洋"国土"意识已深入人心，科学技术正在真正上船、下海、进滩。钱学森同志提倡的海业，这里已逐步付诸实施。著名科学家卢嘉锡看后，高兴地写下"海洋畜牧，已非梦想，依靠科技，振兴长岛"的赞词。

第六，沙产业建设重新提出。

今年 3 月 11～13 日在北京召开了沙产业讨论会，重新探讨沙产业建设问题。沙产业是钱学森同志于 1984 年作为农业型知识密集产业之一提出来的，未引起重视，今年有关部门又重新提出。这是一项变废为宝，兴利除弊的新兴事业。我国有一个广大沙漠、戈壁区，可以生产财富，地下又蕴藏着宝贵资源。沙漠化正严重威胁着我广大农区。改变对沙漠和沙漠化土地的认识，积极建设沙产业，是一项势在必行的重大任务。这次讨论会提高了人们的认识，大大增强了人们的信心和决心。可以肯定，这个新事业将在我国迅速兴起。

第七，黄土高原的新经验。

近年来，黄土高原的小流域治理有了新的发展，成了十几个甚至几十个平方公里的综合治理和综合开发，出现了新的形势。凡这样治理和开发的地区，土地利用率提高了，生产发展了，水土流失消失或者清水缓流，农林牧协调发展，加工业兴起，呈现出蓬勃生机。脱贫不成问题，致富大有希望。从已经基本治理好的许多片分析，治理和开发 1 平方公里，约需国家投资 3 万元，其余由群众自己解决。这些片都属黄土高原水土流失严重地区。治理时间，五六年、七八年不等。黄土高原水土流失严重地区约为 10 万～11 万平方千米，全部治理约需国家投资 30 亿～33 亿元，不到小浪底水库投资的一半。以 15 年为期，1 年为 2 亿～2.2 亿元，如果把各部门的投资集中使用,需补足的为数更有限。这个新经验实在应该大力推广。这又为根治黄河提出了新思路。

以上七点都反映了生态时代的气息,反映出对时代的新觉醒、新探索,值得人们认真思考。英国历史学家阿诺尔德·J·汤因比曾指出:人类历史有两个主要过渡时期,第一个时期始于 10 万年前,从无意识向自我意识过渡,第二个同样重要的时期发生在现在,我们的继续生存要求向新意识过渡。这个过渡不可能延长几千年甚至几百年。它应该在现在这一代完成(《突破》第 99 页)。这个重要论点,无疑也反映了时代的气息。新意识是什么,我以为生态意识、生态经济意识,人与自然界和平相处意识等等,都是重要内容。

研究生态经济理论的人,应从我国生态经济建设的丰富多彩的实践中吸取营养,从新的思路和论点中吸取营养,发展和完善生态经济理论,并使之通俗化、普及化,以便人们能自觉地运用生态经济理论指导各项生产和建设事业。这一点极端重要,我们正需要广大干部群众在认识上实现这样的转变。

时代呼唤着新的理论,新理论又将推动时代前进。理论工作者承担着繁重的任务。

祝愿这次讨论会取得积极成果,祝愿生态经济理论有新的发展。

(《生态经济通讯》1991年第3期)

附:马世骏为《生态农业的理论与方法》所作序

农业持续发展的基础是丰富的资源和良好的生态环境,在当代一部分自然资源日趋减少,以及人口迅速增长的情况下,通过科技手段合理利用土地等资源,充分发掘物质的生产潜力和改善失调的生态环境,已成为实现农业持续发展的重要途径。农业冠以"生态"二字，这是适应这种需要，应用生态系统的整体、协调、循环、再生原理，促进农业发展建筑在"后劲"持续不衰和保持生态环境良性循环的基础上。

"生态农业"一词系农业生态工程的简称，是1981年在北京举行的生态工程学术讨论会中提出的，参加会议的农业生态学家和农业工程学家，曾为此介绍了当时我国少数几个符合生态学原理而经营的农业事例和古人的经验，时隔8年生态农业一词已不胫而走，遍及我国的主要农业区，并为政府部门所接受。据不完全统计，政府和群众建立的生态农业或农业生态工程实验点已达500多个，并有不少的论著与专册问世，但从保护和改善农业环境以促进农业发展出发，编写的这本《生态农业的理论与方法》则是第一部生态农业专著。本书由孙鸿良等主编，19位专家写成，共分4篇15章，系统地对生态农业的理论、重要意义、诊断指标、设计、生态农业技术与调控，以及对生态农业的评价与生态县的规划方法等都做了精辟的阐述，它既是生态学原理应用于农业生产上系统性的文字表达，亦称是促进我国农业持续发展的工具书，应视为主管农业及环境工作者必需的专业读物，亦是从事环境科学工作者、农业生态学工作者及农业院校师生的重要参考书，它的问世将对我国生态农业的进一步发展产生促进作用。

生态农业在我国的兴起，有其政治、社会、经济背景，现时各地建立的生态农业试点（或称农业生态工程、废物资源化工程等），已不同程度地显示出它在缓解粮食、资源、农村能源、人口（就业）、环境污染五大世界性重大社会问题所起的作用，同时对我国农村经济增长亦做出了贡献。

这些试点既具有我国的特点与创造，亦对发展中国家有一定的参考意义。总结这些特点，并指出其尚待完善之处则本书将更有意义。

（1989年12月20日）

要认真解决宏观控制与
微观组织管理两个重要问题
——关于西部地区资源开发与发展战略的一点思考

　　研究西部地区资源开发与发展战略极为重要，既为了解决当前东西部差距过大问题，也为了下一步国家经济建设战略转移问题。我觉得西部地区当前有两个重要问题要认真解决：一是宏观控制即防止生态环境的进一步恶化并争取逐步有所好转的问题；二是微观组织管理即加强县级经济建设，使农民逐步富起来的问题。不解决这两个问题，既无发展后劲，农民富不起来，缩小差距谈不上，战略转移也缺乏条件。

　　关于西部地区生态环境恶化问题，近年来报道很多，人们也极为关心，现在的问题是谁来控制和如何控制。我想举两个例子来加以说明：一是省区之间的协调问题；一是省区内部的合理安排问题。

　　关于省区之间的协调问题，以内蒙古自治区额济纳旗沙漠化问题为例，这里属额济纳河（古称弱水）流域末端为居延海，古代曾是一个大垦区。新中国成立以后，甘肃河西地区完全控制了额济纳河河水的使用和分配。在春、夏生产季节，上游的河水全部引入耕地灌溉，中下游处于干涸状态。只有在秋季庄稼收割以后，上游才开始向下游开闸放水。这种状况如果得不到扭转，整个中下游的绿洲将面临全部沙漠化的危险，严重威胁额济纳旗居民的生存。这个问题是文化部沙漠考古人员提出来的，不存在局部利益观点或地区观点问题，所以更值得注意。同样的问题在河西走廊的民勤县也存在，由于上游用水，下游水源短缺，新中国成立以来种植的大片胡杨林已死亡，沙漠进一步进逼。这个问题由谁来统筹解决呢？

关于省区内部的协调问题，且看看新疆发生的一些情况："新疆近30多年，……罗布泊干涸了，艾丁湖见底了，玛纳斯湖消失了，博斯腾湖水矿化度已达 1.8 克 / 升，超出了国家规定的农用水矿化度 1.5 克 / 升的标准，而且每年以 0.07 克 / 升的矿化浓度增加，艾比湖水面已由解放初期的1200平方千米缩小到 523 平方千米，缩小了 56%。石河子绿洲的发展在替代玛纳斯湖上起了很大的作用，而今石河子受到沙漠化威胁的农田就有 30 万亩。…和田河中下游在距今30～40年前，河道两岸古木参天，珍禽异兽众多，而今古木基本上伐光，珍禽异兽绝迹。和田、墨玉，洛浦一带森林植被遭受破坏，使这一地区风沙、浮尘天数明显增多，据 1955～1980 年的统计，浮尘日数每年递增 4～5 天，在 26 年间，浮尘天数由 152 天增加到 263 天，其生态环境恶化的情景可见一斑，但破坏仍未停止。仅据和田城镇炊用薪柴一项，每年就要烧掉 1 万多亩胡杨和红柳林。据推算，该地区再过 70 多年，现存的 180 万亩胡杨林和红柳林地将全部毁灭。水是新疆发展的命脉。据计算"新疆可以利用的水资源为 884 亿立方米，地下水可开采量为 236 亿立方米，剔去重复部分，地下水资源为 49 亿立方米。以 1985 年为例，新疆农区实际引用地表水 455 亿立方米，已占径流总量的 51.4%，占可利用径流量的 72.3%，如果要以 20% 的径流满足荒漠生态用水，则地表水的潜力已经不大了"（黄训芳《新疆农业发展的途径》）。现在的问题正在于满足荒漠的生态用水无人管，无法保证，因而沙漠边缘的胡杨死亡，沙漠向绿洲进逼。如果联系到雪山的雪线上升，森林过量采伐和高山草原退化等情况，问题就更为严重。新疆的科技人员正为此而忧心忡忡。云贵高原和长江中上游生态环境问题的性质类似。

现在，各部门只管自己的业务，大环境没有一个部门统管，实际上谁也不管，结果是日益恶化、险象日增。如何解决这个问题，应该认真研究和落实，再不能不闻不问了，也不能拖了。在战略研究上首先要解决这个问题。以破坏环境来取得经济增长的做法，是杀鸡取蛋的办法，新中国成立以来，我们吃了很多亏，再也不能继续下去了。有人曾感叹说：近年来，城里的楼房越来越高，越来越现代化，但草原上的草则越来越低，越来越劣，有些地方毒草蔓延，有些地方向沙化前进，向崩溃前进。如果这两种趋势继续发展，前景将是什么呢？这个问题能不认真考虑吗？

关于微观组织管理即加强县级经济建设使农民逐步富起来的问题。整个西部地区的广大农村，穷是一个十分突出的问题，也是该地区发展的关键所在。农村穷，有两个统计数字可以清楚地说明。第一，国家专项资金扶持的贫困县和"三西"地区农业建设专项资金扶持的贫困县共 301 个，西北和西南的八省区（西藏未计在内）为 150 个，占 50%。第二，从 1989 年度各省市区农民人均纯收入统计表看（《农民日报》1990 年 5 月 14 日），居倒数前 10 位的，西北和西南两地区则占了 7 个，其中倒数前 4 名的省区都是两地区的，即陕西、贵州、西藏、甘肃。另两个所居位置也好不了多少，宁夏居倒数第 13 位，新疆居倒数第 15 位，这两个统计数字又是互相印证的。

农村穷的问题如何解决呢？让农民大量进城吗？不行，西部地区城市已人满为患，无法安排大量进城农民的工作，即使少量的可以，也不能解决农村穷的问题。城市能给农村大力支援吗？也不大可能，西部地区城市，本身并不富裕，自顾不暇，现在扶持贫困县专款，都是国家出的，再大量增加，一下子也不易办到。适当增加是可以的也应该，但也解决不了农村穷的问题。唯一出路是帮助农民自己富起来，这就要求加大县级权力，增加其活力，使县一级政权能有效地组织农村经济建设，因地制宜地发展生产，逐步富裕起来。一些县这样做了并取得了可喜的成绩。但从面上看，当前的问题是县一级缺乏活力，权力太小，无力完成这样的任务。其表现是：大部分县没有一个综合发展规划并组织实施，上级各部门分头指挥，县级被动应付，用县里同志的话说：县里能有什么规划，谁给钱就给谁干，谁抓得紧就给谁干。往往形成需要干的事无法干，不急于干的事又非完成不可。加上 3 年一换届的现行体制，短期行为盛行，只能做一些短期见效的事，基础工作谁也不去做，想做的也不易坚持下去，即使如此，半拉子工程已不少，即上届未完成的工作，下届不愿继续做，而另搞自己的项目，以表示自己的政绩。各届均如此办，于是半拉子工程越来越多，群众称之谓虎头蛇尾工程或有名无实工程。对于 3 年一任，也有一个形象的说法：第一年了解情况，第二年开始工作，第三年准备后事。真正干事的时间太少了。这种状况如何能解决农村脱贫致富的问题？

为了解决西部地区农村穷的问题，关键在于县一级要有强大活力，长期坚持有计划的经济建设工作，把现有的各项用于农村的资金用好。

首先，每个县要配备好一个坚强的有雄心壮志的领导班子，决心领导农民自力更生地建设新农村。上级领导部门应该完成这个任务，决不能让那些不能干、不愿干的人在那里领导，以致坐失时机。这项投资比任何投资都重要，其作用将无法估量。

其次，每个县应组织力量制定一个生态、经济、社会协调发展的综合发展规划，并切实执行。规划要由科研人员认真考察研究制定，经群众广泛讨论修改，县人代会通过，具有法律效力，在一定时期内 (20 ～ 30 年) 各届政府均须执行，并使各届的工作衔接起来。贫困县由脱贫到富起来大约需要 20 ～ 30 年时间，要求 7 届到 10 届政府念一本"经"（执行一个规划），前后相接，共同努力。有没有这样的规划和是否认真执行，是人治与法治的分水岭，靠科学与拍脑袋的分水岭，长期建设与短期行为的分水岭，也是脱贫致富的关键所在。过去长期未抓此事，是一大失误，再不能不抓了。值得高兴的是，制定这种规划的人才、经验、教材都有了。而且所需时间不长，经费不多。

再次，加大县一级政府的权力，使之有权按照规划协调和集中使用各部门的人、财、物力，有计划地进行建设，把各部门的计划纳入规划之中。这样做了，现有的投资就能办成不少事情，如能适当增加一些就能办得更多一些，进展就更快一些。事实完全证实了这一论点。

最后，放宽政策，搞活农村经济。比如有些农村利用当地优势资源，建立生产基地，国家不是收购其原料，而是帮助他们发展商品生产，搞农工商一条龙，便当地经济活起来。各地农村都有其优势资源，利用起来，不仅产品大大丰富，经济也将活跃起来，农民也随之富起来。这样做，由于都是从无到有，国家收购部门没什么损失，农民和国家都有利。以上四条，不用多少投资，但作用却大得很。主要是领导机关的指导思想和工作问题，实行起来应该是没有什么困难的。而且一些县已这样做了，效果很好，他们的经验应该认真总结推广。

以上两大问题既重要又紧迫，再不能拖下去了。我这样开门见山的提出问题，不是只看阴暗面，也不是否定大好形势，而是急于改变西部地区的严峻形势，缩短与东部地区的差距，并做好国家战略转移的准备工作。现在有条件这样做了，就正是形势好的表现。

（《西部地区资源开发与发展战略研究》1992年7月）

纵谈生态农业县建设

——建设我国现代农业和现代农村的一条新路

一、从生态户到生态农业县

1980 年前后，我国开始试办生态农业。这个试办活动，一方面受到当时国际上替代农业思潮的影响，但更重要的是我国发展农业和农村经济的紧迫需要，即在农业生产活动中探索一条人与自然界协调发展的新路。大都从农户开始，也有从自然村开始的。有的搞生态庭院，有的搞农户生产的良性循环。模式多种多样，有农牧结合的，有农果牧结合的，有农牧渔结合的和农副结合的，内容丰富多彩，都收到了良好效果。在此基础上很快发展到以自然村和猪场、林场、农场、渔场等生产单位进行试验，称之为生态农业村、生态猪场、生态林场、生态农场和生态渔场。特别是山区和丘陵区的自然村，有荒山荒坡水面可以利用，可以发展经济林、药材，水生生物以及野生动物饲养，生产内容迅速增加，经济效益特别明显，昔日的荒山沟变成了"生态经济沟"，农户很快致富，它的推动力特别大，周围农村自动跟着学。接着生态农业乡镇也发展起来，由于范围更大，内容也更丰富，还利用荒山荒坡水面建设各种商品生产基地，发展有关的加工业，很快形成一村一品，一乡一业的布局，农户和集体经济同步发展，形成一种欣欣向荣的局面。户、村、乡生态农业建设有了一定基础并有了一批非常有说服力的典型之后，县的领导看到了前景，认识到这是发展农业和农村经济的新路，就决心试办生态农业县，即以县为单位有计划地建设生态农业。近年来就有这样一批生态农业试点县在各地涌现出来。这是一个质的变化。1991 年 5 月，农业部、林业部、国家环保局，中国生态学会和中国生态经济学会于河北省迁安县联合召开了生态农业（林业）县建设经验交流会，不仅正式承认了生态农业县（指出是大农业，包括农林牧渔各业）的试验活动，而且认真交流了试办经验，从而把我国的生态农业建设推进到一个新阶段，即以县为单位有计划地发展生态农业的阶段。

值得一提的是，从生态户试验到生态农业县试验，都是基层领导、科技人员、农民在共同研究的基础上自发进行的，也是一个不断实践，不断扩大和提高的过程。直到现在，国家财政还未进行任何投入，除一般提倡外，也没有任何上级单位具体给任务提指标，但这一新生事物却发展很快，试验范围越来越大，内容也越来越丰富多彩。特别是生态农业县建设，组织工作极为繁重，难度很大，有时还要受到各种非议，但积极进行生态农业县建设的县却越来越多，大有"偏向虎山行"之势。这个现象值得重视，更值得认真研究和对待。

二、生态农业县的兴起和前景

为什么一批县的领导在没有任何财政支援、又没有上级提指标给任务、甚至可能招来非议的情况下，却决心试办生态农业，而且试办队伍还在不断扩大？最根本的原因是，建设生态农业县可以一举解决长期困扰我们的四大矛盾，能够迅速发展生产、发展农村经济，实现富民、富乡、富县任务，并且为当代人和子孙后代创造一个舒适的生存和生产环境。

这里讲的四大矛盾，指的是掠夺性经营思想和做法，小农业思想和做法，短期行为和条条各自为政分头指挥。

所谓掠夺性经营思想和做法，指的是工农业生产中只利用现有资源而且浪费很大，毫不爱惜，而对于保护和培植资源则不关心不考虑，因而资源越来越短缺，环境越来越恶化。

所谓小农业思想和做法，指的是农业生产中只重视耕地，只经营耕地，对于广大山地和草原则不重视不投入，而且能掠夺就掠夺，漫无限制。其恶果在山丘地区最为明显，山区的丰富资源得不到合理开发利用并不断遭到破坏，人民则长期贫困，形象的说法是捧着金碗讨饭吃。

所谓短期行为指的是县一级各届政府只考虑任期内能做的事，长期任务无人管，一届政府一本经，各念各的，互不衔接。本届做不完的事，下届不管，于是半拉子工程不断增加，工作越来越被动。

所谓条条各自为政分头指挥指的是，上级业务部门各自下达任务和要求，互不协商，有时互相矛盾，弄得县一级无法应付，工作十分被动，于是出现"谁给钱就给谁干，谁抓得紧就给谁干"的现象，这又助长了短期行为。

十分清楚，这四大矛盾的长期困扰，正是许多地方生产发展慢，经济上不去，人民长期处于贫困状态的症结所在。这个情况县级领导感受最深，要求改变也最迫切。

搞生态农业县建设为什么能解决这四大矛盾？因为建设生态农业县是一项较长期的事业，有的地方称之谓跨世纪工程。首先就得制定一个以生态农业为核心的包括经济、社会、生态协调发展的综合发展规划，经过群众讨论和县人大通过后，组织各部门共同实施；还要求在一定时期内（一般为20～30年）各届政府严格执行，工作互相衔接，即几届政府念一本"经"。这样，掠夺性经营思想和做法，小农业经营思想和做法就很自然地解决了，县级的短期行为也解决了，由于按规划组织县级各部门协调工作，各自为政的问题也能部分解决。即是以解决县一级自身的短期行为为纽带，同时解决其他三个矛盾。因此，我们在已进行了一段时间的生态农业试点县那里，就能看到下述令人耳目一新的现象。

1．逐步实现地尽其利、物尽其用。各种土地资源与生物资源结合，不仅有土皆绿而无土不生财，没有利用的土地和水面越来越少，真正做到大农业经营生产门路日益广阔。

2．各种新的商品生产基地不断涌现和扩大，为乡镇企业特别是加工业提供充足的优质原料，推动加工业蓬勃发展。

3．小集镇建设和新农村建设随之发展起来，文化教育也随之发展，农民学技术成风，劳动力素质不断提高。

4．精神文明建设也取得成效。由于经济发展和各项事业发展，人人有事干，人们一心搞经济建设，社会问题比别处少很多，新的风气比较容易形成。

5．小集镇建设和乡镇工业的发展，是在生态农业的基础上发展起来的，一开始就注意了环境问题，工农业关系，城乡关系比较好解决，一些县做到了城乡和工农业协调发展和互相支持，出现了比较和谐的局面，这又为城乡一体化建设和生态经济县建设创造了条件。

6．总的特点是：把发展生产与建设环境结合起来，为当代人与为后代人结合起来。一方面生产建设进入良性循环，经济不断发展；另一方面环境质量不断改善，当代人可以富起来和生活得很好，后代人更可以富起来和生活得更好。这个形势越来越清楚，人们的积极性也越来越高涨。不难看出：生态农业县建设对于解脱当前困境有积极作用，发展前景更为广阔，是一条发展农业、农村经济和实现农村现代化的有效途径，我国农村将沿着这条新路不断前进。

三、需要理解和支持

为了推动生态农业特别是生态农业县建设的健康发展，当前要解决好三个问题：

1．正确理解和评价这一新生事物

生态农业在我国的崛起和逐步发展到当前生态农业县建设的新阶段，是我国农业和农村经济建设中的新生事物，是自下而上地自发发展起来的，可以说是继家庭联产承包和乡镇企业之后，我国农村的又一伟大创造，是一种农业发展的新模式，也是一条农村建设的新路，它既能较快地发展农业和农村经济，又能实现生产的良性循环，为后代人造福，而且在现有条件下就能实行，效果也非常显著。与原来的思路和做法相比，生态农业特别是生态农业县建设毫无疑问是一场深刻的革命，它提出了全新的思路、工作程序和方法。又由于是基层创造出来的，非常简便易行。我们应该予以深刻的理解和高度评价。

2．支持和领导这场波澜壮阔又丰富多彩的农业和农村经济建设活动

目前的形势是：进行生态农业县建设的县不断增加，一些地区和市也决心在全地区和全市范围内推行生态农业县建设，几个省的一把手也已明确表示支持，生态经济思想和生态农业建设日益深入人心，可以设想20世纪90年代将是我国生态农业县建设较快发展的时期。这当然是十分令人高兴的事，但也给各级领导提出了新问题，是继续让其自由发展，还是积极支持和领导这一新生事物，使之更健康更有计划地发展起来。生态农业县建设过程，实际上是一场农村经济建设和其他各项事业协调发展的过程，协调发展是事物发展的客观规律，可以收到相互支持和促进之效。由于内容十分丰富，要解决的问题、需要各部门协调的事也非常多，是一个大的系统工程，需要上级予以支持和领导。为此，要及时解决这样几个问题：有一个部门正式管理这一活动，有专门人员研究和处理有关问题，有一定的经费以便组织人员研究深层次的理论和科技问题，保证这一活动不断深化和发展。

3.解决开放与开发的关系

现在是改革开放的高潮时期，大家想的是改革和开放，发展市场，发展第三产业，发大财，快发财。在这种情况下，生态农业建设还要搞吗？

开发荒山荒坡,发展经济林,建立商品生产基地的工作还要搞吗?建设环境,培植资源的工作还要搞吗?这些都是"慢"功,几年以后才能见效,来得及吗?这是面临的新问题,应给予明确回答。其实,问题是清楚的,两者必须结合,越是开放,就越需要开发,一方面能拿出更多的新鲜产品出口,另一方面建设好环境并有丰富的价廉物美的食品和用品供应,以吸引更多的游客来观光游览。更为根本的是,只有开发才能富民,才能建设好我们的国家,特别是广大农村。这个思想明确了,才能在改革开放的同时,下"笨"工夫搞开发和建设,大力推行生态农业县建设,这又保证开放的势头经久不衰,后劲越来越大。

(《生态农业研究》1993年第1期)

生态时代与生态经济思想

——时代主旋律的转变

一、两类声音齐鸣

现在有两类声音在向世人播放。一类是讲人与人之间的关系。主要是国家之间和区域之间的关系。目的是争牛耳、争霸主、争取在 21 世纪中占据优越的地位。这是古老的争夺战的继续。从这一点讲，人类还未脱离野蛮状态，还谈不上文明社会。另一类是讲人与自然界之间的关系。由于人类长期掠夺和破坏，加上人口大量增加，需求量极度扩大，自然界无法承受，因此发出种种警报。科学家们看到了潜在的危机，从各种角度发出呼吁，要求人们改变对自然界的态度，改变经济发展模式和生活方式。两类声音齐鸣，又都很强烈，逼着人们思考问题；人类如何继续生存下去，自然界的生命维持系统如何继续维持下去，两类声音能否协调，人类当前需要的是旧式的霸主还是新型的能使人类与自然界协调发展的领导力量。

先来听听第一类声音。

21 世纪究竟是谁家之天下？世界已进入多极时代，有多少极呢？众说纷纭，目前至少已出现这样几种说法：

第一，"太平洋世纪"说

有人预言，21世纪将是太平洋世纪，届时日本将发展为凌驾美国之上的超级经济大国，包括中国在内的东亚将成为世界新的经济中心。这方面的议论很多，已引起人们广泛注意。

日本有人提出"亚洲超级圈"说，认为"今后世界是亚洲的时代，日本应以亚洲太平洋地区为中心发展国力，争取实现"亚洲超级圈"。适应这一新形势，日本舆论界继"脱亚入欧论"之后，现在又提出"日本再次亚洲化论"。这个超级圈包括东盟国家、越南、柬埔寨、老挝和缅甸。不包括中国，说"中国是一个大帝国，是'小宇宙'，它在国际政治中是一个独立的主体"（《参考消息》1992年8月31日）。

第二，"美国世纪"说

认为美国在当今世界不仅拥有经济、军事、科技等硬力量优势，而且还有文化、价值观念、国民凝聚力等软力量优势。因此不同于历史上的一般大国，仍将继续保持超级大国地位。在未来世界，中、苏、日、欧，或有内忧，或有外患，很难与美国相抗衡。因此，未来世界注定由美国来领导。

这是美国内部一派的观点并受到美国政府的青睐，其代表作是《美国能领导世界吗》一书，美国国内还有另外一派观点，认为美国和苏联将与历史上大国一样，因军事上的过度扩张而走向衰落。在未来世界中，中、苏、日、欧、美五极将取代美苏两极格局。这一派的代表作是《大国的兴衰》。两派的争论仍在继续。

第三，"欧洲世纪"说

法国《快报》周刊1992年8月27日的一期提出：在21世纪能够赶上并超过美国的是日本还是欧洲？它明确认为欧洲拥有最好的王牌，在几个主要方面胜过日本。现在已创立欧洲乐观主义取代了80年代的欧洲悲观主义，错过了20世纪初良机的欧洲，可能在21世纪初取得成功（《参考消息》1992年8月30日）。

第四，"突厥人世纪"说

这是 1992 年 10 月 30 日，土耳其总统图尔古特·厄扎尔在土耳其与五个前苏联共和国举行的首脑会议上提出来的，是一个新提出来的论点。在这之前，阿拉伯学者已提出"大中东"的新概念，以为原来中东由两个圈组成，一个是阿拉伯世界，这是核心，另一个由土耳其、伊朗、阿富汗和巴基斯坦组成。现在又出现了第三个圈，即原苏联所属的六个伊斯兰共和国。并建议采取具体步骤实现伊斯兰经济一体化。上述厄扎尔的论点，反映了阿拉伯世界当前的愿望和要求（《参考消息》1992 年 11 月 1 日与 1992 年 9 月 1 日）。

第五，"日本时代已经开始"说

这是日本政界中所谓"鹰派"人物提出来的论点。他们明确提出："日本的时代已经开始。日本的时代是与下一代文明联系在一起的。""在当今世界上，唯独日本才具备经营与资金兼而有之的技术。可以说，意识形态消失的新时代，是全世界需要日本的力量的时代。""不管怎么说，如今日本同隔着辽阔的太平洋的美国，将是世界活动的主体之一，日本必须意识到要在波澜壮阔的历史潮流中，乘风破浪，建立下一代文明"（《日本就是敢说"不"》第 160 ~ 165 页）。要建立下一代文明，当然是世界霸主了。可谓咄咄逼人。

第六，"大中华经济圈"说和"中国人世纪"说

这是一些我国港台地区学者、海外学者以及一些外国学者的议论和评论。国内学者还没讨论这个问题，我以为不讨论是正确的。所谓大中华经济圈讲的是我国南方几省、香港和台湾经济上共同发展问题，可能形成一个单一经济体，称为金三角。这个议论已引起国际上广泛注意，有人以为有排他性和挑战性。有的人还企图由此分裂我国。所谓中国人世纪是美国《基督教箴言报》在一篇文章中提出来的，这里讲的中国人，除中国大陆外，还包括中国台湾、香港，新加坡以及这个地区的其他地方。那里具有中国背景的经理人员、商人、金融家在经济上做出了重要的贡献。并以为"中国正在成为新的商业和金融中心。这个战略地区拥有重要的资本、技术和

制造能力（中国台湾）；非凡的销售和服务才智（中国香港）；完善的通讯系统（新加坡）；广阔的土地，丰富的资源和劳动力（中国大陆）。从广州到新加坡，从吉隆坡到马尼拉，这一影响巨大的网络是东亚经济的支柱。"一些分析报告估计，这些"中国"的外汇储备，加起来达到 2000 亿美元。一些观察家已经开始谈论"中国人生产率三角"甚至谈论即将到来的"中国人世纪"了（《参考消息》1992 年 12 月 7 日）。

这篇文章是从一个更大的范围谈论这个问题的，更会引起人们的疑虑和不安，并有一定的挑拨性，不是有人在议论我国搞扩张主义了吗？应该十分警惕。

此外，俄罗斯和印度当然还有他们的设想和打算。

第七，"打内战世纪"说

德国《世界报》1993 年 1 月 11 日刊登的一篇文章指出，"世界很可能面临一个打内战的世纪"。以为世界上"3000 多个民族不愿意留在他们当今所生活的国体内，要成为独立的国家。必要时他们将以武力来做到这一点。从南非的各城市边缘到斯里兰卡的海岸，从科索沃的山谷到巴斯克山区，已经在发出武器的铿锵声。"该文援引伦敦防务问题研究中心主任迈克尔·克拉克的预测："种族冲突最可能成为 21 世纪的政治问题。作为 20 世纪典型要求之一的民族自治的教义将成为 21 世纪的咒语"。这篇文章还详细介绍了欧洲现在就有的 23 个最重要的种族冲突焦点（《参考资料》1993 年 1 月 15 日）。

这方面的形势可能最令人担忧。

总之，这方面的声音是多向的，争论是激烈的，经济方面的竞争可能更加激烈。

我们再来听听另一类声音，人类和自然界的关系目前处于一种什么状态？科学家们已发出什么样的呼吁？举其大者有：

第一，世界面临沙漠化威胁

目前沙漠化的影响面占地球陆地的 25%，本世纪末将达 35%。受影响的人口占 12%，本世纪末将达 20%，约有 100 个国家受害。沙漠化可能成为全球性灾难。

第二，世界面临缺水的危机

联合国已发出警告："石油危机之后的下一个社会危机便是水。"目前全世界有 100 多个国家缺水，其中严重的 40 多个。据联合国统计，1967 年灌溉用水，占人类用水量的 70%，到 2000 年，灌溉用水量将增加一倍。区域性水源短缺和水质恶化（主要工业污染）在一些地区已很严重，2000 年时可能更坏。自然环境的变化，包括筑坝、开凿渠道和淤积，以及由于盐类、酸雨、农业和其他毒性化合物引起的污染，正在严重地影响全世界的淡水生态系统。目前有 274 种淡水脊椎动物受到了灭绝的威胁，2000 年时大多数可能消灭殆尽。

亚洲环境卫生会议（1990 年 6 月）指出：亚洲有一半以上人口得不到清洁饮用水。

法国费加罗报发表文章（1990 年 7 月 1 日）指出：中东缺水严重可能导致战争。

第三，人类正在毁灭生物的多样性

许多研究报告指出：今后 50 年内，人类将毁灭二分之一的动植物物种，它将给人类自己带来灾难。

第四，21 世纪将是 5 万年以来天气最热的世纪

温室效应问题已引起人们广泛的注意。

世界气象组织指出：2025 年气温将升高华氏 2 度，21 世纪末将上升华氏 5 度。上升 2 度，就会给生态系统造成广泛损害，上升 4 度，会给生态系统带来严重损害。

一些报道指出，气温上升将引起海平面上升，会淹没一些岛国和沿海岸的许多地区。

第五，环境污染威胁相当于第三次世界大战

防止地球的生命系统衰竭只有几十年时间，有的说只有十年时间。

第六，酸雨正成为全球性的环境破坏问题

酸雨的中心在西欧和北美，中国也已成为世界三大中心之一。

酸雨使湖泊和土壤酸化，使鱼类的生存和森林的成长受到影响，连希腊等地的古代遗迹与雕刻也受到侵蚀。酸雨还正在向发展中国家扩张。世界野生生物基金组织指出，属于酸雨成因的二氧化硫的浓度，在北极圈里也和受害最严重的北欧地区大致相同。酸雨问题正成为全球性的环境破坏问题。

第七，臭氧层破坏引起恐慌

近年来，在臭氧层被破坏问题上，可谓警报不断，人们也越来越紧张。国际上不断召开会议，研究拯救办法。

1992 年 10 月智利气候局报告，南极臭氧层空洞已扩展到 2400 万平方千米，相当于两个半中国的面积。科学家预测，到 2075 年将有 4000 万人患皮肤癌，80 万人死于此病。

有报道指出，北极的臭氧层也稀薄了，并已扩展到西北欧上空，接近经济发达地区。

总之，情况越来越紧急了。

第八，生态灾难将是下世纪人类最大威胁

英国《独立报》1988 年即发出警报：生态环境遭受破坏带来的灾难将取代核战争的恐怖，而成为 21 世纪人类面临的最大危机。并且要求政府间像为了摆脱核威胁举行谈判一样，认真谈判解决这个问题。

第九，人口爆炸

1990 年世界人口是 53 亿，估计 2030 年将达到 100 亿。100 亿是一个危险的信号，地球难以养活 100 亿人。日本有人计算，按照日本人的消费水平，世界只能养活 30 亿人。解决人口问题是防止环境破坏的重要途径。另外，解决富裕人口的生活方式也是一个重要方面。1990 年富裕人口（发达国家）占人口的 23%（12 亿），但消耗的能源占到 75%，消耗的木材占产量的 85%，消耗的钢铁占产量的 72%。CO_2 的排放量占 75%。因此，12

亿富裕人口的生活方式是造成地球环境恶化的最大原因（《参考消息》1992年6月9日）。

第十，拯救地球应成为世界新秩序的主旋律

这是世界观察研究所所长莱斯特·布朗提出的论点。他认为"在世界新秩序中，发挥领导作用的很可能是建立在保护环境基础上能持久发展的经济，而不是军事上的强大。谁抓住世界新秩序的旗号，谁在生态环境问题上采取主动行为，谁就能在今后的国际舞台上起领导作用。他呼吁各国政府和各国机构为扭转生态环境恶化的局面，作出根本性的变革。他认为各国外交活动的重点应更多地注意生态环境问题"（《参考消息》1991年7月8日）。

值得注意的是，近年来，发达国家和不发达国家围绕环境问题主导权展开了激烈竞争，这是一个好消息。

如果各国或国家集团在拯救地球方面争当旗手，主动改变对自然界的态度，改变经济发展模式和生活方式，并努力做出成绩，树立榜样，后一类声音将会更强烈而真正成为主旋律。我们的地球村就有希望了。

二、生态时代已经到来

在一个长时期内，由于以欧洲为中心的价值观占了统治地位，人类以自然界的主人自居，对自然界采取了错误的态度和做法，只讲发展生产增加物质财富，无限制地掠夺自然界和污染自然界，严重破坏自然界的生命维持系统，人类自身的生存也成了问题，以致引起科学家不断发出前面提到的各种警告和呼吁。

人类为了自身能够生存下去，不得不自觉或不自觉地改变与自然界的关系，对自然界采取新的态度，改变人类中心论的传统观念，承认自己是自然界的一部分，要与自然界协调发展，严格按照自然规律来调整自己的行为。这是人类认识上的一次飞跃，人类的发展也将进入一个新时期，有人称之为生态时代。由于生态时代的到来，许多新思想，新论点不断涌现，从经济建设思想到社会观、文化观、历史观，都相应地而且迅速地发生变化。

生态时代的特征是什么？有人作了这样的概括："把现代经济社会运行与发展，切实转移到良性生态循环和经济循环的轨道上来，使人、社会与自然重新成为有机统一体。因此，实现人与自然的更高层次的和谐统一，达到生态与经济在新的更高水平的协调发展，是生态时代的根本标志。所以，建立在生态良性循环基础上的生态与经济的协调发展，就成为生态时代的首要的、本质的特征"（刘思华《论生态时代》）。把握住这个基本特征，我们就可以清理落后于时代的许多旧思想和旧做法，探索适合新时代需要的新思想、新做法，有破有立，相得益彰。这项工作无疑是繁重的和复杂的，但非完成不可。从发展趋势看，由于时代的需要，由于人们的不断觉醒，这项工作做起来比人们想象的要容易一些。

法国人对生态主义者的积极态度，就是一个值得深思的现象。法国《星期四事件》周刊（1992 年 3 月 12 ～ 18 日）刊登一篇题为"关于政治衰败的原因"的文章，对生态主义者作了如下评论：法国物质生活富裕但精神空虚，出现了许多反常现象，社会分化，人们也分化，一部分人右倾，向法西斯倾向发展，而另一些不那么粗俗的法国人，开始向生态主义者靠拢。因为这些生态主义者既是一个节俭、友爱的社会的清醒预言家，又是怀念田园牧歌式旧时代的歌手。唯有他们可能提出另外一套主张，也就是说实行真正的革命，重建我们这个混乱的世界。文章又说：当然，绿党的计划在很大程度上是乌托邦的，因为它要求每个人降低自己的生活水准，还呼吁人们节衣缩食。

我以为不那么粗俗的法国人向生态主义者靠拢，寄希望于他们，是问题的本质，反映了时代的要求。至于作者对绿党主张（降低发达国家人民的生活水平）的批评，显然有失公允，因为这是一个非解决不可的问题，而且越来越成为人们的共识。例如，1992 年 4 月在日本东京召开的地球环境贤人会议，在其《东京宣言》中也严厉指出："发达国家的浪费性生产和消费模式（下文又说是破坏性的生产和消费模式）……破坏了地球生态环境……使第三世界人民过着难以忍受的贫困生活。这种危险的道路威胁着下一代对生存和福利的展望"。其必然结论是，发达国家必须改变其生产和消费模式。发达国家绿党的兴起和影响越来越大，也反映了同样的信息。

随着生态时代的到来，经济建设方面，人们提出了生态经济思想或理论（下面专门谈这个问题）。文化观方面，有人引进了生态思想，认为现代科学文化是包括科学文化、人文文化和自然文化在内的复杂的文化生态系统，称之为大文化。历史观方面，有人提出了生态史观。近年来，国内学者也提出了建设生态文化和生态文明的主张。例如陈豪敏的《人类生态学——一种面向未来世界的文化》提出建设生态文化问题，以为人类生态学时代的文明将在 21 世纪逐渐放出异彩（第 340 ～ 347 页）。又如叶谦吉的《生态农业——未来的农业》提出并呼吁，从现在起就开展"生态文明建设"，还指出"国外有识之士认为，21 世纪将是生态学的世纪，这是科学的预见，但我认为，更确切地说，21 世纪应是生态文明建设的世纪，人与自然应成为和谐相处的伙伴"（第 332 ～ 335 页）。

1992 年在联合国环发大会召开的前后，一些学者和会议，又提出了一些新的主张和建议，比如，上述《东京宣言》提出应建立新的环境伦理和价值体系，其方针有三：（1）加强人类、环境、开发三者之间的联系；（2）按照位于生态系背后的自然规律采取行动，而生态系在地球上是有限的，而且容易受到伤害；（3）不垄断环境，世界上的所有国家都平等分享美好的环境，根据当代人和下一代人的需要采取行动。

有人主张建立"保护环境式的社会"。

有人主张富国的工业化文明应转变为环保文明。

国内有人提出：社会主义的现代化文明，应该是物质文明、精神文明、生态文明的高度统一。

1992 年 6 月在巴西召开的联合国环境与发展大会通过《里约环境与发展宣言》，首先确认"我们的家园地球的大自然的完整性和互相依存性"。

在其宣告的 27 条原则中，突出了这样几点：（1）人类有权同大自然协调一致，从事健康的、创造财富的生活。（2）环境保护应成为发展进程中的一个组成部分。（3）和平、发展与环境保护是互相依存不可分割的。有人指出，会议使环境问题处于突出地位，争取与经济、国家安全处于同等地位。也有人指出，"在里约热内卢会议之后，如果你置身于环境问题之外，那么你在任何问题上都不会被看作是一位世界领导人。"

总之，近年来，人类的生态意识和环境意识越来越浓厚和强烈了，生态时代的气息也越来越显著了，以欧洲为中心的价值观（特点是重视物质财富，控制大自然，崇尚个人主义）也受到了越来越大的冲击。在这里，回顾一下 20 年前英国历史学家阿诺尔德·J·汤因比关于世界中心在东亚的论断，会给人以新的启示。

"我们预见的和平统一，一定以地理和文化主轴为中心，不断结晶扩大起来。我预感到这个主轴不在美国、欧洲和苏联，而是在东亚。由中国、日本、朝鲜、越南组成的东亚，拥有众多的人口。这些民族的活力、勤奋、勇气、聪明，比世界上任何民族都毫不逊色……就中国人来说，几千年来，比世界任何民族都成功地把几亿民众，从政治文化上团结起来。他们显示出这种在政治、文化上统一的本领，具有无与伦比的成功经验。这样的统一正是今天世界的绝对要求。中国人和东亚各民族合作，在被认为是不可缺少和不可避免的人类统一的过程中，可能要发挥出主导作用，其理由就在这里。"（《展望 21 世纪——汤因比与池田大作对话录》第 294 页）。

"东亚有很多历史遗产，这些都可以使其成为全世界统一的地理和文化上的主轴……

第一，中华民族的经验。在过去 21 个世纪中，中国始终保持了迈向发达国家的发展步伐，成为名副其实的地区性国家的榜样。

第二，在漫长的中国历史长河中，中华民族逐步培育起来的世界精神。

第三，儒教世界观中存在的人道主义。

第四，儒教和佛教所具有的合理主义。

第五，东亚人对宇宙的神秘性怀有一种敏感，认为人要想支配宇宙就要遭到挫败。我认为这是道教带来的最宝贵的直感。

第六，这种直感是佛教、神道与中国哲学的所有流派（除去今天已灭绝的法家）共同具有的。人的目的不是狂妄地支配自己以外的自然；而是有一种必须和自然保持协调而生存的信念。

第七，以往在军事和非军事两方面，将科学应用于技术的近代竞争之中，西方人虽占优势，但东亚各国可以战胜它们。日本人已经证明了这一点。

第八，由日本人和越南人表现出来敢于向西方挑战的勇气。这种勇气今后还要保持下去，不过我希望在人类历史的下一阶段，能够把它贡献给和平解决人类问题这一建设性的事业上来。"

"在现代世界上，我亲身体验到中国人对任何职业都能胜任并能维持高水平的家庭生活。中国人无论在国家衰落的时候，还是实际上处于混乱的时候，都能坚持发扬这种美德"（同书第 287 ~ 288 页）。

我所以详细摘录其论点，绝不是因为他讲了我们的好话，主要是他的历史眼光和科学态度。他的这些话并不是直接对中国人讲的，而是以学者的身份与日本学者探讨世界发展问题时自由地发表的。他讲到的世界精神，人道主义，合理主义以及与自然界协调共存的信念，正是今天生态时代特别需要的东西，又恰恰是西方哲学思想和价值观中所缺少的东西，这也正是他把东亚作为未来世界轴心的主要依据。其高人之处在于，他不是以当前的经济和军事实力作为评价标准，而是以更高层次的哲学思想、价值观作为标准。我以为他的论断对于我们判断前面提到的两类声音的是非，和在生态时代建设新的经济发展模式和生活方式，都是极有帮助的，这些话出于一位西方历史学家之口，也反映了对西方哲学思想和价值观的反思。

三、生态经济思想的兴起

生态时代的到来，在人类经济活动指导思想的变化上首先反映出来。

新的经济活动的指导思想即生态经济思想的产生和兴起，就是生态时代的产物，也是它已到来的重要标志。

生态经济思想是国际上有名的思想库罗马俱乐部在它的第九个报告《关于财富和福利的对话》中明确提出来的，时间是 1981 年。这个新的经济思想，把生态学与经济学结合起来，并认为生态学是新的扩大的经济学的基础，它明确指出，"经济和生态是一个不可分割的总体，在生态遭到破坏的世界里，是不可能有福利和财富的。旨在普遍改善福利条件的战略，只有围绕着人类固有的财产（地球）才能实现；而筹集财富的战略，也不应与保护这一财产的战略截然分开……一面创造财富，一面又大肆破坏自然财产的事业，只能创造出消极的价值或'被破坏'的价值，如果没有事先或同时发生的人的发展，就没有经济的发展"（《世界的未来》第 71 页）。

关于提出这个新经济思想的时代背景。罗马俱乐部已故主席奥尔利欧·佩奇有比较集中的描述：由于人口爆炸和经济发展中的偏差，"当代人正在削弱或改变着大自然的生物能力，使它再也无力向沸腾的后代提供足够的支援"（《世界的未来》第 51 页）。所谓人口爆炸，实际情况是，1900 年世界人口 16 亿，1980 年达 45 亿；人类突然发现本世纪前 80 年中，世界人口增加了两倍，到本世纪末,将增加到三倍（63 亿），人均消费量也大大增加，本世纪最后 25 年中，对能源的需要将相当于人类有史以来所消耗的总量。"地球从未接待过这样多的人。""本世纪末地球将住满了消费者，消费量将相当于足供 1900 年水平时 600 亿人口的数字。"这就必然导致对自然资源的无节制地开发（《世界的未来》第 27 页）。

所谓经济发展中的偏差，即人已被物质革命的引诱所降服。只根据物质革命给予的权力行事，再也不遵守大自然的规律了。物质革命已经成了人的一种宗教，人在控制地球之后，又准备征服周围的领域。……一切都要归于自己。根本没意识到，这些行为正在改变着自己周围事物的本质，污染自己生活所需的空气和水源。建造囚禁自己鬼蜮般的城市，制造摧毁一切的炸弹。人类已从利用大自然变为滥用和破坏大自然。我们对于地球维持人类生存能力之有限，无知得惊人，对资源贪得无厌，而且急不可待，因而产生人口日益增加，而需要的资源却不断减少的危险局面。四大主要生物系统，即海洋动物、森林、牧场和农田，已经负担过重。"生命世界再也无力解决当代文明事业带来的大量废物和新的化学品所带来的问题了。生命世界已经没有足够的再生能力，来弥补人类的活动造成的破坏"（前书第 6 页）。形象的说法是：靠"超支过活"，"全世界都在推行全盘的生物和农业经济的赤字财政"（《纵观世界全局》第 26 ～ 27 页）。

在国内，已故著名经济学家许涤新于 1980 年提出自然规律与经济规律之间，一般说来自然规律起决定作用的论点，是这种思想的不同表达形式。中外学者差不多同时提出这个问题，反映了生态时代的共同要求，是值得认真思考的。

这个新的经济建设理论的提出，对于现存经济建设模式的冲击是很大的，对传统经济学的冲击更大。在我国，由于著名经济学家许涤新等人的倡导，70 年代末和 80 年代初，这个新理论开始传播。1984 年中国生态经济学会正式成立，在学会和有关兄弟学会以及科研部门的推动下，理论研究和实践同时进行，生态农业、生态林业、生态城市试点工作，在各地普遍开展，而且进展很快，效果也较显著。一个显著特点是，科技人员和基层干部的积极性很高，理解很快，在理论研究方面也是如此，新论点不断涌现，一批理论著作相继问世，并形成了一个理论队伍。特别是对传统经济学的批判已提出比较系统的论点，这有利生态经济理论的发展和生态经济学的完善，也有利于新的经济建设模式的建立。在这方面，生态经济学家刘思华的论点有一定代表性。他认为传统经济学的一个根本缺陷，在于将经济现象和经济发展过程看成是和生态现象和生态发展进程毫不相关的、甚至对立的纯粹的经济现象和经济过程。从而形成许多纯经济学的传统观念，如视人类需求是与生态需求相分离的纯粹的经济需求观；视社会生产是与自然生产相分离的纯粹的经济生产观；视人类消费是与生态消费相分离的纯粹的经济消费观；视生产投资是与生态投资相分离的纯粹的经济投资观；视生产消耗是与生态消耗相分离的纯粹的经济消耗观；视人类利益是与生态利益相分离的纯粹的经济利益观；视社会财富是与生态财富相分离的纯粹的经济财富观；视经济发展战略是与生态发展战略相分离的纯粹的经济发展战略观等。用这些观点指导人们的社会经济活动，就会使经济社会发展走上与自然生态环境相脱离的道路。这正是西方国家工业文明的历史事实（刘思华《理论生态经济学基干问题研究》）。目前人类与自然界关系紧张，自然界呈现种种危机，正是这种经济建设思想指导的结果，又是西方工业化文明的沉重代价，并导致了生态时代的到来和生态经济思想的兴起。著名经济学家陈岱孙指出；"生态经济学是后工业社会的反映，是在人口不断增加，工业迅速发展，资源急剧耗损，生态环境大量破坏的条件下产生的。"因为"现代化要求的……是综合的、全面的社会经济和天然环境的协调发展"（《中国生态经济问题研究》第 257 页）。从这里看，生态经济学绝不能视为传统经济学的一个分支，而是生态时代的新经济学，它必然要代替传统经济学。或者说，传统经济学必须按新时代的要求进行彻底的改造，如果它要继续指导生态时代的经济建设事业的话。

从生态经济学产生的背景看，确实是后工业社会的产物。但是这种新的经济建设思想，对于发展中国家同样是需要的而且更为迫切。对于我国来说也正是这样，人口压力更大，资源情况更紧张，生态环境破坏情况更严重，必须早日运用这种新的经济建设思想，早日走上这条新路。事实正是如此，当国际上还在纷纷议论和探讨的时候，这个新的经济建设思想在我国却及时进入决策层并以决策形式提了出来。

中共中央 1983 年一号文件明确把合理利用自然资源，保持良好的生态环境，与严格控制人口增长并列，作为我国发展农业和进行农村建设的三大前提条件。这就是著名的三大前提论。它把人口问题、资源问题、生态环境问题与发展生产问题统一考虑，并把前三者作为经济建设的前提，就是要把经济建立在生态规律的基础上。这是我国当前实际经济建设的需要，也是显示社会主义制度优越性的根本措施。在《关于制定国民经济和社会发展第七个五年计划的建议》中，中共中央更明确提出"在一切生产建设中，都必须遵守保护环境和生态平衡的有关法律和规定，十分注意有效保护和使用水资源、土地资源、矿产资源和森林资源，严格控制非农业占用耕地，尤其是要注意逐步解决北方地区的水资源问题。"这实际上是把三大前提论发展为一切生产建设的前提。后来又发展成为三个效益（经济效益、生态效益和社会效益）很好结合和三个效益并重的指导思想。所有这些都说明生态经济思想不仅作为学说思想在我国广为传播，而且已成为经济建设的指导思想，即作为党和政府的决策，从而将逐步融入我国经济建设的实际行动之中。

我国之所以能这样迅速地接受生态经济思想并在生产实践中广泛运用，绝不是偶然的。除了当前生产实践迫切需要这种思想外，与我国历史的优良传统特别是农业生产的优良传统有着很大关系。

从我国历史上的优良传统来看，就是汤因比指出的东亚历史遗产的第五、第六两条，即认为人类必须和自然界保持协调生存的信念。这种信念与现代的生态经济思想是不谋而合的，不同的是，前者是朴素的直感，后者是建立在科学基础上的。

从我国农业的优良传统来看，我国农业被誉为有机农业之母，有着许多朴素的生态农业（它是生态经济思想重要部分）的思想和模式。首先，其理论思维是三才论（天地人）和阴阳五行说，阐明农业生产与各种环境因素的关系，揭示出生态平衡原理。其次，提出了多种结构工程，如食物链加环，平面结构，立体结构、时间结构等，以维持农业生态系统平衡。其三，提出了许多生态农业技术，如精耕细作、平治水土、多粪肥田、造林种草、生物防治和桑基鱼塘等。总之，我国农业的优良传统其内容是十分丰富的，国外农业专家对我国耕地肥力历经两千年而不衰这一事实，就十分赞叹。有了这些优良传统，接受国外提出的生态经济思想和生态农业理论，自然是非常方便和顺理成章的。

目前，我国经济发展水平和工农业生产水平，是落后于发达国家的，这是事实，也是我国的弱点所在。但是，在运用新的生态经济思想和推行生态农业方面，我国又有着十分有利的条件。而且已有了一个良好的开端，这是我国的优势所在。如果能更自觉地大力推行新的经济建设思想，既可以避免继续跟在别人后面走弯路而少受破坏和损失，又可以有效地发展工农业生产和各项建设事业，并在创造新的生产模式和生活方式方面先行一步。这正是扬长避短、发挥优势、后来居上的办法，应该力争在这方面来一个大突破。希望理论工作者和实际工作者思考这个问题，更希望决策人员思考这个问题。

四、生态农业在我国崛起

80 年代，生态农业在我国农村蓬勃发展起来，是一个非常值得关注的现象。它有着深厚的历史传统和时代背景，又孕育着巨大的生产潜力和展示着诱人的前景。这个新生事物将促使我国农村发生巨变并进而推动整个建设事业的发展。

虽然目前人们对生态农业的认识还不尽相同，但基本看法则是比较一致的，这就是要求在农业生态系统中起主宰作用的人，严格遵守自然规律和经济规律，特别是生态学和生态经济学规律，立足今天，放眼未来，尽量避免以至根除恶性循环，力求促进和实现良性循环，在发展生产的过程中，同时为当代人以及子孙后代创造一个优美的生态环境。简单说来，就是要求在发展农业生产的过程中，做到保护和培植资源，防止污染，提供清洁食物和美化环境，并使生产能够持久发展下去。根据我国农业资源的特点及目前需要，我们讲的生态农业，其范围应比国外讲的要广泛一些，不限于种植业，包括农林牧渔各业，还包括乡镇企业，是大农业的概念。可以概括为：切实根据生态学和生态经济学原理组织农业生产，充分利用当地自然资源，利用动物、植物、微生物之间相互依存的关系，也利用现代科学技术，实行无废物生产和无污染生产，提供尽可能多的清洁产品，满足人民生活、生产的需要，推动乡镇企业的发展，同时创造一个优美的生态环境。既要充分利用现代机械设备、化肥和农药，但纳入新的生产体系，尽量减少其污染影响；也要充分吸收传统农业的精华，特别是现在还适用的经验和办法，并用现代科学理论加以总结、提高。这种农业是一种科学的人工生态系统，具有整体性、系统性、地域性、集约性、高效性、调控性等特点，力争实现绿色植被最大，生物产量最高，光合作用最合理，经济效益最好，生态效益最好，动态平衡最佳等目标。模式则是多种多样和多层次的，小到一个家庭农场的安排，大到一个县一个地区的布局。但是这种农业又不是高不可攀，所有农村现在就可以实行。我国农业要以此取胜，优势也在这一方面。

70 年代末和 80 年代初，我国开始试办生态农业，参加这一试办活动的有环保部门、农业部门、科研单位和一些院校，这一试办活动除受到生态经济思想的影响外，还受到国际上替代农业思潮的影响，即企图摆脱石油农业造成的困境；但更直接的原因则是探索我国农业实现既发展生产和富民，又不破坏环境的途径，以摆脱面临着的严重的生态环境危机。目前，有些学者把我国推行的生态农业简单地视为照搬国外的生态农业，并以不使用化肥农药为特点，还据此大肆批判。这种看法实在太肤浅了。

大部分试点贯彻了经济、社会、生态协调发展的思想，还运用了系统工程的方法，从而一开始就摆脱了掠夺性经营思想和小农业思想的束缚，也摆脱了手工业工作方法的影响。试验是自觉自愿进行的，是探索性的，试验人员有充分的自主权，没有硬任务，也没有什么条条框框。有的从农户开始，有的从自然村开始，也有从渔场、猪场开始的。国务院有关部门和一些学会一道定期召开一些讨论会或经验交流会，传播信息和经验，也有一些理论上的探讨，从不提什么发展任务。但参加会议的人积极性却越来越高，试办活动不断扩大，从生态户、生态村很快发展到生态乡、生态镇、生态农场、牧场和林场，效果也越来越显著。80 年代后期发展到生态农业县和生态经济县建设（包括旗和县级市，下同），即以县为单位有计划地组织生态农业建设或生态经济建设。1991 年 5 月，中央农业部、林业部、国家环保局、中国生态学会、中国生态经济学会五家于河北省迁安县联合召开的生态农业（林业）县建设经验交流会，标志着我国生态农业建设进入了建设生态农业县的新阶段。它说明一些县的党政领导已接受生态意识、生态经济思想，而且积极领导生态农业建设，从而使之在全县范围内有计划地开展起来，这又促使农业生产和农村各项建设事业发生一系列重大变化。

从农业生产方面讲，生态农业县建设引起的巨大变化是：把县级有关部门的人财物力协调和组织起来，在全县范围内有计划地分片推广不同试点的成果和经验，或者外县的成果和经验，把过去科技人员的试验活动变为群众性的普及活动，并在普及中继续改进和创新。为满足群众的致富要求和满足市场需要，它又必然要和开发荒山荒水、建设各种商品生产基地以及调整生产结构等活动结合起来，并导致小农业向大农业转变，由自给性生产向商品性生产转变，由传统农业向现代农业转变。这个转变又要求有一个强有力的科技系统、物资供应系统和产品加工、运销系统，并推动它们相应发展起来。由于管理制度和业务分工等原因，这些大变化中任何一项，任何部门都无能力单独完成。现在由于县级党政领导介入、组织和协调，各部门协作，就比较容易解决了，这正是生态农业县建设的突出特点和威力所在。随着生态农业县建设的发展，我们多年来希望解决的双层经营、发展集体经济、发展商品生产、农村剩余劳动力转移，增强农业后劲等等任务，也就随之解决；富民、富乡、富县的问题也将随之解决。从上述情况看，说它是解决我国农业问题的中心环节，是并不过分的。

从农村建设方面讲，生态农业县建设引起的变化同样是巨大的。首先是乡镇工业的发展，由于各种商品生产基地的兴起和农产品大大丰富，农产品加工业必然有一个大发展，农村工业化势将加速进行。其次，由于加工业和商品经济的发展，农村小集镇将随之兴起，它们不仅是加工业中心和商品集散地，而且还会是文化、科教的中心。农村建筑业也将有一个大发展。其三，农村的交通建设也将发展起来。其四，农村的教育事业也将发展起来，这是农民的迫切要求，经济稍有富裕，他们就会积极解决。其五，农村环境将不断优美起来，风景区、旅游区不断涌现，将成为城里人向往的地方。上述各点，绝不是空想，从一批生态农业搞得好的县那里，已可看到希望。因此，对于广大农区、山区和牧区，说生态农业县建设是现代化农村建设的基础和先决条件，是不算夸大的。

可以清楚地看到，以县为单位有计划建设生态农业，是我国农业、农村经济建设中的新事物、新创造，它能一举解决长期困扰我们的四大矛盾，即掠夺性经营思想、小农业思想，短期行为和条条各自为政，并且以解决县级自身的短期行为为主，带动其他三个矛盾的解决，从而把发展生产与建设环境、培植资源结合起来，并使农村经济建设进入良性循环的轨道。特别值得注意的是，生态农业县建设是在现有条件的基础上进行的，国家没有额外投入，只是县级党政领导按照新思路，把现有人财物力加以合理安排和协调使用，而效果却大不相同，真的是"五味调和百味香"。不仅经济建设进入良性循环，在有充足土地资源和动植物资源的广大山区和牧区，以及有充足水资源的沿江、沿海地区，还能开辟新的丰富多彩的生产领域，形成许多支柱产业，吸引大批农村剩余劳动力就业并使县、乡和农民进一步富裕起来，同时又使农村美化起来。因此，生态农业县建设是我国农村继家庭联产承包和乡镇企业之后，又一个伟大创造，它既能进一步增强前二者的后劲，又为农村工业化和农村现代化创造坚实的基础，其作用和影响是极为深远的，展示出一条建设农村的新路。如果国家能为这项伟大事业投入必要的资金和加强指导，其速度还能加快，推动作用还能更大。

在这条新路的探索过程中，我国广大的科技工作者、县乡村各级干部和广大农民立了大功。他们有远见、有勇气，不顾各种非议，努力实践，只用很短的时间，就在我国各种类型地区创造出无数有说服力的成功典型和比较系统的经验，用它们来说服有不同意见的人们，并吸引更多的人参加探索队伍。更值得称道的是，他们的探索活动完全是义务劳动性质的，而且是"额外负担"和"自讨苦吃"。应该永远感谢他们。

前景如何呢？

可以清楚地看到，90 年代将是我国生态农业特别是生态农业县建设发展较快的时期。推动的力量有五方面，就是：

第一，现有 100 多个生态农业试点县的影响。他们不仅分布在全国各地，而且各种类型地区都有。这批县遇到的问题不同，起步条件不同，发展模式多种多样，但在有计划地实行生态农业建设以后，不仅找到了多种生产门路，农业生产发展很快，乡镇工业和其他各项建设事业也都跟着发展起来，有些已稳定地进入良性循环的轨道。不少县是在走了弯路陷入困境后，才走上发展生态农业这条道路的，他们的今昔对比更有说服力，最能动员人们走这条新路。这批县的成功经验和不断前进的现实，所产生的推动力将是十分巨大的。

第二，一些地区和市正在研究和规划在全地区、全市范围内发展生态农业。他们正组织力量进行调查研究，总结过去农业建设中的经验教训，探讨发展规划。由于这些地、市，都有一两个生态农业搞得好的县，有可借鉴的样板，加上地和市领导的推动，就能在更大范围内形成气候和显示威力，看来，目前 100 个左右的生态农业试点县，10 年内有相当一部分，比方说一半左右，扩大到全地区和全市的可能性是存在的。这又是一个强大的推动力。

第三，一些省已决定在全省范围内推行。

1991 年 5 月，河北省省委书记邢崇智在全国生态农业（林业）县建设经验交流会上提出了该省发展生态农业的设想：(1) 生态农业不仅非搞不可，而且要下决心搞好，山区、坝上、平原都要搞；(2) 在全省推广迁安县的经验；(3) 每年召开一次有关生态农业建设的专门会议，争取连续抓 10 年，与 10 年规划，"八五"计划结合起来，使……农业生产能够真正走上持续、稳定、协调发展的轨道。

1989 年 3 月，湖北省委书记关广富在视察京山县的生态农业建设情况后，作了以下论断和指示：“生态农业模式，有利于充分利用多种资源优势，有利于促进农业科技的广泛应用，有利于农业内部产业结构的优化，有利于降低费用，提高经济效益，增加农民收入。这完全符合我们的省情和农村经济发展的需要，可以放手大干。……我们要走生态农业这种充分挖掘人力、物力、科技和资源的路子”。

自那以后，生态农业建设在全省范围内引起重视和逐渐开展起来。

黑龙江省在几年前就成立了省级的生态农业领导小组，由一位副省长任组长，除省抓几个试点外，要求各县都搞试点。其影响将逐步显示出来。

此外，江西省的山江湖综合开发治理工程，涉及 12 万平方公里，占全省面积的三分之二，包括几十个县。经过几百名专家学者和科技人员 5 年的辛勤劳动，已完成总体设计工作，1991 年 12 月省人大批准了规划纲要，即将全面实施。同步进行的 15 个试点单位都已取得了很好的成果，有些已辐射到较大的面。这项工程是按生态经济思想搞的，已引起联合国有关组织和世界银行的重视和赞扬，并已投资搞了几个项目。这个大范围的综合开发和治理工程，其影响也将是大的。

形势还在不断发展，山西省省委书记王茂林在为吕梁地委书记王文学著的《生态农业原理及应用》一书写的序言中，提出如下论断：“……吕梁山区……农业生态环境的严重破坏，极大地制约着农业发展，成为影响整个地区脱贫致富、经济开发以及能否跟上全国发展步伐等一系列经济社会问题的焦点。在这一地区进行大规模生态农业建设，无疑是农业发展上的一场深刻革命，势必对全区生态环境的改善和区域经济的发展产生深远的重大影响。愿生态农业在吕梁乃至三晋大地由点到面，蓬勃兴起，健康发展。”这种鲜明态度当然会对全省生态农业的发展产生积极影响。

这五个省的生态农业建设或生态经济建设，推动力当然更大。

第四，生态经济市建设的发展，也将产生一定的推动力。

目前一些市正在进行生态经济试验，它们逐渐认识到必须把郊区或所属县包括进来，一同进行生态经济建设，搞城乡一体化。一些进行生态农业建设的县，由于经济发展将不断升级为县级市，它们也将实行工农业协调发展和城乡一体化。这两股力量都将有力地推动我国的生态经济建设，并将推动生态农业县向生态经济县发展和提高人们对生态经济思想的理解，从而把我国工农业生产和城乡建设推向新的发展水平。我以为这又形成农村包围城市的新形势，推动大中城市也这样做。

第五，生态意识和生态经济思想的普及和深入，有利于生态农业县建设。

生态意识和生态经济思想在全世界和我国普及、深入的情况前边已经讲了。

这里需要补充的是，生态农业本身研究的深入，一方面是建设经验的科学总结，另一方面是理论研究的系统化，近年来有不少著作问世，新思想不断涌现。这些新思想表明，对生态农业的研究深入了，视野开阔了，将不断提高人们对生态农业的认识和推动生态农业建设。

这五种力量汇合，势将有力地推动生态农业县建设。我们的目标是全国所有的县都这样做，逐步把 100 亿亩左右的农用地全部合理利用起来，除现有耕地、林地、草地外，将增加二三十亿亩甚至更多的经济林、用材林和人工草地（包括疏林和残败草地的改造），这不仅会极大地增加农业后劲和使农民富裕起来，生态环境也将大为改善，实现著名生态学家马世骏的生前宏愿：农村生态化。更重要的是我国在解决人类与自然界的关系方面，将提供有益的经验。这是一项跨世纪工程，应力争在 90 年代打下坚实的基础和在各类地区树立一大批有较高水平的标兵。

20 年前，英国著名经济学家 E.F. 舒马赫在《小的是美好的》一书中，提出这样一个论断："世界的贫困主要是 200 万个乡村的问题，也就是 20 亿农村居民的问题。在贫穷国家的城市里找不到解决问题的办法"。"这就需要发展农—工业文化，使每个地区、每个乡镇都能向它的成员提供各种各样的职业"。我们现在做的，正是在农村区域（包括县城在内）解决农村贫困问题，解决农村工业化和现代化问题，而且与建设环境，培植资源同步进行。这条路走通了，对于第三世界是有积极意义的。

　　加快改革开放、加快社会主义市场经济建设的新形势，对这项跨世纪工程有什么影响呢？可能有些冲击，但这是短视的做法，不足取。我以为只有认真建设生态农业县，建设优质高效高产的多种商品基地，拿出别人没有或没有这样好的商品，才能迎接开放，进入市场，也才能吸引外资和新技术，才能立于不败之地。因为进入市场的，不论外商或内商，都是追求利润的，不是慈善家，对于"伸手牌""乞讨派"是不屑一顾的。自己没有过硬的商品，想投机取巧、买空卖空、发横财，是不会有好结果的。在这方面也丝毫不能有短期行为。

　　对各级领导机关来说，就是要深刻理解和认真领导这一波澜壮阔的生态农业县建设运动，增加必要投入作为启动资金，及时解决有关问题，采取一些有利其发展的措施，推动其健康发展。这个良机一定要牢牢把握住。

(1993年2月2日在山西省生态经济学会成立大会上的讲话，摘自《生态经济通讯》，总第66期)

壶关归来话太行

——壶关县的挑战

　　1993 年 8 月 4 日到 7 日，我在山西省壶关县参加了"壶关生态经济开发研讨会"，经过实地考察和深入讨论，受到很大启发并引发了深深的思考。

　　壶关县地处太行山南端，境内山多地少，石厚土薄，严重缺水，是一个名副其实的干石山区，也是山西省有名的贫困县之一。总面积 1013 平方千米，人口 26.6 万，人口密度每平方千米 262.6 人。就是这样一个条件很差的县，在短短 10 年时间内，仅靠国家造林款的支持，就实现了绿化。并认真按生态经济思想发展工农业生产，各项建设事业稳步前进，经济建设进入良性循环的轨道，农民收入已达稳定脱贫的水平，他们自报为 436 元，一位长期搞综合考察的经济学家在讨论时说，绝不会少于 600 元。其成就是振奋人心的，其经验更值得重视和借鉴。

　　该县从 1983 年开始，把造林绿化、治理干石山作为富民的一项根本措施来抓，在省林勘院专家的帮助下，严格按照林业区划、规划、设计和施工的科学程序，坚持不懈地在干石山上造林，同时逐步绿化全县的 3000 多条大深沟。1990 年在基本实现绿化的基础上，又提出建设生态经济县设想，经专家讨论、修改后，县人大十届二次会议通过，成为县的正式发展规划，并严格按之组织全县的工农业生产和各项建设。到 1992 年底，有林面积已达 68 万亩，占规划林业用地的 97%，森林覆盖率达 33.9%，比 1978 年增加 23.9%，其中经济林面积 10 万亩。在造林过程中，出现了一位阳坡造林英雄王五全，不仅成活率高，而且生长很好，早期造的现已成林，解决了太行山区阳坡造林难成活的大难题，林业专家称之为王五全造林法。现在，这位农民造林专家已到外县、外区承包造林，省林业部门正在大力推广他的造林技术。在两天的考察中，印象特别深刻的是，不仅点上绿化好，沿途所有山地都种上了树，而且生长很好，找不到荒山荒坡，各条大深沟更是郁郁葱葱。堪称满目青山，一片绿色世界，令人心旷神怡。与会者一致认为该县的绿化过硬，高质量、高水平。

绿化后，环境改善，水土流失大大减少，无霜期有所延长，降雨量明显增加，林草资源丰富，畜牧业随之发展。1992 年，共出栏猪 3.2 万多头，羊 3.6 万只，兔 11 万多只，大牲畜 1000 多头。反过来促进了种植业的发展。

工副业也随之发展起来，到 1992 年底共办起各类企业 1760 个，从业人员 3 万人，占农村劳力的 34.1%；总产值 1.9 亿元。其中林产品加工业即 90 个，年产值 800 多万元。与会专家、学者一致认为，从壶关县的实践可以清楚地看到这样几条十分可贵的经验：

第一，山区要发展，林草建设是基础。只要林草覆盖了全部山地，品种对路，乔灌草搭配合理，不仅环境改善，而且资源增多，农林牧业就能发展起来。

第二，绿化以后，为了实现工农业生产协调发展和进入良性循环，一定要按照生态经济思想组织生产和建设，坚决与掠夺性经营思想决裂，实现城乡一体化和工农业生产一体化，绝不能再走掠夺资源和破坏环境的老路。

第三，发展林草，投资较少，在现有条件下，实行科学加苦干，就能起步，这非常适合我国山区目前的经济条件。

第四，创造了有利条件，新技术和人才就能引进，资金引进也有了可能。

这次研讨会上大家就推荐了不少新技术和开发项目。这叫做天助自助者。

第五，绿化荒山荒坡，发展山区生产，是山区群众的迫切要求，在实行联产承包责任制的条件下，仍然完全可以进行。

总之，壶关县走的是一条新路，又是一条非常现实和易于实行的路，也正是它成功的奥秘。此外，县里同志提出，如果允许县里有权统一和协调使用各部门的人财物力，为发展生产和建设的整体规划服务，而不是条条各自为政，分散力量甚至相互抵消，县的建设事业还能大大加快速度。这是一条大家早已看到但却未实现的经验，应该引起上级领导部门的重视和借鉴。

上述几条，看起来平淡无奇，但非常实用和有效，而且从理论和思想深处分析，它代表着一种新的理论和新的经济建设思想，并证明这个新理论、新建设思想符合事物发展规律和我国现实需要，因而非常值得深入探讨。

第一，壶关县把造林绿化、治理干石山作为富民的一项根本措施来抓，既符合自然规律又符合山区经济发展规律，从指导思想讲，又是大农业思想的具体化，把眼光从耕地扩大到山地和沟壑，从种植业扩大到农林牧副工各业。这是县领导层指导思想上的一次大升华，是非常了不起的。它调动了自然界的积极性又调动了农民的积极性，并把二者结合起来，这正是该县在很短时间内取得上述成果的奥秘所在，值得人们深思。

第二，在基本实现绿化后，及时提出并实行生态经济县建设，也是符合经济建设规律的。只有这样，才能防止新的环境破坏，保护和培植资源，实现农业内部以及工农业之间的协调发展，形成生产的良性循环。从指导思想讲就是与掠夺性经营思想决裂，把生态与经济结合起来，并把保护生态作为发展经济的基础。这是新的经济建设思想，壶关县两年多来的实践，证明这个新思想是正确的和可行的。要实现经济的持续、稳定、协调发展，非这样做不可。这样做似慢而实快，扎实、有后劲。

第三，科学与苦干结合，把专家指导与农民的积极性结合起来。这是多年来一贯提倡和号召的，壶关县真正这样做了，因而工作进展顺利，防止了工作中的大失误。这是壶关县领导的虚心处和高明处。

第四，壶关县要求加大县级领导机关的权力，即有权统一和协调有关部门的人财物力为实现县的经济发展规划服务，不仅合理，也符合事物发展的规律。从需要看，是一项不增加国家财政负担，却大大增强县级建设力量的有效措施。从理论上讲，生态系统与经济系统是一个整体，经济建设必须协调进行，必须有合理的宏观调控办法，如果条条各行其事，就是以分散来对付整体，必然是支离破碎，谈不上合理和效率，这方面的教训太多了。

自然条件恶劣、经济贫困的壶关县，在短短 10 年内，自力更生地创造出一个新局面，在太行山区树立了榜样，也提出了挑战。太行山区各县怎么办？是继续走老路缓慢前进甚至徘徊，还是走壶关闯出的新路，或者另辟蹊径创造新局面？

走老路不行了。山区人民迫切要求富起来和改善生产、生活条件，这是一股强大的力量，有了壶关的榜样后，要求将更强烈，再走老路的领导，势将被他们抛弃。

各县均有成功典型和经验，条件也不同，提出自己的发展规划和措施是应该的，但必须大力推行，解决面上的问题，进入山区建设的新阶段：即全县都富裕起来。为此，壶关县的上述新思路和新做法应该认真吸取和运用。

1993 年 8 月，林业部徐有芳部长已宣布太行山绿化工程全面启动。相信太行山区，各县经过 7 年的试验示范，都会更加积极行动起来，实现绿化、实现经济建设事业的良性循环，使太行山这条黄龙真正变成一条富饶、美丽的绿龙，重振昔日雄风，既富山区人民，又屏障华北大平原。

（《国土绿化》1994年第1期）

林农牧渔副新排列次序论引发的思考

　　复旦大学教授张熏华在所著《生产力与经济规律》（1989 年）一书中，提出了"林、农、牧、渔、副"排列次序的新论点。他指出："过去将农业（大农业）内部构成以及与之相联系的副业按重要次序列为'农、林、牧、副、渔'，这种排列不够科学。……森林是生态系统的支柱，没有'林'，生态系统就会崩溃，就没有农、牧、渔的发展。'林'是人类生存问题，'农'是人们吃饭问题。农业搞不好会饿死一些人，森林砍光了会使整个人类难以生存下去。因此，林应放在首位。至于工副业非农业正业，应在末位。所以，比较科学的次序应是：林、农、牧、渔、副。"这里讲的虽是排列次序，但严肃提出生存问题与吃饭问题的分野，具有深刻的理论意义，反映了生态时代人与自然界关系的新变化，即两者应成为和谐相处的伙伴。它还具有紧迫的现实意义，因为我国面临紧迫的生存问题，并且要迅速作出抉择。这个论点还有力地冲击着经济建设中的掠夺性经营思想和经营方式，也有力地冲击着小农业经营思想和经营方式。因此，它势将在农业战线引发一场思想革命，推动人们认真思考一系列深层次的重大问题。

一、唤起全社会重新思考森林的作用

森林是陆地生态的主体，是大地之肺，没有足够的森林，生态环境无从改善，严重的水旱灾害无法缓解。经济建设很难顺利进行，多山的国家尤其如此。这个道理大家都承认，似乎都懂得。然而，我们面对的现实却是：目前森林覆盖率为13.4%，与新中国成立初期几乎相等，而质量则大不如以前，郁闭度仅52%。对于一个多山的国家来说太不相称了。我国林业战线陷入资源危机和经济危机的窘境。另一方面，水土流失不断加剧，水蚀部分已达179.4万平方千米，如果把已治理部分计算进去，比50年代增加80万平方千米，实在惊人。加上风蚀部分的187.6万平方公里，合占国土总面积的38.2%。它威胁着我们民族的生存。新中国成立40多年了，为什么生态环境还在不断恶化呢？仅仅是客观原因吗？如果人力对此无能为力，则前景将是十分可怕的。如果主要是主观原因，那又是什么呢？思考一下中国科学院专家们的下述论断是十分必要的，他们指出："新中国成立40年来，我国经济高速增长是以高消耗资源和牺牲环境为代价，若仍以这种粗放型经济增长方式，即使可以实现2000年国民生产总值翻番的目标，但在未来的发展中仍是难以为继的。"这也就是说，我国生存条件的严重恶化，从主观方面检查，其根源是粗放型的经济增长方式，而且势将难以为继。因此，必须端正全社会对生态环境特别是对森林的态度。这是解决民族生存问题的关键所在。只有提高全社会的生态意识，并形成强大的社会舆论压力，才能纠正经济建设中的掠夺性经营思想和经营方式，才能顺利解决一系列重大的问题。张氏提出林是人类生存问题的论点，就是向全社会大喊一声，要求认真提高生态意识和森林意识。用心是良苦的，影响也将是深远的。

二、要求纠正小农业思想和做法

我国农业用地为106.6亿亩，其中耕地约20亿亩，内陆水面4亿亩，合占 22.5%，其余 77.5% 为林地、草原和荒山荒坡。这些农业用地中能开辟为耕地的已很少，现有耕地中还要退耕一部分，耕地是重要的，但我国 77.5% 的农业用地只能造林和种草，这就是我们民族的生存空间和活动舞台。把林提到首位，就是促使我们重视这部分土地的合理利用并生产更多的财富。为此，首先要解决小农业思想和做法。

这种思想的特点是：只重视耕地，只在耕地上做文章，耕地是亲儿子，其他各类土地都是改造对象，目的是改造为耕地，如毁林开荒、毁草原开荒、围湖造田、与河争地等。人财物力集中使用在耕地上。

在这种思想指导下，产生了一些奇特现象。比如，我国山区面积约占 70%，山区资源丰富而情况极为复杂，亟待深入研究。但在我国众多的研究院、研究所中，却没有一个研究山区的综合研究所；又比如，我国是草原大国，面积四五十亿亩，但只有农业部畜牧司下设的一个处管理草原，每年投资只有 3000 万元，而进口羊毛每年却要花十六七亿美金。

多山的国家忘记了山区，草原大国忽视了草原，耕地少却只重视耕地，这种扬短避长的经营思想与做法，完全与我国资源状况背道而驰，破坏性极大，再不能继续下去了。但是，长期形成的思想和做法，改起来不是一件容易的事，有许多思想认识问题和具体问题要解决。例如，一些专家学者就认为我国林地和草地的生产力低下，不能寄予多大的希望，荒山荒地就更不用说了。

解决思想认识问题是不容易的，解决实际问题，即人财物力的重新调配问题，由于涉及好几个部门，可能更难一些。但不改变就没有出路，现在的问题是，各级领导如何更自觉更有计划地进行纠正，并逐步实现大农业发展战略。要有决心和具体办法，一般谈谈是不行的。

三、要求重视和建设山区

森林的主战场在山区，发展森林与建设山区密不可分，在某种意义上可以说是一回事，但又有所不同，建设山区有一个使山区人民富起来和山区环境美化起来的问题，但不仅绿化而已，更不是有了大木头就满足了。就我国来说，建设山区的意义更为深远，内容更为丰富。首先是大农业建设，其次是最重要的环境建设，其三是彻底解决我国贫困地区问题，其四是解决水利的命脉问题，其五是林业建设问题。由于林草是山区建设的基础，都属于大林业范畴，因而要求有一个完整的大林业思想和生态林业思想，即把我国林草资源种类繁多的优势与各地山区土地资源的复杂性多样性密切结合，发挥最佳的生态效益和经济效益，使各类山区都实现绿化、富化、美化。这对我国的林业建设思想来说是一场革命。大木头主义根本不行了。为了建设山区，各地应有一个完整的规划，各部门的工作均应按整体规划进行，不能各行其是，各取所需，像现在这样把整个山区搞得支离破碎。80 年代各地山区创造的小流域综合开发和治理的经验，生态农业县建设经验，就是这种规划的成功典型，今后一定会更自觉、更大规模地实行起来。

值得高兴的是，山区建设目前面临一个大好时机，山区的许多土特产品受到青睐，价格看好，山区人民生产积极性高涨，各种土特产品的生产基地不断涌现，野生动物饲养业也迅速发展。应抓住这个机会，加强领导，把山区建设推向一个新的阶段。

四、水利建设应有新的思路

把林放在首位，又促使人们重新考虑水利建设的思路问题。人们承认一棵树就是一个小水库，如果山区森林茂密，雨季能蓄下多少水呢？能削减多少大洪峰呢？如果能清水缓流，对山区对下游又是一种什么景象呢？现在，由于山区林木稀少，荒山荒坡大量存在，水土流失严重，每年雨季有五六十亿吨泥沙随着山洪涌入江河湖库，大江大河的防汛更成为头痛的事，每年为之大忙，又是固堤，又是清障，洪峰入海作为喜事来报道。实际上则是把宝贵的水资源白白送走，殊为可惜。特别是黄河为送走 16 亿吨泥沙，每年要白白花掉 200 亿方水（约占总水量的 40%），对严重缺水的黄河流域实在是过重的负担。可见，就江河湖库治理江河湖库是不行的，永远解决不了问题，而且越来越难治，越来越被动。水旱灾害轮流袭击的被动局面永远难以摆脱。

水利是农业的命脉，完全正确，但水的命脉在哪里呢？为了治好水，首先要弄清这个问题。水从山区来，新中国成立后，我们修建了 8 万多座水库，绝大部分在山区，蓄的是山区的水，灌溉下游农田，就是证明。也说明山区屏障平原和哺育平原的实况。我们应该认真考虑治山与治水的关系，考虑在这个问题上的经验教训以及今后如何办的问题。

五、改善食物结构，提高人民的健康水平

把林放在首位，积极发展林业和建设山区，对于改善食物结构，提高人民的健康水平也极为有利。这是因为我国的林草资源中，不仅有种类繁多的水果，还有众多的营养丰富的木本粮食和木本油料、野生蔬菜、药材等特产，还有众多的野生动物资源。这些产品中有不少已成为出口畅销商品，而且供不应求。大规模开发起来后，国内市场也将大为丰富。不仅山区人民的食物大大丰富起来，城市居民也将如此，对于提高全民族的体质极为有利，是十分了不起的。

六、改造汉民族只会耕田，不会耕山的老传统

60 年代初，我曾登门向老林学家陈嵘先生请教过，他慨叹地向我讲了这样一个观点：我们汉民族历来只会耕地不会耕山，也不会耕草原。每到一处就开垦田地，经营种植业，到了山区就以经营平原的办法耕山，到了草原也以同样办法耕草原，结果是破坏了山区和草原。人口很少时，自然界的自我恢复能力能补上破坏，这种办法尚可维持，人口超过一定限度，

破坏力过大，此路就不通了。三十多年过去了，每当我看到山区和草原的人为破坏，就自然地想起陈老的上述论点。小农业思想所以能长期困扰着我们，与上述民族习惯有很大关系。习惯势力是一股巨大的力量。提出林业居首和生存问题，对于汉民族的上述习惯是一次巨大的冲击，使我们认真思考这个老习惯造成的恶果及当前面临的困境，认真思考如何改弦更张，把生存问题与吃饱问题统一起来。改变汉民族只会耕田的老习惯、老传统，实行大农业发展战略，在经营好现有耕地的同时，按照山区和草原的客观条件，合理经营它们，充分发挥我国林草资源的优势，就是我们的出路所在。而且形势紧迫，越快解决越好，再不能拖而不决了。值得高兴的是，客观规律已迫使人们这样做了，而且效果很好，群众欢迎。这就是小流域综合开发、治理和生态农业县建设。实践充分表明，改变汉民族只会耕田的习惯，学会合理经营山区和草原，是完全可以做到的。

（《农业部农业政策研究会通讯》1994年第411期）

评《生态经济学通论》的理论创新

——艰巨的边缘学科发展工程

《生态经济学通论》（以下简称《通论》）一书是我国 90 年代初集中阐述生态经济学原理的第一本学术专著。该书在若干基本理论问题上有创新与突破。我之所以以"艰巨的边缘学科发展工程"为副题评论此书是基于这样的思考：

首先，生态经济学在我国经历十多年的发展，确实成绩斐然。这除了由于一批老中青科学家的共同努力外，还由于一批基本骨干力量做出了重要贡献。今后本学科的继续发展仍需要几代人的不懈努力，这是一项代际交叉的系统工程。

其次，生态经济学是大跨度的"远缘杂交"的边缘学科。提高其研究内容不易，研究一个基本理论框架也不易，在若干方面不断创新与发展更不易；科学地改造传统经济学就更加艰难，这是一项前所未有的国际性新学科建设的系统工程。

第三，生态经济学将会成为 21 世纪的经济科学主流趋势。让这几代人、乃至世世代代接受理解生态时代的主旋律实质，是不容易的，这是跨世纪的生态建设时代的人类社会发展工程。

第四，生态经济学理论框架的建立不是根本目的，最重要的还是指导社会、经济、环境与生态资源持续利用的实践。这种实践是综观、宏观、中观和微观的社会、经济、生态环境一体化发展过程，这一过程仍然是生态经济系统工程。其基本程序是通过国际组织的协调解决全球范围的生态环境问题，通过一国的经济发展传统模式的改变以不发达国家对不发达国家的合作，改变后者人口膨胀、资源浪费和短缺、科技文化落后和生态平衡失调的落后局面，以最终实现全球生态经济良性循环时代的到来，这是全球综观意义上的系统工程。

第五，生态经济科学的发展是改变传统经济学科结构，以实现用多学科合力达到社会、经济、环境与生态平衡相协调的多元学科构造过程。只有百花竞放的科学园地，才能迎来万象更新的春天。生态时代的到来，需要众多学科的发展。生态科学、环境科学以及相应的生态经济学、环境系统学等是支撑生态建设时代的理论基础。

第六，我国逐步建立的社会主义市场经济是在更深层的政治、经济和文化背景下的改革系统工程。就生态环境问题而言，它是整体市场经济的一个子系统。然而，生态环境问题正上升到矛盾的主要方面，是建立市场经济体制中一个无法回避的现实，生态经济系统中的一切要素或早或迟都要以"稀缺资源"的身份参与市场的有效和优化配置，而市场竞争的目标是企业乃至社会的利润最大化。为了保持生态系统的持续生产力，除了发挥市场的内在调节功能以外，更有社会宏观调控功能的充分发挥。在这方面，借鉴西方发达国家的经验和教训以及新的经济理论是不可避免的趋势。

《通论》一书在上述各方面做了艰苦而有效地探索。既对以往生态经济理论做出科学补充和修正，并在理论上有重要的创新和发展。这表现在以下三个方面：

一、以经济、社会与生态环境协调发展作为全书的主线，并作了独创性的阐述

首先，对生态经济协调发展的概念有新的理解和表述。

《通论》用一篇三章论述了生态经济协调发展的内涵与外延。立意新颖，富于独创性。作者认为，生态经济协调发展的内涵和准确表达应是社会、经济、技术、资源与环境的协调、持续和均衡发展。这种协调发展表现在生态要素配置、经济要素配置以及生态要素与技术、经济和社会要素之间的关系上。

协调、持续和均衡的核心是均衡。没有均衡就没有协调，也不可能持续。均衡不是一般意义上的平衡，而是指经济发展指标、技术进步、资源更新与替代、环境质量之间的相互促进与制约的平衡稳态。一个环境质量下降、资源短缺、技术落后和效率低下的状态不能长期支持一个高速增长的经济发展指标。协调发展是质量和数量、效益和速度、生态与经济、社会稳定与发展的统一。

《通论》的第3、4章集中论述了生态经济协调发展的外延。

作者认为，国民经济宏观管理的对象是生态经济社会有机体系统。其亚系统结构包括人口再生产和生态环境质量再生产。协调发展首先是各亚系统结构之间的均衡与协调，其次是各亚系统内部结构协调，第三是三个基本关系的协调，这三个基本关系是：

经济增长—资源需求—环境质量—人口规模的协调适应关系，经济发展—技术进步—生态平衡的良性循环关系和宏观调控—市场供求—环境资源价格—利率（贴现率）浮动的相互关系。这三大关系网络控制着人口再生产（包括劳力市场）、商品物质能量再生产（商品市场）、资本再生产（货币市场）、精神产品再生产（科学技术、文化、教育等）和生态环境质量再生产之间的总体均衡。

生态经济协调发展就是要协调四个亚系统以及三个关联网络的良性循

环。《通论》一书就上述内容有清晰的思路和科学、中肯的论述，这是其理论创新的重要特色之一。

其次，理清了生态建设、持续发展和替代进化的统一关系，强调了生态发展的主流趋势。

生态建设，包括生态农业、生态工程等，是从生态建设所依据的生态学、环境学、经济学原理角度对生态时代人类社会发展的高度概括；持续发展包含在生态建设之中，又重点强调了生态发展的目标和性质，它所依据的原理仍然是生态、经济、社会和环境质量相协调的生态经济原理。生态建设和生态发展完整地表达了持续发展的全部内涵和外延，而替代进化（如替代农业）则从技术进步、技术替代（如新技术战略、技术方案和措施、代替传统技术思维）和技术更新的思维上强调了生态建设与生态发展的先进性、科学性和必然性。三者以生态发展和生态建设为主轴以持续发展和替代发展为框架构成了生态建设时代的主流趋势。

其三，尖锐抨击了少数发展国家的环境殖民主义行径，指出了生态经济协调发展的全球综观一体化趋势。

作者指出，进入 20 世纪 80 年代以来，发达资本主义国家有着长达几年的经济繁荣时期，国际局势发生了急剧变化，经济上南北之间，东西之间差距进一步拉大。由于苏联解体，东西之间对峙局面似乎缓和，这一方面为亚太地区的发展创造了机遇，另一方面也为少数发达资本主义国家的霸权主义行径提供了滋生的土壤。霸权主义新形式不仅表现在政治上、军事上，也表现在环境保护和资源占有上。这一时期局部战争的焦点表现为对稀缺资源的占有上。环境质量作为新的稀缺资源也成为霸权主义垂涎的目标。他们把剧毒物质的生产企业输入到第三世界国家；他们对贫穷国家的劳工不采取任何劳动保护措施；他们把高处理成本的有毒垃圾以商品名义运送到贫穷落后国家；他们任意在公共环境空间（如大海）里倾倒各种污染物，就连太空也不能幸免，那里的轨道资源日益缺乏；南极这块人类共同财富的最后疆土，也进入被任意污染的时代。作者认为，这一切都无可辩驳地说明，生态经济协调发展已进入全球综观一体化时代，只有实施国际生态建设监测与调控管理，才能有效地扼制环境殖民主义。

二、对生态经济疑难理论作出了积极探索

本书另一个重要贡献方面，是对长期未解决的生态经济疑难理论作了积极探索并取得突破性进展，比如，能量衰减—价值增值均衡律理论及其模型的建立。

作者在第9章第3节中详细分析了生态经济基本矛盾在生物能量加工中的具体体现。用数学模型予以表达，并揭示其能量递减—价格增值的内在规律尚属首次成功尝试。

这一定律的基本涵义为在生物能量物质加工过程中，每经过一个加工环节，化学潜能会丢弃一部分，与此同时，由于物质资本货币和劳力资本的投入，被加工能量物质数量减少了，但其价格却逐级开高，构成能量减函数与价格增函数两条曲线，其中有一个两条曲线交叉点，在这一点上对应的加工环节数与能量保持数量就是最适加工环节。这既减少了能量损失，又保持了较高的加工附加值。

这一模型的建立为定量、半定量计算食品加工、饲料加工等产业的能量和成本节省提供了理论和数量依据。

又如，提出了生态失衡是通货膨胀的一种外延性原因的理论假设。

在第12章中，作者指出通货膨胀，首先是一种货币现象，其内部因子是物价在相当长时期内连续地在一定程度上的上涨。同时也指出，通货膨胀的产生除了与货币市场有关以外，还与商品市场、劳力市场不均衡有直接关系。就商品市场而言，有若干类商品直接产生于生态系统中，如：农产品、矿物石油、煤以及各种矿产品。当生态失衡不是由于自然原因，而是由于与生态系统投资等经济活动有关时，生态失衡就会使生产成本增加，供给减少，引起商品市场供求失调，必然以价格手段调节供求关系。当恢

复生态平衡时，投资在短期内不能收回，这也必然影响货币市场均衡；当环境破坏和污染产生外在成本内在化现象时，商品成本上升现象还会在非生态系统产出商品种类中发生。

由此，作者认为生态失衡现象，在现代开放经济系统条件下，是推动通货膨胀的外延性原因。这一理论假设，提示现代宏观经济调控过程，应把恢复生态平衡纳入国民经济管理。为抑制通货膨胀的长远决策提出了新的理论依据。我们认为，这一理论假设已被若干经济现象所证实。既然气候变化可影响农产品等期货价格、期货市场的波动，火山爆发、大地震和污染事件可引发股市大波动，那么，生态失衡会引发通货膨胀的外延性原因也就在情理之中了。

再如，丰富了生态经济供求理论。

生态经济供求理论是《通论》对生态经济学作出的又一重要发展和贡献。作者认为，仅用市场供求关系描述乃至解决生态经济问题是远远不够的，有时会得出继续高额索取生态资源的结论，从而引起生态失衡的结果。生态供给是指生态系统内资源（物质、能量）的更新量和不可更新资源可开发量的发现和后备储量，这部分数额越大，用于经济发展的潜力越大。经济需求是指随经济发展水平提高而增加的自然资源（物质、能量）需求量。生态系统物质能量的更新受生态负反馈机制的调节，经济需求量受经济发展的正反馈机制的调节。更新增量与需求增量之间存在着供给与需求的基本矛盾统一过程。这一分析导出了生态供给与经济需求的基本数量关系，以及生态经济基本矛盾的概念。这种数量关系又被分解为 9 种具体情况。这 9 种关系概括了何时产生生态失衡现象,何时产生生态经济失调现象,何为生态良性循环，何为生态经济双重良性循环，等等。

从上面的分析中，作者进一步建立了生态经济供求比率，从而导出了生态经济供求弹性理论，并以数学模型表达，以便定量计算生态经济供求的均衡状态。第 10、11 章的理论内涵十分丰富，建立的新概念主要有生态供给、经济需求、生态经济供求关系、生态滞后、生态经济动力机制、生态经济供求弹性等。本章是生态经济学理论发展的主要部分，全面、系统而又精炼地阐述了生态经济学的基本概念、原理和其他范畴，为生态经济宏观和微观管理，为政府政策的制定提供了客观依据。

三、对生态经济方法论的革新

《通论》所以能从理论高度上开掘出一个较完整的生态经济学的理论框架，这与作者运用了较完整、准确和科学的方法论是分不开的。有如下三条值得注意：

第一，提出了学科的具体研究方法与其方法论既有联系又有重大区别的论点。

作者认为方法论属于理论范畴，又是一门学科研究的理论思路和思想路线。而具体方法是研究一门学科的操作手段、程序、模型和桥梁，是属于实践的范畴。具体研究方法再先进、再精确，但若基本思路、基本路线发生错误，也不会得出正确的结论。具体方法不能替代方法论，而前者又是后者的构成要素。研究的理论思路一经确立，就要选择合适的具体方法。

第二，中肯地分析了生态经济方法论的主要特征。

作者认为，生态经济方法论具有如下特征：首先是客观性。由于方法论的具体对象、具体问题和具体学科规律是客观存在的，其方法论也是客观和具体的。超越客观性去谈论方法论问题，无异于空中楼阁。其次，生态经济学方法论的整体和综合性。生态经济学是大跨度的"远缘杂交"科学，只有以生态、技术、经济和社会要素构成的生态经济系统为对象，才能揭示其内在的矛盾统一规律、其方法论也必然是综合的和整体的。否则难免出现片面和绝对化倾向。再次，生态经济方法论具有层次性和理论性。对于一个复杂和高度综合的整体的研究，还必须揭示其内在各因子的等级和层次及其内在逻辑关系。达到这一研究目的方法论的选择起着决定性作用。

第三，系统地分析了生态经济方法论的组成内容。

作者认为，生态经济方法论本身是一个系统，并由唯物辩证法、补充分析法、模拟方法、科学抽象、基本逻辑方法和数学方法构成。其中唯物辩证法是生态经济方法论的生命线，系统分析与模拟方法是这一方法论的技术骨架，而基本逻辑法与科学抽象是其定性分析的有机体，数学方法是产生可操作成果的基础，是定性分析的数量基础。

从《通论》全书的结构与内容看，作者熟练地掌握和运用了生态经济方法论，从定性到定量分析，从原理、概念的建立到逻辑推理，从各种具体数学模型的建立到理论的科学抽象，都体现了马克思主义辩证唯物主义的运用。尽管这一方法论仍然是尝试，也带有理论上的某些假设，但这毕竟是生态经济学研究上的方法论革新。

综上所述，《通论》是一部值得一读的好书。作者既承袭了前人的研究成果，又有独创和革新的成果；既恰当地借鉴当代同行的成熟理论，又大胆而严谨地给予补充和修改。全书逻辑严密，层次分明，结构清楚，前后衔接，构成了生态经济原理的明晰主线。论述中广引博征，建立了立体论述框架，在具体内容上观点鲜明，数据丰富，数学模型自然地融合于定性与定量分析中，有血有肉，使主体框架充实饱满。论述语言生动、活泼，读来不忍释卷。希望有更多的人，特别是各级领导、管理人员能阅读此书，从而明白生态建设滞后，可能拖中国现代化后腿的理论原因。更希望本书能不断修改和完善，并争取再版，让 21 世纪人们看到他们的前人是怎样为给后代留下一个遍地绿色的地球而努力探索的。

（《生态经济》1994年第4期）

漫谈我国草原建设

——关于我国草原的忧思与遐想

一、形势危急

我国草原究竟有多大？见诸报端和专题报告的，有 60 亿亩、50 亿亩、40 亿亩和 33.65 亿亩等说。区别在于总面积和目前可利用面积以及是否包括南方草山和沿海、内陆江河滩地。总面积为 60 亿亩者，目前可利用面积如包括南方草山（约 10 亿亩）和沿海、内陆江河滩地共 43.6 亿亩，如单指北方草原则为 33.6 亿亩。据中国草原学会代理事长李毓堂同志分析，我国目前可利用草原和草山可分为 8 大类型区，即：

（1）草甸草原类型区，目前可利用面积 6 亿亩。

（2）干旱草原类型区，目前可利用面积 8 亿亩。

（3）荒漠草原类型区，目前可利用面积 10 亿亩。

（4）青藏高寒草原类型区，目前可利用面积 6 亿亩。

（5）北方温带草山类型区，目前可利用面积 3.6 亿亩。

（6）中部亚热带高海拔草山类型区，目前可利用面积 7 亿亩。

（7）南方热带草山类型区，目前可利用面积约 1 亿亩。

（8）沿海和内陆江河滩涂草地，目前可利用面积约 2 亿亩。

以上 8 大类型区的可利用面积共 43.6 亿亩，北方五大类型区的可利用面积为 33.6 亿亩。

我国北方草原的形势如何？在不久前召开的我国首次"草地科学学术会"指出："全国已有 13 亿亩草地退化，约占可利用草地的三分之一，目前还以每年 1000 多万亩（另一材料为 2000 多万亩）速度继续退化"。一位专家解释说，这只是指严重退化部分，实际上 90% 以上的草原都在退化。

有位专家说："历史证明，人类文明发源于干旱地带，人类文明也首先毁灭于干旱地带，……人类生态环境崩溃的发源地。我们的草原正加速向毁灭前进。……新疆的许多草原 60 年代我去过，20 多年以后再去，面目全非。追究罪责，舍我其谁"。这个"我"当然是指这个时期领导建设的人们。他的论断是极其严厉的，值得我们深思。

也有专家把我国草原与美国的草原作了如下比较："我国草原的拥有量和自然条件，大体与美国的相同。可是草原牧业经营水平和牛、羊肉及皮、毛的产出却相距甚远。美国草原牧业每年提供的牛羊肉为 90 亿千克，占全国肉类总产量的 70% 左右，而我国草原牧业所提供的牛羊肉只相当于美国的二十分之一，在全国肉类总产量中只占 10%"。

牧民说得更坦率，"再这样下去，要不了几十年，我们也要搬家了"。

我国北方草原形势是危急的。为什么会这样？原因是多方面的，集中表现是投入太少，只取不给，掠夺经营。40 年来，每年每亩投入平均不到三分钱，除救灾外，又集中在：灭鼠害、飞播和基建（围栏）项目上，并都在极小的地区进行，对于广大草原实际上长期无投入。由于国家财力有限，这种状况一时难以改变。广大牧民为了生存和改善生活及养活不断增加的人口，不得不进一步掠夺草原。对于这种危急形势及其后果，人们不能不产生无限忧思。

二、理论落后

目前，阻碍我们认真经营草原的原因，除了国家财政困难、拿不出更多的钱来建设草原外，一些落后的理论也起了推波助澜的作用。这类理论主要有：

第一，草原生产力低下论。

有人明确提出"依靠 20 亿亩还是依靠 70 亿亩"的问题。前者指耕地，后者指山区和草原，认为后者的现实生产力合起来只顶 6 亿亩耕地，"不能寄予过高的奢望。"其具体算法和结论如下：

"我国 90 亿亩左右农用地折算成标亩为：

20 亿亩耕地 =20 亿标亩；

33 亿亩草原 =1.65 亿标亩；

10 亿亩草山草坡中 7 亿亩可利用部分 =0.55 亿标亩；

18 亿亩林地 =3 亿标亩；

6 亿亩疏林地 =0.5 亿标亩；

0.8 亿亩可利用淡水水面 =0.29 亿标亩。

全部农用地共折 26 亿标亩，其中耕地占四分之三，其他农用地占四分之一。……第一性生产的产值中，有 90% 以上来自耕地，不到 10% 来自草原和林地。……今后开发利用这部分耕地外农用地，发展多种经营潜力甚大，当然也不能寄予过高的奢望"（《中国土地科学》1988 年第 2 期）。

我国北方 33 亿多亩草原只顶 1.65 亿亩耕地，20 亩顶 1 亩，如此低下的生产力，还能有多大的希望呢！问题在于这样低下的现实生产力，是天生就如此低下还是由于人为破坏造成的？能否改变？这是问题的关键所在。我们认为现实生产力低下是长期掠夺的结果，是可以改变的。把它作为不能依靠的理由，是倒果为因，是逻辑上的混乱并且回避了问题的实质。

第二，草原无足轻重论。

这个理论虽然没有成形的文字，却深深渗透到一些人的思想中。他们认为目前我国肉类供应的 90% 以上来自农区，今后也仍然如此，牧区增点减点无所谓。农区的肉类生产搞好了就万事大吉。国家计划部门特批给牧区的一点建设资金也要挪作他用，就是这种理论最生动的说明。他们只考虑增加农区的肉类生产，很强调美国生猪出栏率如何高和生长期如何短，却很少提及美国牧区提供的牛羊肉在肉类总数中所占比重和如何节约了饲料粮，后者却是我们最需要的。

这个无足轻重论有其历史的原因，因为我国历来靠农区供应绝大部分肉类，也有猪为六畜之首的影响。但它增加了农区的压力，影响了牧区的建设，并对今后增加肉类供应造成极为不利的形势。这是因为农区由于粮食紧张，不可能大幅度增加肉类供应，而且不大稳定，牧区由于长期受掠夺，也不可能很快增加肉类供应，从而形成肉类供需矛盾不断加剧的不利局面。总之，这个无足轻重论，使我国的肉类生产由两条腿变成了或基本上变成了一条腿。由于饲料紧张和不稳定，这一条腿又不是强有力的，从而使我国畜牧业长期处于困难境地。这虽然反映了我国肉类供应的历史和现实，却不符合我国农业"人均耕地较少，但山多、水面草原大，自然资源丰富"这一基本特点，从长远看，从战略决策看，却是错误的。

这两种理论实际上是小农业思想在草原牧业上的具体反映。所谓小农业思想，指的是这样一种农业发展思想，它只考虑耕地的合理利用，不大考虑全部农业用地的合理利用。对于我国用占世界耕地的 7% 养活占世界 20% 多人口这样一个事实而引以为豪的思想，正是这种小农业思想的反映，但在自豪和沾沾自喜之余，却从不反问一下：对于具有 3.5 ～ 4 倍于耕地面积的山区、草原和沿海滩涂等利用得如何？养活了多少人？这个小农业思想，对于我国由于人口不断增加，耕地不断减少，耕地的后备资源又极有限，人们的需求水平又越来越高，因而形成农产品供需矛盾越来越尖锐的新形势，越来越不适应。它的弱点越来越明显。最大弱点就是不符合我国农业的两个基本特点：我国是一个多山的国家，山丘区面积占国土的三分之二；我国又是一个草原大国，还是一个海岸线很长、沿海滩涂及浅海潜力很大的国家。唯独耕地较少而且后备资源有限。如果只在耕地上做文章，置其他资源于不顾，就是扬短避长，就无法解决我国农业问题。只有实行大农业发展战略，在经营好耕地的同时，把山区、草原和沿海滩涂、浅海资源充分利用起来，才是我国农业的正确发展道路。这个形势越来越清楚，落后的理论也越来越暴露其弱点。

第三，投资建设草原不合算论。

我国每年要进口20来万吨净羊毛以发展毛纺工业，为此，每年得花外汇17亿美元左右。有人以为这样做很合算，可以当年获利，而投资建设草原，由于两三年内获利很少，则以为不合算，远不如直接进口羊毛有利和可靠。这个不合算论实际上决定着投资政策。如何评价此论？我以为这是小买卖人思想，毫无战略眼光。既不利于草原建设，也不利于毛纺工业的大发展，捞点加工小利是可以的，获大利不可能，因为原料和价格均受制于人。这个不合算论还使人联想到近年来在原料收购方面的各种大战，如蚕茧大战、板栗大战、甘草大战、羊毛大战等。平时有关生产中的问题无人过问，收购季节则四处抬价抢购，从而引起无穷纠纷。兔毛收购已五起五落，弄得养兔户怨声载道。蚕茧先是压价，农民毁桑种其他作物，产量大减后又抬价收购，也使农民摸不着头脑。生产茶叶、牛奶、羊毛等产品的生产者，也都有类似痛苦经历。这种刀鞭政策是我国各种原料生产不能稳定增长的决定性因素，其思想根源就是这个不合算论。不认真建设自己的原料基地，如何能有充足的、优质的原料供应呢！又如何保证工业的正常生产呢！就解决羊毛供应问题讲，放着自己的广阔草原不建设，听任其退化、碱化、沙化，听任牧区人民生产不能发展，生活不能提高，每年却花大量外汇进口他国的羊毛，帮助他国建设草原，这种投资政策的合理性在哪里呢？此论不除，我们的各种工业原料生产是不可能稳定增长的，经营这类生产的农民也将长期处于不稳定状态，更谈不上富起来。前些年，一些地方的农民已发出"政府提倡种什么，就不能种什么"的怨言。这是严厉的批评，值得深刻反思。总之，这个不合算论实在有彻底探讨的必要。

这里，我想引述著名科学家钱学森同志关于发展草业、经营草原的看法和设想。他主张建立草业，与农业、林业并列；主张成立国家草业局专管草原及草滩，并认为 21 世纪国家会有草业部；指出草原现在产值虽然只有十几亿元，将来会是几千亿元，是一个大有可为的地区，这真是"于无声处听惊雷"。与上述三种理论相比，其远见卓识确似"晴空一鹤"，把人们的思想引到一个新的境界。一时兴起，咏打油一首，以寄遐想：

引种苜蓿思汉武，

创立草业赖钱公。

草原重光山河丽，

人民代代怀高风。

三、大有可为

我国草原不仅在自然条件方面与外国的差不多，而且近年来在利用和治理方面，也取得了可喜的成就和丰富的经验，说明发展我国的草业不仅势在必行，而且大有可为。

就自然条件讲，我国的草原与美国的大体相同，现在草原牧业经营水平和产量方面的差距，除少量受严酷的自然条件制约外，主要是人为因素造成的，是可以赶上甚至超过的。至于南方的草山草坡，自然条件更好一些，若科学地开发与经营，可以与新西兰的草地并驾齐驱。这是我们经营好草原、发展我国草业的极有利条件。

近年来，我国的草地科技人员和农牧民，在利用和治理不同条件下的草地方面所取得的成就，更给予我们以鼓舞和信心。下面是几个突出的例子：在新疆腾格里沙漠边缘（年降雨量仅 200 毫米），飞播白蒿、沙拐枣成功，面积已达 10 万亩。在新疆的荒漠草原地带（年降雨量 200 毫米），于下雪时播种木地肤（利用融雪发芽），也取得成功，面积达几十万亩。这两个成功实例（因条件极为严酷），实在振奋人心。黑龙江利用星星草（这种草的营养价值与羊草相近，是一种优质牧草）改造碱化草场，面积已达 20 万亩，使不毛之地恢复青春，覆盖率由 2%～6% 上升到 60%～95%；第四年亩产干草达 103.5 千克，为大面积改造碱化草原闯出了一条新路。内蒙古伊盟乌审旗的家庭牧场，牧民在划给他使用的流动沙丘上种羊柴（一种很好的木本豆科饲料），第二年即进入盛产期，2 亩可饲养 1 只羊，使人们对治理流动沙丘增强了信心。至于用围栏加补种改造退化草场的成功事例，更是到处可见。人工种草的显著效果已尽人皆知，种草的牧民越来越多。以上是北方草原的新形势。南方呢？从 1980 年在南方山地高海拔地区……采用温带最适宜的混播草种：白三叶、红三叶、多年生黑麦草及鸭茅，……显示出强大生命力，如湖南南山牧场、贵州威宁的甫牧场、湖北长阳火烧坪、利川齐跃山等地采用飞机播种，当年成苗率达 80% 左右，第二年即可放牧或调制青干草。

1983 年开始，在湖北恩施、湖南龙山、永新、通道，及贵州六盘水、惠水、威宁等县市建立了一批人工草地，年产青草每亩可达 2500 千克左右，利用适度，不会造成水土流失。……在疏林下种草，林牧结合，相互促进，经济效益可提高数倍，水保效果更为明显。

在湖南南山牧场、湖北宜昌县、四川涪陵等处开展的绵羊饲养试验，已初步获得成功。在南方中山地区，全年放牧，冬季枯草期补饲干草，每只羊平均可产毛 5 千克。

在利用人工草场养肉牛、奶牛及养鹅等方面，也取得了成功经验。在南方山地依靠种草养畜而致富者也不乏其例，如湖北省宜昌县百里荒布袋垧 6 组（位于海拔 1200 千米的中山地区共 6 户人家）1980 年人均收入 104 元，粮食 57 千克。1983 年将 1543 亩草山改造为人工草地（人均草地 32 亩，耕地不足半亩），饲养黄牛、羊及猪，不仅畜牧业大发展，粮食也增产，1988 年人均收入 753 元，粮食 316 千克。在总收入中，畜牧业占 60% 左右，他们实行牧农结合，实现了草多、畜多、粮多，进入良性循环。这个实例给予人们的启示是极大的，真正因地制宜了，就能很快改变面貌。"天涯处处有芳草",问题就在于我们能否抓住当地的最适宜的"芳草"。我国广大草原条件极为复杂,我国有 2000 多种牧草,还有二三百种饲料树,如何把两者最适宜地结合起来,是一门大学问。只要我们掌握了这门大学问,把草地—牧草、饲料树和牲畜最优化地组合起来,我国的草地畜牧业就能有一个巨大的发展。前景将是十分光明的,只要我们能够掌握、运用好这门大学问。

四、奋力赶超

在我国首届草地科学学术会上,有 50 多位草地畜牧专家呼吁:"增加草地投入,加强草地综合开发,现已刻不容缓"。这个呼吁是严肃认真的,也是十分重要的。

解救草原的危急形势,发展草原牧业,最有效的办法,就是积极开展人工种草,配之以飞播、围栏、补播等一系列措施,实行综合治理和开发草原。

借鉴国外经营草原的过程和经验也是有益的。20 世纪以来,一些经济发达国家,不论草地多少,都通过开发本国草地资源,发展草地牧业,改变了旧的农业结构和国民吃穿结构。这一经济发展规律,是由于人们对物质生活日益增长的需求和草地牧业产品是人类高级吃穿用品这一特殊属性决定的。目前,人工草场在草场总面积中所占比重,高的国家达 60% 以上,如新西兰(65.5%)、英国(64.5%),中等的达 20% 以上,如法国(31%)、加拿大(20%),低的为 10% 左右,如前苏联(10.5%)、美国(10.2%)、澳大利亚(6%,但围栏面积达 60 亿亩,占草原总面积的 90%)。我国仅为 0.36%,相比之下,显得十分落后。

我国是草原大国,人均耕地又少,对草原的依赖会更大一些,有人提出我国的人工草场应占到 30% 以上,才能解决肉类和皮毛等需要。这个论点极重要,我以为这是研究我国草原建设的战略出发点,先树立这样的目标,再考虑实现的步骤和时间表。只有这样,才能持之以恒,才能逐步改变草原面貌。

无论从哪一方面来讲，我国的草原都非大力经营不可了。首先，这是保障广大农区的需要，其次是进一步解决肉类供应的需要，最后是发展少数民族经济的需要。有人说，道理是对的，但国家穷，目前拿不出钱来建设草原，只能说说而已。我以为首先是认识问题，前面讲的进口羊毛合算论就是一个典型实例，当前是如何决策和钱如何用的问题。也不是一下子要花多少钱，而是实行新的决策和投入必要的启动资金，把这项伟大事业开展起来。这是应该和可以做到的，比如说，每年少进口点羊毛，挤出一部分资金；工厂与产区挂钩也可以解决一部分，又省得为羊毛大战发愁；牧区的扶贫款也可集中一部分帮助搞人工草场，为脱贫致富打基础。在此基础上，动员牧区人民自己动手建设草原。总之，办法是有的。

有人指出，我们的草原建设，与有草原的国家比，至少落后半个世纪。应该承认这个现实并努力赶上去，第一步是缩小距离，第二步是后来居上。应该有这样的雄心壮志，现实需要也迫使我们必须这样做，我们也应该这样做。

附：建设灌丛草地　重振我国牧区雄风

一、"中华文明正在流沙的面前退却"

这是莱斯托·R·布朗对我国沙漠扩展形势的论断。对我们来说实在够严峻的，很逆耳，但却是忠言。

布朗在《地球不堪重负》新著中，多次讲到我国，并设一章（全书共8章），专讲我国面临的问题。他认为我国面临的问题特别严峻，寄希望于我国取得成功，能有助于解决地球的重负，为人类的发展找到出路。我认为他是诚实和善意的，对他的论断应该严肃而认真地对待，更应该努力解决。

他引用的资料是我国专家们提供的，很多是官方公布的数字，一些论点也是我国专家讲的，最后的结论当然是他自己的。他的结论是，"从某些方面看来，中国面临的最为棘手的环境问题，主要是由于过度放牧而造成的遍及西北各地的沙漠扩展。除非中央政府采取通盘努力，把绵羊和山羊的种群降低到不高于牧场承载能力的水平，否则，沙漠还将继续东进，迫近北京，而成为冬末春初标志的遮天蔽日的沙尘暴，将变得更加频繁"（第141～142页）。

"中国正在采取一些制止沙漠扩展的正确步骤，但要把牲畜数量减少到可持续水平，仍然任重道远。这一方面，目前还没有一个足以制止沙漠扩展的计划。据中国全国人大环境和资源委员会原主任委员、具有远见卓识的曲格平估计，在技术上可行的区域治理沙化土地需要花费283亿美元（折合2300亿元人民币）。因此，制止沙漠的扩展，需要财政和人力资源的巨大保证。这将迫使在以下两者之间进行抉择，或者大量投资于南水北调工程，或是大量投资于制止沙漠的扩展，拯救中国每年被吞噬掉得越来越多的耕地"（第142页）。他在书中别的地方指出，这两者都是必须解决的，这就使我们陷入两难境地。

我们应倾全力找到解决问题的既省钱又有效的办法，让中华文明不再在流沙面前退却，进而战胜流沙，使我国牧区重振雄风，成为欣欣向荣的社会主义新牧区。对我们这一代人来说，这是一项神圣的使命和任务，应该努力完成。

二、沙漠扩展的真正原因

布朗说我国还没有一项足以制止沙漠扩展的计划，这个批评值得认真思考。我国牧区需要有计划地进行建设，要有一个科学的建设规划和实施办法，单纯治沙防沙是远远不够的，而且是打被动仗。沙漠扩展是现象，是事物发展的结果，真正原因是在牧区的农牧业生产方针和经济发展模式方面，不在这方面找原因找出路，只在治和防上做文章，只能永远被动应付，总是不尽黄沙滚滚来。

沙漠化的原因是什么？一般的也可以说标准的说法是："造成我国土地沙化并加速扩展的因素中，不排除干旱、大风等自然因素，但主要还是由于不合理的人为活动造成的。一是超载放牧，这是草地沙化、退化的最主要原因。二是滥垦、滥樵、滥采、滥挖，这是局部地区土地沙化扩展的重要原因。三是水资源的不合理利用，有的缺乏整体流域规划，有的有规划不执行，从而引起许多矛盾和损失。四是盲目的交通和工矿建设，也加速沙漠扩展。"这样讲对不对？不能说错，但仅止于此，不能解决任何问题。为什么这些问题长期不能解决，今后又怎样解决呢？从领导角度讲，问题出在哪里呢？我认为必须从这个层次来分析原因和找到解决办法。

1. 比如说滥垦，新中国成立以来，先后有 4 次草原大开垦，共开垦草地近 0.2 亿公顷，这是政府行为，它的推动力和影响力是巨大的，破坏力当然也是巨大的。这个政府大规模开垦草地的问题是不能回避的。除滥樵外，许多采和挖，是经过当地政府批准的并向政府交了费用，一概称之为滥也不合适，总之，四滥的提法，掩盖了许多政府工作上的失误。

2. 比如说，我们在农业区边缘的草原上搞了一个半农半牧区也叫农牧交错地带，而且农的比例越来越大，为了提高粮食产量又超采地下水，以致这些地区沙化和干旱都很严重，损失很大，后果更严重，有的成为风沙源头。这个做法也是政府决策。

3. 再比如，头数畜牧业思想现已受到批判，这是应该的。但不要忘记，国务院有关部委有一个时期曾用年终存栏率来考核各地的畜牧业成绩，由于它是违反自然规律的，对牧区造成很大的损失，各方面批评很多，但并未做出明确的解释，不了了之。我认为类似技术政策方面的错误还有多少，应认真清理。不弄清犯了哪些错误，又如何能改进工作呢？

4. 再比如，领导上早就知道，牧区草原面积越来越小，草原退化，沙化严重，产草量越来越低，而牧区人口却不断增加，牲畜也在增加，超载是必然的，出路在于加紧建设人工草地，增加产草量来解决这个矛盾。多年来我们也在喊建设人工草地，搞了不少活动，如种草和围栏等，从实际保存面积来看，成绩有多大呢？能起多大的作用呢？更应该认真总结一下。草原退化沙化日益严重，与人工草地跟不上关系最大，从领导角度看，我认为这是最大失误，下的力量太小了。不仅造成沙漠扩展，更延误了战机，造成当前牧区的极大困难。从这个角度看当前的治沙防沙工作，其局限性和被动性，就更清楚了。

这使我想起一件往事，20世纪60年代初，我拜访了林学家陈嵘老先生，他对我讲了这样一个论点："汉民族只会耕地，不会耕山，也不会耕草原，到山区就开荒种粮，到牧区就开草原种粮，由于违反自然规律，历史上就出现过许多失误"。现在想来，他是语重心长地说这些话的，我当时并不完全理解。新中国成立后，我们在山区和牧区同样犯了这个错误，这与决策层中汉族干部处于主导地位有关，改变一个民族的习惯是一件很不容易的事情。但建设牧区（当然也包括山区）首先必须严格遵守自然规律，一切违反自然规律的老习惯和错误做法都必须改掉，建设任务才能顺利完成。看来，我们要做到科学决策并达到"化"的境界，还有大量工作要做，既要提高理论认识，更要从我们过去决策失误中汲取经验教训，我认为后者更重要，但难度很大，有种种阻力要冲破。没有浓厚的民主气氛，没有鼓励基层干部和群众畅所欲言的政策，就很难做到。上面引用的关于沙漠化原因的标准式论断，就是一例。这种含糊其辞的结论有什么用处呢？它不是让人清醒而是让人糊涂。这种现象实在让人陷入沉思。

三、总结经验，制定牧区建设规划

布朗在书中引用了在锡林郭勒盟进行草原研究的我国科学家的论点："如果最近的荒漠化趋势延续下去，不出15年，锡林郭勒就会成为无法居住的地区"（第128页）。值得注意的，这话是对外国驻华使馆到该地考察人员讲的，当然是十分认真和慎重的。这个论断表明问题的严重性和紧迫性，当然也表明我国科技人员的沉重心情，非常值得重视。

形势越是严峻和紧迫，牧区建设规划越要具有科学性和准确性，更重要的是可操作性，我们再没有走弯路的时间了。因此，当前要制定的牧区建设规划，一定要在认真总结经验的基础上制定，过去 50 多年的实践经验，无论是成功的还是失败的，都是宝贵的，都应该认真汲取。为了总结得深刻和比较全面并取得群众的认可和支持，应充分实行民主，让基层干部、科技工作者和群众参加，让他们把心里话讲出来，不要怕群众的批评。"知政失者在草野"，他们有的长期在生产第一线，有的是身受者，对政府工作的得失，体会最深，看得最准，他们讲了心里话，工作得失、成败，就完全清楚了，今后如何走也就大体清楚，建设规划的制定就心里有底。更为重要的是，群众的心里话得到认可，上下级关系、政府与群众的关系也就密切起来，群众建设牧区的信心和积极性就会高涨起来。群众中有无穷的力量和智慧，他们有了积极性，在任何困难条件下都可以创造奇迹。革命时期如此，经济建设时期更是如此，因为这是在直接建设自己的美好家园。在广大农村这样的实例很多。

在总结经验时，我认为更要花点时间总结群众中的成功典型和新的创造。他们为了生存和改善生活条件，长期战斗在风沙第一线，成功经验与新创造是很多的，对我们建设草原十分有用。比如，我知道有一批干部和农民，现在全家搬进沙区，在那里建立家园和发展生产，有的已有新的成就。他们是治沙英雄，十分了不起，应该总结他们的经验，更应该支持他们的活动。这只是一例，沙区群众的经验是多方面的，丰富多彩的，都应认真总结。这是我们前进的基地，基地越多，办法也就越多，建设速度就能加快。

总结经验与制定规划是不可分的，先总结后规划，在总结的基础上搞规划。这项工作应以县（旗）为单元进行，这是重点，上级也同时搞，上下结合相互促进。这个进程是提高认识和动员群众的过程，越广泛越民主，作用就越大。这是与沙漠扩展斗争的第一步，十分重要而且是决定性的。决不能草草了事，更不能由少数人根据外国一些经验闭门造车。两张皮的规划毫无用处。

各级有关领导应积极参与并领导这项工作，这个过程又是深入了解民心民情、沙化实况和制定有关政策和措施的过程，是非常重要的，决不能交给一般人去做。

我国应该尽快制定一个牧区建设规划，同时制定相关政策，认真组织实施。尽快遏止沙漠扩展，恢复草原生机，使广大牧民在牧区安心生产和生活，这是关系国家建设事业能否顺利进行的大事，再不能迟疑了，必须认真做而且要做好。那种怕建设困难，要将牧民迁出来异地安置的想法是荒谬的，也不可能。广大牧区是国家的屏障也是强大的生产基地。

四、尽快建设大批以饲料桑、柠条等为主的灌丛草地

为了制止沙漠扩展，解决牧区缺饲草矛盾，以及为建设牧区创造有利条件，当前最有效办法就是按照自然植被的发生发育规律尽快建设大批人工灌丛草地。这种灌丛草地抗逆性强，生命力旺盛，可以说是一本万利、一石二鸟，不但改变草地的营养结构，增加粗蛋白的含量，而且极有利于草本牧草的自然恢复。另外这种灌丛草地的灌木种草种苗能大量供应，生长较快，投放较少，技术要求比较简便，群众自己能操作，适合我国牧区的现状。

令人十分高兴的是，我国的科技人员和群众一道已创造了一些有效的人工草场模式，我看到的就有 2 种。一是以饲料桑 (*Morus alba*) 为主的灌丛草地，一是以柠条 (*Caragana korshinskii*) 为主的灌丛草地。它们不用灌溉，年降水量在 300 毫米以上地方就可以种，多年生，营养价值高，产量也高，都是乡土品种，种苗便宜，繁殖也快，既可防治风沙和防止水土流失，又是优质饲草。现在就有许多成功典型和基地，不少地方已在推行。以饲料桑为例，1 公顷的种苗费不过 750 元（1500～2200 株/公顷），而且以后自己就可以繁殖，不仅投入少，技术上比较容易，群众也欢迎，实在是我国牧区人民的一大创造。有了它们，人们建设人工草地的思想大为解放，积极性大为高涨。根据一些地方的实践，只要党政领导认识到位，下定决心，

做好宣传和准备工作，搞好示范基地，很快就能推开。见到效果后，群众自己起来推广的速度就进一步加快。我亲自看过的就有吉林省的白城市和甘肃省的定西市，一是饲料桑灌丛草地，一是柠条灌丛草地（在山坡上），都是令人振奋的，群众更是十分欢迎。20世纪90年代初我还看过山西省偏关县的柠条林建设，并称赞它是晋蒙之间一枝花，前年又去山西，人们告诉我，偏关成了山西的养羊基地，这个典型也是令人振奋的，偏关县是一个有名的干旱贫困的苦地方。

我认为应倾牧区全力，大力建设0.27亿～0.33亿公顷蛋白质含量高，产量多的优质灌丛草地，越快越好。有了这批灌丛草地，在它们发挥作用后，我国牧区就可以遏制沙漠扩展，过牧草地可以逐步休养生息，整个牧区就能转入良性循环，各项建设事业就能逐步开展起来。这样做比单纯减少羊只头数容易得多，也有效得多，两条腿走路就是有优势。长期推行饲料桑灌丛草地建设的任荣荣教授告诉我，1公顷灌丛草地的桑苗成本为750元，如果国家承担这项费用再加上其他补助，1公顷草地不过900～1050元，最多不超过1500元，以0.33亿公顷计，不超过500亿元，按10年完成计算，一年才50亿元，换来的是整个牧区的再生和重振雄风，这是牧区人民的心愿，这件事太值得干了。也是牧区建设社会主义新农村最大的基础建设，为了建设这0.27亿～0.33亿公顷灌丛草地，国家应采取更为宽松的政策和较多资金投入，提高管理水平，以充分调动牧民的积极性，形成一个人工草地建设高潮。我想到以下几条：

第一，国家提供土地，牧民谁种归谁所有，长期不变，可以继承和转让。各级政府不得干预，更不能没收。

第二，国家提供全部苗木费用，并对贫困牧民给予一定资金补助。

第三，牧民可以成立合作组织，较大规模地经营灌丛草地。国家补助办法与农民自营的相同。

第四，国家提供技术服务，在一定时间内（比如5年）免费。

第五，民营企业在沙荒土地上较大规模地经营灌丛草地，国家同样提供土地,长期免费使用,所生产的产品在一定时间内(比如 5 年)免税。机关、学校、离退休人员这样做的,与民营企业同样待遇。

第六,国务院责成一个部门抓总,统一规划,统一补助标准和实施办法,资金集中管理和发放,切实解决当前存在的政出多门,办法各异,补助标准差别很大,下面很难办事的问题。务必做到:办法简单,办事快,各方满意。

以上粗浅之见,可能贻笑大方,但愿做抛砖之举,引发更多宏论与长策,推动我国草原建设高潮。展望前景,做《草原放歌》寄怀。

"牧区人民胆气豪,

岂容沙尘掀狂飙;

中华文明多远思,

草原重现绿波涛"。

五、附记

关于我国牧区问题,多年来各方面有很多议论,有关报道很多,我也长期思考这个问题,看过一些地方,心情是沉重的。最近看到莱斯托·R·布朗"中华文明正在流沙的面前退却"的新论断,又引起我的重视和警觉,并进一步思考这个问题,重新阅读一些资料、文章,这篇小文就是再思考的结果,意见和想法都写进去了。我知道有些话是刺耳的,但是心里话不能不说。既然写了,就拿出来让大家议论、批评、指正,共议长策。还有多大空间让我们退却呢?沙漠前锋已到达丰宁和怀来,怀来的山(山穷水尽)与延庆的山(山清水秀)相比,差别之大令人触目惊心,更令人惊心的是怀来的山代表性更大。这实在值得我们警惕和认真思考。

(《草业学报》2000年第15卷第3期)

群众呼唤大地园林化

——重温毛泽东的大地园林化思想

一、大地园林化是毛泽东的一个伟大建设思想

　　毛泽东提倡绿化祖国并且要求实行大地园林化。大地园林化是绿化的高级阶段，即实现绿化、美化和富化。1958 年他在北戴河会议上讲话时提出："要使我们祖国的河山全部绿化起来，要达到园林化，到处都很美丽，自然面貌要改变过来"（《毛泽东论林业》第 2 页）。又指出："我们现在这个国家刚刚开始建设，我看要用新的观点好好经营一下，有规划，搞得很美，是园林化"（第 8 页）。可见，大地园林化绝不仅仅是林业建设问题，而是整个经济建设的有机组成部分，搞经济建设必须同时建设环境，使人们生活在美丽的环境中，心情愉快和身心健康地全力搞经济建设。今天看来，这个经济建设与环境建设同步进行的思想，是一个非常有远见的战略决策，与 20 年后国际上兴起的生态经济思想完全吻合，这反映了毛泽东的高瞻远瞩。他还提倡各地多种经济林木，甚至具体地提到"北京市的中山公园和香山，要逐步改种些果树和油料作物。这样，既好看，又实惠，对子孙后代有好处"（第 17 页）。可以清楚地看出，毛泽东提倡的大地园林化，不仅要求绿化和美化，还有一个富化

的内容，这一点非常重要，符合我国的实际情况，也符合事物发展规律。多年来特别是 80 年代以来，各地群众的实践经验完全证明大地园林化是正确的而且是可以做到的，还应该普遍实行。但是，近些年来，大地园林化的问题提得少了，人们有些淡忘了，生态环境问题也进一步严重起来。水土流失加剧，风沙肆虐，干旱缺水，海水倒灌，清水难求，内河黑潮，沿海赤潮等纷纷呈现。人民生活受到威胁，因而重新呼唤大地园林化。

二、我国有实现大地园林化的基础

我国是一个多山的国家，又是一个草原大国，从而形成我国农业的一个非常突出的特点。具体情况是：我国农业用地约占国土总面积的 74%，即 106.6 亿亩，其中耕地约 20 亿亩，内陆水域 4 亿亩，共占 22.5%；其余为林地、草原和荒山荒坡，共占 77.5%（《中国综合农业区划》第 6 页）。扩大耕地的潜力已不大，77.5% 的农业用地只能造林和种草。这就是我们民族的生存空间和活动舞台。我国的经济建设特别是农业建设，必须面对和适应这个严峻的现实。另一方面，我国的林草资源极为丰富，与农业用地情况非常适应，堪称天作之合。《当代中国的林业》指出：我国有木本植物 8000 多种，其中乔木 2000 多种；我国是竹类资源最多的国家，有 30 个属，300 种以上；世界食用油为主的油料树有 150 种，我国就有 100 种左右，有 80 多种树木的果实、种子含油率达 51% 以上；木本干果树有 400 多种；芳香植物有 300 多种，其中木本的 100 种左右；药用作物有 3000 多种，其中常用的 500 多种；还有众多的野果资源和山珍野味；蜜源植物也很多；林区内还蕴藏着许多珍贵动物资源，有兽类 450 种，鸟类 1180 种，两栖和爬行类 516 种（《当代中国的林业》第 46 ~ 50 页）。《当代中国的畜牧业》一书中记载：我国草地分布区域广阔、形成不同的草地类型。"草山有温带、亚热带、热带灌丛、草丛、落叶与常绿阔叶林等基本类型。草原有草甸、干旱、荒漠与半荒漠等基本类型。牧草草种约有 5000 多种"（《当代中国的畜牧业》

第 258 ~ 259 页）。只要科学地运用这些林草资源来改造和更新现有林地和草地，合理经营荒山荒坡和其他可利用土地，不仅可以绿化、美化我国大地，还能建成种类繁多的商品生产基地，提供大量的各种高级食品、滋补药品和生活日用品，提供多种工业原料，推动农产品加工业的发展，并使山区和牧区人民富裕起来。我国已涌现出许多实现了绿化、美化和富化的典型，给人以极大的启示和鼓舞。这个情况充分说明，我们的生存空间活动舞台并不坏，毋宁说是大有可为的。当然也要看到存在的危险，如果不搞大地园林化，甚至破坏山区和草原，就将造成严重的水土流失和干旱、风沙等灾害，危及经济建设和民族的生存。就是说，在我国实现大地园林化非常重要并且十分紧迫。可见，毛泽东在新中国成立初期提出大地园林化的设想，是十分有远见的经济发展战略。

三、小流域综合开发和治理是大地园林化思想的一次群众性实践

小流域综合开发和治理，是 80 年代我国山区建设的一条成功经验。这一开发和治理活动正在蓬勃开展，人们对它的认识也在不断深化。这是一项意义重大和影响深远的活动，是大地园林化思想的一次群众性的成功实践。

这项活动，80 年代初在山西省山区首先搞起来，开始时叫小流域治理，着眼于解决水土流失问题，保障下游的村庄、农田和河道。由于承包期较长，承包户就用以发展经济林木或种草发展畜牧业以增加收入。在科技人员的帮助下，很快发展为小流域综合开发和治理，而且治理首先为了本身的开发。规模越来越大，从几百亩到几千亩，从几平方千米到十几、几十平方千米，涉及几个村或几个乡。在一个流域内，从山顶到山沟，统一安排各项生产和治理工程，全部土地都安排用场，水土尽量蓄存，做到水土不出流域或清水缓流不为害。一个小流域就是一个综合生产基地，有农民自用部分，也有一项或几项拳头产品。由于这样做符合自然规律并能使农民很快增加收入，农

民积极性很高，因而进度快、质量高、效益好。这一开发、治理形式很快在北方各省（区）传播开来，有的叫生态经济沟，有的叫围山转，有的叫开发带。实际上都是以小流域为范围建设商品生产基地，又美化环境、改善生活条件，因而是一项综合建设工程。不少地方新村建设同时进行。各地的开发模式大体相似：山顶是防护林和牧草，山中部是干果，下部是水果，山沟两岸是农田，村落散布其间，沟里有蓄水工程，有的山顶还有蓄水设施，用电力抽水储存，旱时灌溉果园。林草长起来以后，就是一个景色秀丽的"世外桃源"，但又是一个牢固的商品生产基地。许多昔日的荒山荒沟，如今变成了花果山、花果沟。连成一大片的，又成了一个风景区，新的旅游景点。

南方山区，由于自然条件优越，开发规模更大，内容更丰富多彩。各地兴起了成片的果园、桑园、竹园、花圃、药圃、野生动物饲养场，出现很多专业户。二层小楼新居在各处山沟兴起，使山区更显生气。

小流域综合开发和治理，是建设山区的一种好的形式，集中反映了山区人民新的觉醒，说明大农业思想与生态经济思想已深入人心。人们自觉地与小农业思想、掠夺性经营思想决裂。在生产活动中把发展生产与建设环境、培植资源结合起来，各种土地资源和林草资源得到合理利用，各项生产事业不断发展并进入良性循环的轨道，因而出现欣欣向荣的可喜局面。这样做，既不与别的流域发生矛盾，而且可以先易后难地逐步实施，投资较大的工程可以暂缓进行。这一开发和治理活动不约而同地在各地兴起，实在值得我们欣喜，值得我们推而广之。

人们在进行小流域综合开发和治理时，并没有考虑到甚至没有意识到大地园林化的问题。但是，从实际效果看，凡是已建成的小流域，形成生态经济沟或开发带的，都已实现了绿化、美化和富化或开始富化。就其范围内来讲，已实现了大地园林化。特别是人们的精神面貌发生了变化，心情舒畅，信心十足，对未来充满希望。现在考虑的是如何进一步发展生产和环境建设问题。

小流域综合开发和治理活动，充分证明实行大地园林化与发展生产的任务并不矛盾,而且是持续发展生产的保证。这一活动还发展了大地园林化的思想,即把富化的问题明确提了出来并成为核心,只有保证人民富裕起来,绿化和美化才更易于推广。在实践中发展了大地园林化的思想,这个发展是非常重要的,也是非常有意义的。它将使大地园林化思想更具威力,更加光芒四射,在社会主义建设事业中发挥更大作用。

四、生态农业县建设使大地园林化思想在更大范围内推广

建设生态农业县是 80 年代后期在我国农村兴起的新事物,目前正在迅速发展。

70 年代末 80 年代初,我国开始试办生态农业(大农业概念,包括农林牧渔和乡镇企业),从生态户或庭院经济开始,逐步发展到生态村、生态乡镇、生态农场、牧场、渔场和林场,80 年代后期,发展到生态农业县,即以县为单位有计划地进行生态农业建设。1991 年 5 月,农业部、林业部、国家环保局、中国生态学会和中国生态经济学会在河北省迁安县联合召开的生态农业县建设经验交流会,标志着我国进入建设生态农业县的新阶段。

建设生态农业县标志着县的党政领导接受了生态意识和生态经济思想,积极领导生态农业建设。它又促使全县的农业和农村各项建设事业发生一系列重大变化。

从农业生产方面讲,生态农业县建设引起的巨大变化是:把县级有关部门的人财物力协调和组织起来,在全县范围内有计划地推广不同试点的经验或外县的成功经验,同时,为了满足群众的致富要求和市场的需要,积极开发荒山荒水、建设各种商品生产基地以及调整生产结构。这又要求有一个强有力的科教支持系统、物资供应系统和产品加工、运销系统,并推动它们相应发展起来。由于管理制度和业务分工等原因,这些大变化中的任何一项,任何部门都无能力单独完成。现在由于县级党政领导出面组织和协调,各部门协作就比较容易了,这正是生态农业县建设的突出特点

和威力所在。随着生态农业县建设的发展，我们多年来希望解决的双层经营、发展集体经济、发展商品生产、农村剩余劳动力转移、增加农业后劲等任务，也就随之解决；富民、富乡、富县的问题也将随之解决。

从农村建设方面讲，生态农业县建设引起的变化同样是巨大的。其一是乡镇工业的发展，由于各种商品生产基地的兴起和农产品大大丰富，农产品加工业必然有一个大发展，农村工业化加速进行。其二，由于加工业和商品经济的发展，农村小集镇随之兴起。它们不仅是加工业中心和商品集散地，而且还将是文化、科教的中心。农村建筑业也将有一个大发展。其三，农村的交通建设也将发展起来。其四，农村的教育事业也将发展起来，这是农民的迫切要求，经济稍有富裕，他们就会积极解决。其五，农村环境将不断优美起来，风景区、旅游区不断涌现，将成为城里人向往的地方。上述各点，绝不是空想，从一批生态农业搞得好的县，已可看到端倪。因此，对于广大农区、山区和牧区，说生态农业县建设是现代化农村建设的基础和先决条件，是不算夸大的。

要害在于为了把一个县建设为生态农业县，就要制定一个包括经济、社会、生态的综合发展规划，经县人代会通过，具有法律效力，在一定时期内（一般要20～30年）各届政府都要从长远利益考虑，认真贯彻执行并前后衔接。这样，生态农业县建设就以解决县级领导的短期行为为主，一下子把长期困扰我们的四大矛盾（掠夺性经营思想和做法，小农业思想和做法，短期行为、条条各自为政和分头指挥）也解决了。首先是把发展生产与建设环境、培植资源结合起来，有计划地对境内各种土地资源与生物资源实行综合开发，逐步建立资源培植型的农业生产体系，实现良性循环。在此基础上建设加工业体系，推动农村工业化以及其他各项建设事业。生态农业县建设是我国农村继包产到户、乡镇工业之后，又一个伟大创举，是发展经济、建设环境、实现农村现代化的有效形式和途径。这是县级领导和科技人员为了摆脱困境、发展经济和满足群众致富要求而创造出来的新形式，反映了事物发展的规律，也是我国农村经济建设经验的最好总结。

1993 年 12 月，国务院七个部委局联合成立生态农业县建设领导小组，并召开了生态农业县建设工作会议。领导小组直接掌握 50 个生态农业县以取得经验，各省、市、自治区也分别掌握一部分生态农业县。全国原来已有一百多个县（旗）在进行生态农业县建设，还有近 20 个市、地计划或着手在全市、地范围内推行生态农业县建设，有几个省的主要领导表示支持生态农业县建设。生态农业县建设将在全国范围内更大规模地开展起来。

生态农业县建设首先是我国农业和农村经济建设事业的新发展，即以新的经济思想指导农业和农村经济建设。同时，它又是以县为单位进行大地园林化，把全县建成园林化的县，实现绿化、美化和富化。虽然我们没有提出甚至没有意识到这些新思想新观点，但这反映了事物发展的规律，是不以人们的意志为转移的。这是因为它把境内各种土地合理利用起来，把发展生产与建设环境结合起来，将要或已经使城镇与农村、工业与农业协调发展，不引进或少引进污染工业，积极治理污染，创造一片清洁大地。这样的县多了，就将形成一个清洁农村（包括县城在内）包围城市和工矿区的新形势，要求他们也搞园林化，大力治理污染，不再危害农村。总之，生态农业县建设是大地园林化思想在更大范围内的实践，从已取得的成果和经验看，发展生产与实现大地园林化，也可以必须同步，它是互相促进和不可分割的。这样，我们加深了对生态农业县建设的了解，也加深了对大地园林化的了解。明确地把二者结合起来，将产生更大的推动力。人们的建设思路也将进一步拓宽。经济效益、社会效益、生态效益三个效益并重的决策也更易于落实。

五、生态市或生态经济市的建设成为大地园林化的另一支力量

城市更需要园林化。保持一个清洁生活环境，不仅城区需要，郊区也同样需要。如果郊区不能提供清洁的水和清洁的蔬菜，问题就大了。实行市管县的体制后，市对有关县的生态农业建设也关心起来。正是在这样的

背景下，在科研部门或院校的帮助下，一些城市研究了生态市或生态经济市建设问题并积极付诸实施。有关学会开展了这方面的学术讨论和经验交流，参加的城市越来越多，舆论越造越大，已形成一支可观的力量。研究范围也不断扩大，有的城市已制定城市与乡村、工业与农业协调发展规划，保证城乡经济、社会、生态协调发展，实现城乡一体化。也就是从城市角度推行大地园林化。这是城市建设的新觉醒，是很可贵的。随着经济的发展，一批县将改为县级市，他们将以新的方式建设城市和工业，势将进一步推动城乡一体化建设。

这支力量与生态农业县建设的力量必然会汇合起来，不仅使工农业生产进一步协调，城乡建设密切配合，还将使大地园林化建设更有力地开展起来。这个趋势是不可阻挡的。

上述小流域综合开发和治理，生态农业和生态农业县建设，生态城市或生态经济城市建设，都是80年代分别在中华大地自下而上、由小到大地发展起来的新事物，反映了生态时代的要求，反映了广大干部和群众生态意识和生态经济思想的增强，是非常值得重视的。它们又都不自觉地从不同角度推动大地园林化建设，发展和完善大地园林化思想，充分说明大地园林化是客观需要，说明经济建设必须与环境建设同步进行。而先破坏后建设、先污染后治理的做法，则是掠夺性经营思想的反映，也可以说是资本主义发展模式的遗毒，与毛泽东的大地园林化思想是不相容的。

过去，这三股建设力量是分散活动的。现在，可以或正在合流，推动力量就更大了，因而出现了实现大地园林化的极有利时机。如果能够明确地把经济建设与大地园林化建设结合起来，人们就能更自觉地做好同步进行的工作，把呼唤大地园林化变为实际行动，对我国经济建设和解决生态环境方面存在的问题，都将会是非常有利的。我认为这个问题值得人们认真思考。

（《毛泽东与中国农业》1995年1月出版）

试论世纪之交的林业发展战略

——从民族生存的需要谈林业

一、艰巨任务

我国林业战线承担着艰巨任务，即建设发达的林业，实现大地园林化。这是民族生存的需要，是不以人们的意志转移的。关于发达的林业，中共中央、国务院于 1981 年指出，它是国家富足、民族繁荣、社会文明的标志之一。可见是关系全局的大事情。大地园林化是毛泽东的伟大经济建设思想，也反映了民族生存的需要。他于 1958 年指出："要使我们祖国的河山全部绿化起来，要达到园林化，到处都很美丽，自然面貌要改变过来"。又说："我们这个国家刚刚开始建设，我看要用新的观点好好经营一下，有规划，搞得很美，是园林化。"（《毛泽东论林业》第 2、8 页）可见大地园林化是整个经济建设的有机组成部分，这个经济建设与环境建设同步的思想，是一个非常有远见的战略决策。毛泽东还强调多种经济林，甚至具体提到中山公园和香山要改种些果树和油料，这样既好看又实惠，对子孙后代有好处（前书第 17 页）。可见大地园林化包括绿化、美化和富化。40 多年来，在这个问题上的经验教训，是应该认真总结的。两者是什么关系呢？这是个理论问题也是非常现实的问题，专家们可以深入探讨，进行科学论证。这里，我想强调的是，两者的基本思想一致，要解决的问题也相同，建成了发达的林业，也就完成或接近完成大地园林化了。两者都是民族生存的需要，绝不是好大喜功和标新立异。这是因为我国不仅人口众多，自然资源有限，而且又是个多山的国家和草原大国。农业用地中，耕地和水面仅占 22.5%，有 77.5% 只能造林和种草。没有发达的林业和草业（草业问题本文从略），不经营好山区和牧区，只靠农区，我们民族是无法生存下去的。更谈不上强国和富民。因此，建设发达的林业和实现大地园林化，是制定林业发展战略的依据和前提。徐有芳部长指出林业承担着环境与发展的重要使命（《科技日报》1994 年 6 月 4 日），正确反映了这一关键性特点，并与大木头思想拉开了距离，很值得重视。

二、严峻现实

近年来，我国林业形势是很好的。各地消灭荒山的劲头很大，进展也快。全国规模的五大生态建设工程有计划地开展起来。山区人民依靠林业致富的思想越来越明确，积极性越来越高，建设规模越来越大。所有这些都令人振奋。但是，从整体上讲，我国林业形势仍是十分严峻的，与要完成的艰巨任务形成强烈反差。主要表现是：

第一，我国仍是一个严重少林的国家。现有的森林覆盖率不足应有数的一半，荒山秃岭大量存在。除土地资源白白浪费外，还引发一系列严重问题，水土流失加剧、沙化加速、水旱灾害频繁发生，而且不断加剧，江河湖库淤积日益严重等。现在，连长江口也已出现三五日不清淤，大轮船就不能进来的严重局面。

第二，许多城市、集镇和村庄严重缺林。其中有些城市周围是大片光山、秃岭，成为荒山大户，有些村庄是"光屁股屯"。发达国家的城市处于森林包围之中，形成森林挤入城市的诱人景象。在我国，森林却从城市退却，被压缩到边远地区。这个反差反映出我国城市的领导和市民森林意识薄弱，"光屁股屯"则反映农民的森林意识薄弱。前者使城市空气质量下降，影响市民健康，后者更给农民生活带来不便。为了解决烧柴，许多山区村庄的农民，要花费大量劳力到较远的森林里砍柴，又使森林进一步远遁。这个恶性循环实在不能继续了。

第三，农田防护林在许多地方特别是南方农区仍然很少，不足以保护农田。这说明农业部门的森林意识薄弱，农林结合问题远未解决。其实农田防护林与农业生产形成一个农田复合生态系统，与农业密不可分，不积极经营，又反映了小农思想作怪。从而使这个较容易解决的问题，迟迟不能解决，使一些可以解决的自然灾害，也频频发生。

第四，草原退化沙化严重，危及广大牧民的生产和生活。《科技日报》1993 年发表的《强沙尘暴科学考察纪实（之三）》指出了如下情况："在此次遭灾的 110 万平方千米的土地上，三北防护林已营造人工林 67 万多公顷，封沙育林 80 万公顷。即使这样，沙化面积远大于绿化面积。50 年代初，这里的 3000 万公顷草场植被覆盖率均在 30% 以上，还有天然林 333 万公顷……。目前在这个地区存留的天然林植被只有 47 万公顷，而 80% 以上的草场已经退化沙化。于是人们日益陷入环境与贫穷恶性循环的怪圈"（《科技日报》1993 年 6 月 18 日）。后发表的《强沙尘暴科学考察纪实（之四）》还指出：目前这片草场的"载畜量均超过允许量的 50%。……而待这种沙化退化到一定程度，沙漠化的过程便已完成"（《科技日报》1993 年 6 月 21 日）。据农业部资料，1993 年全国增产的肉类总数中，牧区仅占 2%。这是一个极为可怕的消息，表明广大牧区的牧业生产能力已极度减弱。它证实了牧草专家任继周前几年提出的论断："我国草原正加速向崩溃前进。"这是极为严重的隐忧，而且已十分明显。发展草业、建设草原生态环境的问题，再不能忽视了。

第五，消灭荒山以后，改造任务仍十分艰巨。以长沙市为例，该市的林业形势是很好的，不仅没有了裸露的土地，林子的长势也很好。但市林业局局长给我讲了如下情况：全市 62 万公顷林地中，杉木 6.6 万公顷，很难成林的 1 万公顷；油茶 4 万公顷，高产的不足 667 公顷；马尾松 33 万公顷，只 13 万公顷好一些;国外松 6.6 万公顷，很好;灌木丛 11 万公顷，其中有 2.7 万公顷经济林,其余的均要改造。他说,改造任务很大,这篇大文章还未开始,但宣布消灭荒山后,人们却松了劲。长沙市的情况有一定的代表性。

上述 5 条是实实在在的，每一条又都不是容易解决的，这是非常严峻的现实。它说明现实与发达的林业之间，与大地园林化之间，有一段很长的距离。缩短和消灭这个距离，是要花很大力气的，还要有强有力的措施。我国的林业发展战略和措施要据此制定。只有承认矛盾，探索矛盾解决办法，才能逐步解决矛盾，完成艰巨任务。

三、重要环节

缩短和消灭差距，要做很多事情，首先要抓住关键和重要环节，推动全局。这些就是：

第一，加强宣传教育，提高全民族的森林意识和生态意识。

人民的森林意识薄弱是我们面临的最大困难。这是历史上形成的，改变是不容易的。但是，不解决这个问题．发达的林业和大地园林化又是无法实现的。因为这是全民族的大事，只有动员全民族的力量才能完成。为了解决这个问题，就要大力进行有关的宣传教育工作，并动员各方面的力量来做。值得高兴的是，现在许多专家学者认识到这个问题并积极为林业讲话了。这是极为有利的形势。复旦大学经济系教授张薰华的林农牧渔副新排列次序论，就是一个很好的事例。他明确指出林是人类生存问题，农是人们吃饭问题。这是非常有力的科学概括，可能引发农业战线的思想革命，它本身就是认识上的革命。他是经济学家而且专攻《资本论》，没有偏爱的嫌疑,因而更加有力。1993 年年底，在一个学术讨论会上，湖南益阳市委副书记兼专员钟明星告诉我，他研究并宣传了这个论点，效果很好。这件事给我很大启示，如果地县两级领导接受了这一论点，情况就可能大变。应该把近年来国内外有关林业的新思路、新论点选编一下，公开出版发行，在报刊上开展讨论，形成一股新的舆论和力量，以提高全民族的森林意识和生态意识，推动发达林业和大地园林化的建设活动。

第二，把消灭无林或少林城市、集镇和村庄，作为国家的第六个生态建设工程，并限期完成。

当代我国五大生态建设工程，即三北防护林、长江中上游防护林、沿海防护林、平原绿化和治沙工程，都是关系民族生存和国计民生的大事，非常重要。根据我国当前的实际情况，我觉得把消灭无林少林城市、集镇和村庄作为第六个生态建设工程，同样是重要而正确的。这是城乡人民生活的迫切需要，在经济迅速发展、人民生活不断改善的情况下尤其如此。这样做又是提高人民森林意识和生态意识的有效办法。兔子不吃窝边草，它要保护自己。人类为了生活环境优美和身心健康，在居住地更要创造一个森林环境。唐朝诗人王维在《桃源行》里，用两句诗概括了桃源仙境的生态环境，"遥看一处攒云树，近入千家散花竹"。当时是理想，现在完全可以做到了。关键在于明确提出任务并认真推行，并有各地消灭荒山那样一股劲。

同样值得高兴的是，在这个问题上专家学者也讲话了。比如，著名科学家钱学森 1992 年提出建设"山水城市"的建议。他在给一位同志的信中有这样一段话："现在我看到，北京市兴起的一座座长方形高楼，外表如积木块，进去到房间则外望一片灰黄，见不到绿色，连一点点蓝天也淡淡无光，难道这是中国 21 世纪的城市吗？所以我很赞成吴良镛教授提出的建议：'我国规划师、建筑师要学习哲学、唯物论、辩证法，要研究科学的方法论。'也就是要站得高看得远，总览历史文化……。对于中国城市，我曾建议，要发扬中国园林建筑，特别是皇家的大规模园林，如颐和园、承德避暑山庄等，把整个城市建成为一座超大型园林。我称之为'山水城市'，人造的山水"（《中国城市导报》1992 年 10 月 29 日）。钱老的建议开阔了人们的思路也增强了信心。

更令人高兴的是，各地已创造出一批好典型，证明这个问题不难解决，而效果则比原来想象的更好。

城市、集镇和村庄，人口集中，在人才、资金和技术方面有优势，又适应居民的需要，加强领导，这个问题是比较容易解决的。只要森林回到城市、集镇和村庄，人们再次享受森林之乐，所产生的推动作用会出人意料的。

第三，积极改造现有林场，树立样板，使它们成为大林业、生态林业的样板，自身富裕起来的样板。还要使散布各地的林场成为种类繁多并各具特色的森林公园，供人们旅游和休息，培养人们的森林意识和生态意识。这件事做好了，不仅林场活了，森林的威力也显示出来，将大大推动发达林业建设，推动大地园林化进程。林场有许多独特条件，在当前形势下，只要有较宽松的政策，放开手脚，开展综合经营，会完成这个任务的。

第四，积极投入山区建设，帮助山区人民富起来。

一个山区开发和建设高潮正在我国广大山区悄然兴起。特点是实行综合开发和治理，大规模地发展经济林，积极建设生产基地，把发展生产与建设山区结合起来。这是一个新的建设思路和活动，定会产生积极效果。今年 5 月我到了福建龙岩地区和江西赣州地区，就强烈地感觉到了这个高潮的分量。龙岩地区提出 20 世纪内建成 300 万亩经济林和 300 万亩速生丰产林，大约人均各 1 亩，其余山头全部封育起来，建设一个富饶而美丽的山区，经济林的内容为果、茶、桑、药、竹 5 大类，围绕这些开展加工和销售活动，形成系列。赣州提出要在山区创造一个新赣南，即大规模开发和治理山区，内容与做法和龙岩相似。这两个革命老区在重振雄风了。这两个地区的山区建设活动有很大的代表性。我觉得林业部门应积极投入这个伟大的山区建设高潮中去，扩大自己的业务范围，为山区人民发展生产献计献策，提供信息，帮助搞规划，提供良种和技术，还有管理办法和经验，努力使这个得来不易的高潮顺利开展下去。还要主动地使有关生态建设工程与这一高潮密切结合，互相促进。

抓住上述四条，就可以在几个主要点上行动起来，带动全局，形成一种新的形势，推动发达林业和大地园林化建设。

四、大好时机

80 年代，在改革开放的大好形势下，我国城乡出现了 3 个新事物，就是生态市建设活动、生态农业县建设活动和山区的小流域综合开发治理活动。它们现在已各自形成气候并呈现积极发展态势。这个态势是令人鼓舞的，更令人高兴的是，它们为建设发达的林业和大地园林化，提供了大好机会。

先说一下它们的发展情况。

80 年代初，我国一些城市积极探索生态环境建设以适应经济发展和市民生活的需要，提出建设生态市的口号，并成立城市生态研究会以推动这一活动。他们每年开会总结经验和探讨新问题，队伍不断扩大，现在已有 40 ~ 50 个市参加这一活动。内容也不断增加，由只研究城市的生态建设，扩大到郊区或所属县，即城乡共同建设生态环境；由只研究生态环境扩大到生态与经济结合，协调发展，即建设生态经济市。比如长沙市，它是我国第一个搞生态市建设的，搞了规划并认真实施，但很快发现单搞城市不行，乃积极组织所属 4 县 1 区搞生态农业建设，实行城乡结合和工农业结合。一个新的建设思想逐步为人们接受，新事物不断涌现。1993 年 10 月，参加鉴定的专家们认为该市的建设思路和做法是有远见的，代表了前进的方向。

生态农业建设，80 年代初从最基层开始，先搞生态庭院、生态户，逐步发展到生态村，生态乡镇，生态农、林、牧、渔场。80 年代后期发展到生态农业县，即以县为单位，有计划地推行生态农业建设。1991 年 5 月，农业部、林业部、国家环境保护局、中国生态学会、中国生态经济学会在河北省迁安县联合召开了生态农业（林业）县建设经验交流会，它标志着我国生态农业建设推进到建设生态农业县的新阶段。1993 年 12 月，国务院 7 个部委局联合成立了生态农业县建设领导小组，并召开了第一次生态农业县建设工作会议。这标志着生态农业县建设已成为政府行为，推动力更大了。现在，不仅有 100 多个县，20 个地市在积极推行，还有 6 个省计划在全省推行。90 年代将是生态农业县建设较快发展的时期。

　　山区的小流域综合开发和治理，自 80 年代初山西山区先搞起来，着眼于解决水土流失问题，保障下游的村庄、农田和河道。由于承包期较长，承包户就用以发展经济林木或种草发展畜牧业以增加收入。在科技人员的帮助下，很快发展为小流域综合开发和治理，而且治理首先为了本身的开发。规模越来越大，从几百亩到几千亩，从几平方千米到十几、几十平方千米，涉及几个村或几个乡。在一个流域内，从山顶到山沟，统一安排各项生产和治理工程，力争全部土地都安排用场，水土尽量蓄存，做到水土不出流域或清水缓流不为害。一个小流域就是一个综合生产基地，有农民自用部分，也有一项或几项拳头产品。由于这样做符合自然规律并能使农民很快增加收入，农民积极性很高，因而进度快、质量高、效益好。这一开发、治理形式很快在北方各省区传播开来，有的叫生态经济沟，有的叫围山转，有的叫开发带，实际上都是以小流域为范围建设商品生产基地，又美化环境、改善生活条件，因而是一项综合建设工程。

　　南方山区，由于自然条件优越，开发规模更大，内容更丰富多彩。各地兴办了成片的果园、桑园、竹园、花卉园、药圃，野生动物饲养场等。二层小楼新居在各处山沟兴建起，使山区更显生气。

　　总之，小流域综合开发、治理，是我们终于找到的建设山区的一种好的形式，反映了山区人民新的觉醒，它在生产活动中把发展生产与建设环境、培植资源结合起来。这样做，既不与别的流域发生矛盾，而且先易后难，一些投资较大的建设工程，可以视自己的力量逐步实施。

　　这 3 个新事物，都是由基层自发搞起来的，当然这批干部、科技人员和群众是非常自觉的。说明自然规律和经济规律在起作用。它们集中反映了生态时代的到来，也反映了生态经济思想的深入人心。所谓生态时代，即人们自觉地放弃人类中心论，承认自己是自然界的一部分，要与自然界和平相处、协调发展，严格按照自然规律来调整自己的行为。这是人类认识上的一次飞跃。由于生态时代的到来，从经济建设思想到社会观、历史观、文化观等方面，都有新思想、新观点不断涌现。生态经济思想就是经济建设方面的新思想、新观点。所谓生态经济思想，是美国经济学家保尔丁于1968年首先提出来的，1981年罗马俱乐部在它的第九个报告即《关于财富与福利的对话》中又再次肯定并加以发挥。这个新的经济思想，把生态学与经济学结合起来，认为生态学是新的扩大的经济学的基础，它明确指出，"经济和生态是一个不可分割的总体，在生态遭到破坏的世界里，是不可能有福利和财富的。旨在普遍改善福利条件的战略，只有围绕着人类固有的财产（即地球）才能实现；而筹集财富的战略，也不应与保护这一财产的战略截然分开。……一面创造财富，一面又大肆破坏自然财产的事业，只能创造出消极的价值或'被破坏'的价值，如果没有事先或同时发生的人的发展，就没有经济的发展"（《世界的未来》第71页）。很清楚，这3个新事物实际上都是这个经济思想的具体实施。

这3个新事物在中华大地的兴起和发展，又为建设发达的林业和实现大地园林化，提供了极有利条件，实际上它们正是从不同角度建设发达的林业和实现大地园林化。林业战线应以极大的热情投入，推动其发展。为此，从理论认识到工作部署，都要摆脱老框框老做法，走出"林家大院"，抛弃关起门来独自发展的办法，热情地与各界力量结合，支持别人发展以求得自身的发展。我想这正是林业的特点，森林是陆地生态的主体，各方面都离不开它，需要它的支持。比如，城市、集镇、村庄要林，农田要林，山区更要林，水库和江河也要林，果园也要防护林。支持它们，林业也就发展起来了。这可能是一条新路，对此应求得共识。

（收录于《中国林业如何走向21世纪》一书，1995年）

走出平原

1994 年，我国粮食产量 8892 亿斤，棉花 8500 万担 *。到 2000 年时，需要粮食 10000 亿斤，棉花 10000 万担。为此，农业部提出四个 1000 万的任务，即到 2000 年，增产粮 1000 亿斤，棉 1000 万担，肉 1000 万吨，水产品 1000 万吨。许多人感到粮食是一场硬仗，难度相当大，也有人称之为"粮食的世纪梦"。

由于美国世界观察所所长莱斯托·布朗等 13 人提出"谁来养活中国"的问题，粮食问题更引起了人们的重视。不仅国外学者议论很多，国内也就此开展了一场大讨论。这实际上是一场涉及农业发展战略的大论战。这一论战还正在进行中，"老夫聊发少年狂"，也愿发表自己的想法。

布朗等人的论点是：2030 年，中国人口将是 16.3 亿人，需要粮食 6.51 亿吨，由于耕地减少，粮食产量将减少 20%（并认为这还是保守的估计），需要进口 2.16 亿 ~ 3.78 亿吨。这个数量，没有任何国家能够提供。

到 2030 年中国人口数、需要的粮食数量，耕地减少情况等方面国内专家与布朗的认识大体一致。不同处是，布朗等人说将大减产、大进口。国

---

* 1 担 =50 千克。

内专家的意见则是，可以大量增产，基本不用进口。有的专家认为："在目前技术条件下，我国耕地单产每亩每年增 7～9 千克完全可能，到 2030 年，即使按最坏设想耕地减少 1/3，也能基本满足 16.3 亿人口的粮食需求。"有的则说："我国目前单产平均 275 千克，如果通过先进技术推广，集约化生产等，单产达到发达国家现在的 500 千克是可能的，仅此一项，粮食总产就可达 7 亿吨"。值得注意的是，中国能够自己养活自己的依据，大多领导、专家还都只在耕地上打主意。其实要真正解决我国粮棉问题有两种思路和两种办法。如前所述，一种思路和办法，是在耕地内解决问题。目前极大部分农业专家和一些经济学家持这种主张。另外一种思路和办法，是在经营好耕地的同时，认真在草原和山区发展人工牧草、木本粮油林和桑园，协同解决粮棉增产任务。具体说，利用我国山多、草原面积大，林草资源丰富的优势，发展并经营好 6 亿～7 亿亩人工草地，4 亿～5 亿亩木本粮食林，2 亿～3 亿亩木本油料林，和比现在增加几倍面积的桑园，增产肉奶、粮食、油料和丝绸，既可在数量上满足需要，又改善国人的食物结构和衣着结构。

其实各地在实践中已创造了许多成功经验和典型，一个山区建设高潮已在一些地方兴起。可惜由于种种原因，人们的注意力仍集中在耕地上打主意，对山区和牧区不屑一顾。大农业问题虽然大家都在讲了，但仍限于农区内的大农业，对于山区、牧区、农区协调发展问题考虑较少，其实这才是我国大农业的核心所在。我的想法是：建设山区、牧区、农区协调发展的农业生产体系，不仅是解决粮棉供应的需要，而且是我国农业的根本出路所在，也是国家安定和富强的长策。

最近，我到山西省吉县进行了考察，深受启发。

吉县是山西的一个山区县，又是一个贫困县，靠近黄河，处于吕梁山南端，无地下资源。但有地多的优势，每平方千米仅 54 人。他们抓住这个优势做文章，经过历届政府近 20 年的连续努力，一个荒山秃岭、地瘠民贫的穷山区，变成了一片绿色世界，森林覆盖率达 39%，水土流失量由每平方千米 11300 吨减少到 5600 吨，年降雨量比周围县增加 15.1～41.5 毫米，生态环境大大改善。全县富裕在望，已完成人均两亩粮地一亩苹果的任务。其他经济林为核桃、柿子、花椒、大枣等也在发展，畜牧业也有较大发展。1994 年，人均生产粮食 652.3 千克。1992 年其红星苹果获全国首届农业博览会金奖。县里同志初步匡算，以一亩苹果年收入 3000 元、一亩仁用杏年收入 1500 元计算，到 2000 年，即可收入 4.5 亿元，为 1994 年工农业总产值的 3.6 倍，不仅农民能富起来，县财政也将大幅度增加，仅特产税一项即可超过 1994 年财政收入（612 万元）的 7 ~ 8 倍。去年有一户农民种的 12 亩苹果收入 6 万元，自动交特产税 5000 元，引起轰动。

县境内有无数条沟壑还未经营，县里同志讲，这是下一步的开发对象，又是一个大的生产基地，群众富裕后就有力量开发了。全部治理后，不仅生产基地将大量增加，水土流失问题将彻底解决，环境将进一步美化。

吉县的变化，显示出山区的巨大潜力，显示了山区在国家经济建设中的重要战略地位。

"希望在山区"，这一论点日益受到更多人的重视。

（《观察家》）

从本溪生态农业建设
看重工业城市解决环境污染的出路

——为《本溪生态农业建设理论与实践》一书所作"序"

　　《本溪生态农业建设理论与实践》是一本内容丰富、资料翔实的书。它记载了本溪市领导、科技人员、干部和群众对生态农业建设的理论探索、规划设想和实践的生动过程，记载了已取得的丰硕成果和有价值的经验，还记载了一批专家学者在考察后提出的论断和评价。对于经济理论工作者具有重要的参考价值，对于地市一级领导在组织全地区、全市的生态农业建设和生态经济建设活动方面，更具有重要的借鉴作用。总之，这是一本具有很大影响和值得重视的著作。

　　本溪市是一个重工业城市，污染又出了名，曾是卫星看不到的烟都；又是一个山区，开发与治理的难度比平原大得多。在这里搞生态农业建设，是要有很大的远见和勇气的，难度大、见效慢、投入多，许多工作往往是前几届的欠债或者为后几届创政绩的，对本届领导说来，有为人做嫁衣的性质。从1987年以来，本溪市领导坚持这样干下来了，并且取得了一个又一个成绩，赢得了城乡人民和干部的拥护和支持，也引起了各方面的重视。这本身就是一件了不起的壮举，树起了一面按新思路艰苦创业的旗帜。

　　我曾两次到本溪市参观、考察生态农业建设事业，参观了各种典型，听到了市、县有关人员的介绍，又详细阅读了市生态农业建设总体规划和其他资料，深深感到本溪市的做法，深刻地掌握了生态经济思想这个新的经济理论的精髓，把发展生产与建设环境、培植资源结合起来，把当前利益与长远利益结合起来，把为当代人富裕和为后代人富裕结合起来，真正称得上是社会主义建设事业。它在较短时间内取得的成就，又生动地显示出生态经济思想的正确性和巨大威力。本溪市认真建设生态农业，实际上是农业生产一场新的革命，也是经济建设工作的一场新的革命，至少在一个重要领域是如此。这里的农村当前各项生产是蓬勃发展的，但并不破坏资源，而且山山水水合理安排，可利用的土地和其他资源越来越丰富，有了一个良性循环的雏形，使人们看到一个美好的、广阔的前景。参观后令人心旷神怡，心情振奋。城区周围出现了一个绿色包围圈，其面积大约为市区的 5 倍，使城里人生活在绿色怀抱中。对农村来说，有了一个绿色屏障吸收城市的污浊空气，保护农村的生产和生活。整个农村又是在绿色怀抱中，形成一片绿色世界。这两个绿色包围圈既保护了农业的健康发展，又大大减轻水旱灾害的威胁。这种景象在全国也是不多的。这是全市人民多年来辛勤建设的成果。有了这样的优美环境，不仅各项农业生产能顺利进行，而且新的生产门路不断涌现，比如山上到处是茂密的森林，野生植物栽培业和野生动物饲养业就能不断发展起来，如野生蔬菜栽培、冷泉养鱼、林间养林蛙等。农村各项建设事业也随之兴起。各项新技术被引入农村。生态住宅、生态庭院、新能源建设等到处涌现。人们的生态意识、生态经济思想逐渐增强。有人说，在这样的农村参观、考察，是一种享受，返回到大自然的怀抱。

当然，现有的成就仅是一个良好的开端，要全部建成还要付出巨大的努力，还有一段较长的路程。比如这里的小流域开发和治理是高标准的，展示的前景是美好的，开阔了人们的眼界。但目前只开发了一小部分，要把全部小流域都开发和治理好，大约需要 20 年的时间。新生产基地建设和新农村建设任务，同样艰巨和繁重。农村文化事业建设更是如此。即是说，从好的开始到全部建成是一个很长的过程，要有一个科学的规划和几届政府接着干的决心和办法，还要有具体的安排和细致的组织工作，才能完成这一伟大建设任务。本溪市已这样干起来并准备继续干下去，直到全部完成。这是本溪市生态农业建设提供的一条重要经验和启示，对各地各级领导具有十分可贵的借鉴作用。

本溪市生态农业建设对农村工业化提出了新的要求，一是要求解决农产品加工增值问题，使农村进一步富起来；二是农村工业不能破坏农村已有的优美的生态环境，要保持一个绿色世界和绿色食品生产基地。即是说农村不能搞污染严重的工业，已有的污染工业要切实治理或转业。市领导已决心这样做了。实现了这一条，就是一个巨大的成就，保证农村的工农业生产在良性循环的轨道上运行，从而能立于不败之地。这一条对各地农村均是重要的启示。

为了保护农业生产和绿色食品生产基地，对于城市工业生产和城市建设也将提出新的要求，城市工业生产不能继续污染农村，城市建设也应如此。即是说要求市领导实行城乡一体化，工农业生产一体化，变城乡二元结构为一元结构，认真建设生态经济市，不再以农村为壑。道理很清楚，农民花大力气建设好的新农村，如果城市污染物继续排入农村，破坏农业生产和农村环境，农民就不会再允许了，矛盾就会激化，这是社会主义国家决不允许发生的事情。因此，必须认真解决这个矛盾。由此可以看出，由生态农业市向生态经济市发展是必然趋势，也是社会主义建设的迫切需要，而且早转早主动早得益。本溪市生态农业建设的成就，必将加速这一转变过程。这是好事，相信本溪市将会提供这方面的好经验。

我对本书的出版极为高兴。一方面人们可以系统了解和学习本溪市的有益经验，推动更多的地方也这样做；另一方面又鞭策本溪市干部和群众加快步伐，取得更大成就和提供新的经验。这两者都有利于生态农业建设事业在全国的推行。生态农业建设是一个新事物，虽然它是发展农业的新思路、新方向，也是我国农村建设的最有效途径，有极强的生命力，但人们对它还不熟悉，需要有更多的典型和经验起示范作用，需要有更多的人来做示范和宣传、说服工作。本溪市由于它是一个老的重工业城市，它在这方面的工作和成就，对人们更具说服力。它又是一个山区城市，对于多山的我国来说，它的经验也是极为重要的。

我祝愿本溪市的生态农业建设取得更大成就，也希望它能提供更多的经验和模式。

（《本溪生态农业建设理论与实践》一书序言，1995年出版）

努力开创我国木本粮油棉果生产持久不衰的新局面

探讨山区的综合开发与治理,既是环境建设与发展生产的结合问题,又是实现我国粮食生产可持续发展战略的要害。这正是生态农业理论在山区建设中发挥作用的良机。对于我们这样一个多山的国家,抓山区综合开发,不仅是建设山区兴办生态农业的关键,而且是解决民族生存与发展的关键,实在太重要了。应该承认抓迟了一些,造成的损失已很大。群众已积极行动起来,并创造了许多成功典型,积累丰富的经验。只有这样理解,心中才能有紧迫感,才能迎头赶上去把这项伟大事业办好,有力地推动山区建设工作。

一、科学理解山区综合开发

提出综合开发山区,绝不是说山区还没有开发,也不是去开发处女地。

实际上,我国山区普遍存在一个过度片面开发问题,已形成严重的恶性循环,一些地方开荒到山顶,水土流失严重,生产生活都难以为继,一大批县迟迟不能脱贫,这就是最突出的表现。在现存592个贫困县中,有496个在山区,占到83.8%。因此,提出山区综合开发,实际上是重新调整山区土地利用结构，调整生产布局，从而合理利用土地，综合发展山区经济，走出恶性循环的贫困圈，进入良性循环轨道。治山、富民、富县、强国。这是纠正山区片面搞毁林开荒、片面发展草本粮食生产的错误。因为这种做法对山区来说是扬短避长，与山区优势对着干，与自然规律对着干，并已碰得头破血流。

其次，山区的木本粮棉油植物很多，发展潜力很大，但长期被忽视甚至轻视，不少地方常常发生砍了经济林改种五谷杂粮的蠢事，影响也很坏。现在讲综合开发，这些潜力均进入视野并被重视，应该说，人们从失误中学到了东西，聪明起来了。

其三，这是重新认识山区和建设山区。它说明人们的认识有了质的飞跃，克服了小农业思想的束缚，这是非常可贵的。这样做将引起一系列重大变化，影响将是很深远的。建设山区工作开展后，许多困扰我们的问题就可以逐步解决。如水土流失问题，水旱灾害不断加剧问题，贫困县脱贫问题，发展少数民族经济问题等。用建设山区的办法，系统协调地解决上述问题，这也可以说是新的起点。

现在，中央决定大力进行山区综合开发，林业部牵头10个部门协作，并已确定24个县为试点县。林业部组织专门班子抓这件事，部长亲自过问，一位副部长专门负责。这在领导层来说是新鲜事，值得大书特书。就林业本身来说，从大木头挂帅到山区综合开发，是一个巨大的飞跃，是了不起的转变。山区建设问题终于有人过问了。我国山区将重振雄风，树起一面新的旗帜，不仅本身能脱贫、致富，还能在木本粮棉油生产方面大放异彩，在解决我国众多人口的吃穿问题上，为国分忧，开辟新路。

二、许多山区县已积极行动起来

80年代初，我国山区工作中出现一件新事物，即小流域综合开发和治理。这是山区建设的新形式，符合山区综合发展的规律，效果显著，群众欢迎，很快在许多山区推广开来。它与山区土特产品受到青睐价格看好的因素相结合，在许多山区形成山区建设高潮。人均一亩经济林的口号，在许多山区提出来了，有的已经实现并超过了。

最近看了山东5个山区县，大开眼界，还产生一个强烈的想法：山区的本质是富庶的，贫困是现象，可以很快改变。它可以生产大量财富，特别是可以生产大量木本粮棉油产品，满足国家的紧迫需要和出口创汇。关键的一条是重新认识山区，按山区的发展规律建设山区。我到过的五县是：

（1）临朐：只看了半天，但强烈感到山区在猛烈地改变面貌。大种经济林，改变过去开山到顶种五谷杂粮的做法。万亩山楂林、万亩板栗林和果园到处出现，小片的更是到处都是。山区有些耕地逐步改变为经济林，未利用的土地被充分利用起来。

（2）泗水：在这里刚刚举行了全国走出贫困理论讨论会。它是个贫困县，最近脱了贫。它原来不贫，山上经济林很多，以粮为纲时把它们改为粮地，穷了。现在又改回去，加上工业的发展，最近三年发展很快，富起来了。与会人员参观后反映强烈。

（3）山亭：一个新建立的区（1983年把两个县的最贫困山区并在一起），经过十几年的努力，治理了绝大部分山头，营造了经济林（已达人均一亩）和水保林，山头绿起来了，走出了贫困。并成为全国各地参观学习的重点。光明日报社主办的《中流》杂志今年出了一本专辑《大山·悲壮与辉煌》，作家们在写他们了。据说，不久还要在北京举行一次山亭研讨会。

（4）莒南：最近十年来，在山丘区发展了40万亩水果，25万亩板栗，还有3万亩茶叶、3万亩桑园、3万亩柳条以及其他杂果等，共约80万亩。不仅对山丘区的种植结构进行了合理的调整，还在山丘区又创造了一个莒南。计划提前达小康。临沂市最近在那里召开奔小康的会议。

（5）五莲：老典型又有新发展，林业部李育才副部长称之谓江北第一县。前些年上海经济区的考察人员称之谓为生态农业的典范，省的山区建设典型。一个50万人口的县，现有20万亩苹果，15万亩板栗，还有柿子林、枣林、茶叶、桑园、樱桃等，以农村人口计算已达人均一亩。全境山清水秀，景色迷人。单是万亩以上的板栗林就有 8 片，气魄雄伟，令人振奋。又建起了龙头企业，保证这些产品有销路，农民无后顾之忧。

这些县人口密度大，如莒南每平方公里 560 人，泗水 530 人，五莲 334 人。不仅取得上述成就，而发展潜力还很大。山区人民的气魄实在太感人了。

特别令人高兴而值得大力宣传的，是山区木本粮棉油生产潜力是相当大的。在木本粮食方面：莒南的板栗林已达 25 万亩，计划发展到 30 万亩；银杏 1 万亩，五莲已营造了 15 万亩，县林业局梁局长说，可以搞到 30 万亩；还有几万亩柿子和大枣；其他几县均在大力发展。莒南、五莲、临朐均有几万亩桑园，是山东的丝绸生产基地。山亭的花椒可谓满山都是。这还是在自由发展的形势下形成的，如果国家有计划地提倡和组织，数量还可以增加。对于解决我国粮棉油产品紧缺问题，提供了新思路和新途径。

上述五县的情况，充分说明了山区的建设高潮已经来了。这样，山区综合开发试点县应如何进行呢？是迎接高潮走在前头，还是脱离高潮另搞一套呢？这是需要认真思考和探讨的问题。我们这次学术讨论会应议论一下，理论研究应有一定的超前性。

为了更好地进行山区综合开发和建设山区，首先应该向群众和基层学习，认真总结各地的成功经验，弄清它们的开发过程，弄清山区建设规律，找到山区综合开发的科学办法。对于过去的失误及其后果，也应认真研究，吸取有益的经验教训，防止重犯九个指头的错误。只有做好这些工作，才能正确指导这个高潮，推动山区生态经济林的全面建设。科学技术方面的问题很多，应组织专家学者认真研究解决，保证山区的产品有竞争力、有销路。这是推动山区建设高潮健康发展的重要环节，也是各级领导要大力做好的事情。

三、持久振兴木本粮油棉果生产的康庄大道

如何解决我国粮食问题，正面临着一场大的论战。

2030 年，我国人口将达 16 亿人左右，而耕地面积还得减少，人民生活水平还要提高，这一增一减一提高，说明我国粮食问题的严峻形势。应该看到，老办法已无法解决这个问题。

美国世界观察研究所所长莱斯托·布朗提出，2030 年时，我国将缺粮 2 亿多吨到 3 亿多吨，世界市场没有能力满足。未说出的结论是，我国将陷于饥饿状态。这个论断引起了国内外各界的广泛关注。

对此，国内专家学者开展了讨论，从已发表的材料看，有两种论点。

一种非常乐观。认为耕地潜力还很大，可以解决 16 亿人口的吃穿问题，布朗的论点没有根据。有的说，2030 年，即使耕地减少 1/3，也能满足我国粮食的需要。还有的说，我国耕地的生产能力可以养活 18 亿人口。

另一种承认粮食有缺口，但数量不大，国际市场可以供应，也不会影响粮价，对其他粮食进口国家构不成威胁。所估计的缺数从 5000 万吨到 1 亿吨之间，比布朗的估计少得多。

国内专家学者在讨论我国粮食时，都只在耕地上打转转，只考虑草本粮棉油，没有人提到山区的潜力，特别是木本粮棉油的生产潜力。草地和水面的能力，有人注意到了。这种目中无山的现象，对于一个多山的国家说，实在是非常奇特的。上述 5 县已形成的木本粮棉油基地，充分说明目中无山的思想是多么脱离我国山区的实际。

我认为，我国农业的出路在于建立山区、牧区、农区协调发展的农业生产体系，在于实行草本粮棉油生产与木本粮棉油生产并举，用后者补前者的不足，两条腿走路，则是全面发展中国农业的康庄大道。

具体措施是：从现在起，在保护和经营好耕地的同时，有计划地在山区逐步建立 4 亿～5 亿亩木本粮食基地，2 亿～3 亿亩木本油料基地，几千万亩桑园；在牧区和南方草山建立 6 亿～7 亿亩人工草场，发展草食畜牧业。我国约有 80 亿亩林地和草地（包括荒山荒坡），建立上述基地是完全有条件的，特别是木本粮棉油资源和牧草资源是十分丰富的，可谓全面而科学利用天地资源的优化组合。

这样做的好处是：

（1）满足国家和城乡人民的需要；

（2）山区人民可以富起来；

（3）减轻农区的压力，能够合理调整种植结构；

（4）改善全国的生态环境，必须首先抓好林地和草地建设；

（5）尽快使少数民族地区富裕起来；

（6）能吸纳农村众多的剩余劳力；

（7）有利于全国的经济建设。总之，搞好山区，全局皆活。

这是截然不同解决粮食问题的两种农业发展战略，也是两种思想方法的大论战，关系到国家的兴衰，决不可等闲视之。

四、为振兴中华再进山

据说目前有众多国际性组织在尼泊尔王国研究亚洲的山区问题。他们的论点是：世界的贫困问题在亚洲，亚洲的贫困问题在山区，解决贫困问题的关键在山区，在于把山区建设好。我国的现实也是如此。

不仅如此，目前困扰我国的许多问题，根子都在山区。如水土流失、西南地区石漠化、水旱灾害不断加剧、农村多余劳力、少数民族脱贫等。解决粮食不足也得靠山区，眼睛只盯着国际市场不是个好办法。只有把占国土 70% 的山区建设好了，这些难题就迎刃而解。这个道理不言而喻。一位外国专家说，能治山者才能治国，很值得我们思考。

当前的一个突出现象是：一方面山区有大量荒山荒坡未利用起来，消灭荒山成为一大奋斗目标，拍卖四荒也成为一个热门话题。另一方面，山区大量劳力外流形成了民工潮，并已有大量文章在研究这个问题。还有另一种出山潮，据说在 8000 万贫困人口中，约有 500 万人需要迁出来异地安置。单是宁夏回族自治区就要迁出 100 万人，要投入 30 亿元。对这个土地无人用和人力无处使的现象，应如何理解和解决呢？真的结合不起来吗？

真的束手无策吗？

　　且来看一些实例，湖北的京山县近十年来，开发并经营起 100 万亩山地，本县农区劳力大量进山，又吸引了外地劳力 1.8 万人，其中近万人已落了户。该县没有劳力外流的。国家劳动部门的同志对此极为赞赏，认为它为解决农村多余劳力找到了一条新路。浙江的临安县由于经济林已达全县人均 2 亩，生产门路多了，现在吸引了外地 8 万多劳力。全县 1 万多台织绸机，大半由打工妹操作。这些实例给人们以极大启示。如果每个山区县都进行综合开发，大力发展生态经济林，搞活产品加工，运销随之兴起，做好思想宣传，出山潮就将倒转过来。我们可以反问一句，为什么山区县不应该这样做呢？

　　总之，无论从哪一方面讲，我们都面临一个再进山的问题，为振兴中华必将出现一个民工回归建设山区的新高潮。应该以建设山区综合开发试点县为契机，大力推动正在兴起的山区建设高潮。从理论指导、科技支持和人财物力投入等方面，保证这一建设高潮更有效、更积极地开展起来。目前山区群众积极性很高，许多县的领导积极性也很高，典型经验很多，正是推动山区建设的千载良机，也是我国经济建设继续高速前进的伟大方向，决不能失之交臂。我国生态经济学界应为此做出积极贡献，这也是发展生态经济理论的大好时机。尤其希望中青年生态经济学者投身到这个伟大事业中来，推动山区美好的创业建设，从生态林和经济林的全面发展走向更大的胜利。

（《当代生态农业》1997 年 1～2 期）

为丘岗鸣不平

——应该唤醒谁

《人民日报》于 1997 年 1 月 13 日用"唤醒丘岗"的大字标题，报道了湖南省大规模开发丘岗的成就和诱人前景，读后振奋不已。

该省近 3 年的丘岗开发，"共改造和新开发丘岗地 113.4 万公顷，其中新开发面积 53.6 万公顷，建成高效丘岗面积 593 万公顷。开发出来的丘岗山地效益大增，气象更新。"人们也进一步认识到"湖南农业发展潜力在山，希望在山"的道理。这个新的觉醒是发人猛省的，由此产生的威力将更为巨大。

为了开发丘岗，近两年全省共投入 15.8 亿元，其中各级财政投入占 5.1%，信贷投入占 20.64%，引进外资折人民币占 3.9%，其余为群众集资、农村合作基金投入和集聚社会资金，合占 64.36%。按改造和新开发面积计算，每公顷平均近 1500 元。财政投入是重要的，表明政府的态度和决心。大头是群众投入，说明群众的积极性是关键所在。开发丘岗，群众首先得利，符合他们的利益，也符合自然规律，这正是进展迅速的奥秘所在。为了推动这项活动，省领导部门拿出了全省开发的具体规划，明确了全省开发的 9 大示范片，还成立了开发领导小组，出台了一系列优惠政策，一批开发招商项目落实到了具体单位。省党政主要领导还亲自办样板，有的抓柚子，有的抓枣子，有的抓竹子,均是大规模的。省主要领导的行动表明,他们对多年前提出的"湖南失误在山"有了更深的认识,决心把失之于山变为得之于山。这又是新的觉醒。所有这些都是人的觉醒,对丘岗乃至整个山区重新认识,进行合理开发和利用。称之谓"唤醒丘岗"是值得商榷的。

实际情况是,这些年来,丘岗乃至整个山区并没有沉睡,它们在不合理的开发利用下,负担过重而呻吟着。特别是丘岗和浅山处于平原和大山区的过渡带,人口较多,交通比较便利,成为人类活动较频繁的地方。人们为了粮食自给,不断毁林开荒,甚至把"一把无情火烧出万斤粮"作为成绩,还任意砍伐树木作燃料,任意放牛羊,有一个时期还铲草皮沤肥料。一句话,任意掠夺这里的自然资源,很少进行建设,因而,资源不断减少,植被恶化,水土流失日益严重,水旱灾害加剧,情况是严重的。说丘岗乃至整个山区在呻吟着,是毫不夸大的。现在大力开发丘岗,绝不是开发处女地,实际上是纠正不合理的利用方式,按照当地的优势发展经济林果,并且建设生产基地,增加植被,控制水土流失,减少自然灾害。即是说按照客观规律,合理利用并建设丘岗进而建设整个山区。这正是人的觉醒,特别是各级领导和直接管理丘岗和山区人员的觉醒。如果把这称谓"唤醒丘岗",则是弄错了对象,又错把呻吟者视为沉睡者,因而不得不为丘岗大鸣不平。

对丘岗和山区利用不当是一个普遍性的现象,问题的严重性正在这里。《中国科学院院刊》1996年第6期刊载了中国科学院地学部《关于东南红壤丘陵坡地农业持续发展问题的建议》中就具体分析了这一情况。建议指出"我国东南红壤冈丘地区,约跨南方10个省(区)、619个县(市),共113万平方千米,占全国土地总面积11%,人口约占全国的30%。该区由于受季风影响,水热资源丰富,生物循环再生和土地更新力强,农业生产和经济发展潜力很大,是全世界同纬度地带上一块难得的宝地。该区以光、湿、水为指标的气候生产潜力,是三江平原的2.63倍,黄土高原的2.66倍,黄淮海平原的1.28倍……该区尚有1700万公顷宜于近期开发的丘陵坡地,有3300万公顷林地,还有700万公顷灌木疏林,可改造成为我国热带、亚热带经济林果、经济作物及名贵药材等的重要生产基地"。

这里说的 10 省（区），指的是海南、两广、两湖、江西、福建、浙江、江苏和安徽，是我国经济较发达地区，人口又多，但未利用或利用不合理的丘岗地却有 5700 万公顷之多，占 10 省（区）丘岗面积的 50.4%，实在惊人。其他省（区）未利用和利用不合理的山地，比重可能更大。它既说明问题的严重，又说明潜力之大，更说明唤醒问题的紧迫。当然决不能把对象弄错，这也正是要大鸣不平的重要原因。

报道又说："湖南省继'五年消灭荒山，十年绿化湖南'的举措之后，又进一步推进大力开发丘岗战略，发展山地经济"。这又引发另一个思考的问题，即消灭荒山和绿化与开发丘岗，是两个不同的战役，还是一个战役的不同组成部分但可以分阶段进行？

在这个问题上，我遇到过一个实际例子。1990 年秋，我到福建省龙岩地区考察，当我提出龙岩地区是山区，人均只有半亩左右耕地，只能勉强吃饱肚子（当时粮食还不能自给），但人均有近 10 亩（约 0.6 公顷）山地，要富民和发展农村经济，只能充分利用山地发展经济林果，第一步做到人均一亩（0.067 公顷）经济林，以后再逐步增加的问题时，当地的领导才发现问题，大叫辛辛苦苦干了一件蠢事。原来他们为了限期消灭荒山，把可以种经济林果的丘岗和浅山都造了用材林，现在要发展经济林果，又得毁掉新造的用材林，劳民又伤财，群众当然要埋怨。湖南也已消灭了荒山，现在大规模开发丘岗，进一步还得开发整个山区，是否也有这个问题呢？一些省（区）正在限期消灭荒山，这些应该发展经济林果的丘岗，是先造用材林还是留出来以后种经济林果，如果留下来算不算消灭了荒山？如果不弄清楚这些矛盾，我们势将陷入两难境地。总之，消灭荒山与开发丘岗的关系问题，是一个需要探讨的实际问题，已有的经验和教训应认真总结并明确提出来，不能含糊其辞。

处于生产第一线的人们，为了生存和发展，根据与自然界打交道的实践，已找到了解决的办法并创造出有说服力的典型。最突出的就是按小流域综合开发和治理这一形式的出现和推行，这是 80 年代提出的山区建设的新经验。它是水土保持工作的质的发展，按小流域进行综合开发，为了开发而治理。把水土留下来自己用，保证开发的需要。开发又是综合性的，流域内的土地和其他资源全部利用起来，农林牧渔协调发展，除必要的自给部分外，集中力量建设商品生产基地，同时建设环境，使生产建设进入良性循环的轨道，环境也幽美了，不少地方成了新的生产基地和旅游景点。这是山区建设的新途径、新事物。开发和治理的小流域大小不等，从几平方千米到十几、几十甚至几百平方千米，呈不断增大趋势。90 年代末出现了以县为单位综合开发和治理典型，内容更丰富，规模更大，这又是一个新的发展。它们有的叫生态农业县，有的叫生态林业县，有的叫生态县，有的叫生态经济县，但做法大体相似。首先是制定一个科学的综合发展规划，把县城分为几大片，每片搞示范点，成果及时在同类乡、村推广。组织县级各部门的人财物力协同作战，分片包干。县级主要领导亲自组织协调，及时解决有关问题。这类县不仅生气勃勃，而且成效显著，干部和群众心情舒畅，生产不断发展，社会安定。它们的共同特点是，运用生态经济理论，实行大农业发展战略，与小农思想、掠夺性经营思想决裂，把发展生产，建设环境、培植资源认真结合起来，走良性循环的发展道路。农业发展后，加工工业，小集镇建设，第三产业随之兴起，文教卫生等各项建设也逐步发展起来。许多县已决定建成绿色食品生产基地。上述情况表明，条条各自为战的问题，从县一级解决是比较容易和有效的，也是目前比较可行的办法。这批县的成就和经济建设思路，是新鲜而宝贵的，而且又都是自发搞起来的，未吃什么偏饭，经验朴素而实用，说服力极强。实在应该认真总结和大力推行。"郡县治，天下安"，县一级建设好了，农民富了，社会就安定了，各项建设事业就能顺利进行。

更令人高兴的是，一些地区和地级市已在全地区和全市范围内推行这种办法，所属县市劲头更大，孤立感没有了，有些问题由上一级协调，行动起来也更为方便。这又是一个新发展、新事物，它将产生更大的推动力。

省一级这样做的也有了，最突出的是江西省的山江湖开发治理工程。这一工程已引起联合国有关机构的重视和支持，一些国家也派专家来考察。它已列入中国 21 世纪议程优先项目，说明中央已重视这一做法。我认为这种逐步向高层次发展的综合化趋势十分值得重视。

为了搞好已提到议事日程的山区综合开发试点县的工作，应十分重视上述典型和成功经验。同时，还要注意对不断出现的不同认识，开展必要的讨论，活跃人们的思想，努力探索新思路、新途径，推动我国的山区建设事业。我国的山区综合开发是一项伟大而艰巨的工程，不仅要付出巨大的努力，还需要有更多的新思路、新途径。

笔者的这篇小文就是为了活跃思想而写的，对不同认识发表了不同看法。这是一种尝试，自然欢迎批评和讨论。

（《林业经济》1997年第2期）

建立山区、牧区、农区相互支持的农业生产体系

——我国农业的根本出路所在

一、客观形势决定应该这样做

我国农业要摆脱当前的困境，要养活众多的人口，同时保持一个适宜的环境，保证民族的生存和发展，任务是极为艰巨的。为此，应该克服小农业思想和掠夺性经营思想，实行大农业发展战略和生态经济思想，认真建设山区和牧区，使之与农区形成三大块相互支持和协调发展的生产体系，并使农业生产体系进入良性循环的运行轨道。这是我国农业的根本出路所在。

这个发展战略，是由我国的国情和资源形势决定的。我国的国情是：一个多山的国家，山丘区面积约占国土的70%；一个草原大国，仅北方草原就40多亿亩，为耕地的两倍多；农区相对来说是比较小的，天然自然条件是很优越的。这三大块形成鼎足之势，相互支持。山区和牧区是农区的屏障，又是许多资源的补给地，后者在资金、人才和技术上支持前两者。就土地资源来说，在6.67亿公顷的农业用地中，耕地只占很小一部分，约4/5的土地只能造林和种草，它们主要分布在山区和牧区。而我国的林草资

源又十分丰富，有大量的经济价值很高的优良品种，与广大的农业用地同时存在，真可谓天作之合。据有关部门调查，我国有木本植物 8000 多种，其中乔木 2000 多种。有众多的竹类、木本粮油植物、药用植物、蜜源植物、芳香植物等，牧草也在 5000 种以上，还有丰富的野生动物资源。只要把些资源合理组合起来，做到适地适树和适地适草，就可以建立种类繁多的商品生产基地和木本粮油生产基地，提供大量的食品干鲜果品、药品、蔬菜和工业原料，并为当地乡镇工业发展创造条件，山区和牧区人民也自然能富裕起来。不仅可以屏障农区，更能支持国家的经济建设。

新中国成立以来，我们对上述形势是怎样认识的呢？实行的是什么发展战略和经营思想呢？结果又如何呢？必须遗憾地承认，我们实行的是小农业发展战略，只重视农区而且只抓种植业，对广大山区和牧区建设长期忽视了，只是一味索取。对于三大区域的自然资源又都采取了掠夺性的经营。结果自然是灾难性的。对此，科学家们已发出警告了。且听听他们的论断：

20 世纪 80 年代初，农学家们就指出："新中国成立后……在相当普遍的地区，在不同程度上对农业自然资源实行了掠夺性的经营方式、破坏生态平衡，致使资源衰退，形成了农业的恶性循环。……这种情况，在 50 年代后期就开始出现，此后则越演越烈，造成了严重的恶果"（《中国综合农业区划》1981 年）。

差不多 10 年以后即 1991 年 4 月，中科院地学部的专家们更严厉地指出："新中国成立 40 年来，我国经济高速增长是以高消耗资源和牺牲环境为代价，若仍以这种粗放型经济增长方式，即使可以实现 2000 年国民生产总值翻番的目标，但在未来的发展中仍是难以为继的"（中国科学院地学部《我国资源潜力、趋势与对策，关于建立资源节约型国民经济体系的建议》）。这里讲的是整个经济增长方式，农业当然在内。

我国的科学工作者是严肃认真的，他们的论断和警告，值得我们认真思考。

二、严峻的现实更迫使人们猛省

现实情况是我们工作的最好鉴定。

我国草原情况是令人担心的。草原专家指出：我国草原就面积和自然条件来说，与美国的差不多，但美国的草原提供肉类的 70%，我们只提供 7%。1993 年，全国肉类增产部分，草原仅占 2%，说明它的生产力在继续下降，这是一个可怕的信号。更可怕的是现在仍继续超载运行，即继续沙化和退化。一位草原学家几年前就警告说：我国草原正在加速向崩溃前进。为什么会如此？应该从指导思想、经营思想和政策等方面认真思考，投入了多少又索取了多少，经常表扬的是什么，批评的又是什么？如此等等。比如，现在东北和华北地区的贫困县，有很大一部分连成一片并集中分布在农牧交错地带，又是沙漠化最严重的地区。这一现象说明什么呢？应该看到贫困是现象，是自然界对我们的报复，根源是这里的生产方针违反了自然规律。

我国山区的情况也是令人担心的。原来划定的 18 片贫困地区都在山区，而且大部分在南方山区。山区几乎成了贫困的同义词，成了一些人们心目中的"包袱"。山区为什么穷，特别是南方山区是公认的全世界的一块宝地，资源丰富，气候温和，雨量充沛又雨热同期，为什么也穷呢？应该说除客观原因外，与我们对山区的认识和做法有很大关系。山区本身是一个复杂的有机整体，开发和建设山区是项复杂的系统工程。我们至今还没有一个综合研究山区的研究所，对于一个多山的国家来说，实在不可思议。现实情况是：砍木头有人，开矿有人，修公路有人，修水库有人，农民为了生存也不断开荒种粮，一句话，向山区拿东西的有人，就是无人研究综合开发和建设山区。因而，新中国成立以来，山区的固体水库缩小了，绿色水库减弱了，水土流失面积扩大了，泥石流、塌方等现象越来越严重，且近十年呈恶性发展之势。水旱灾害越来越严重，对农区和城市以及大江大河的威胁，也日益严重。情况十分清楚：山区不建设好，农区和城市的许多问题就无法解决。就说长期困扰我们的缺水问题吧，在山区水土流失日益严重的情况下，雨季山洪暴发，只能恭送它安全入海，无法蓄积；雨后又无水可用，加上上述固体水库和绿色水库的恶化，缺水问题就只能越来越严重。此外，竹木资源在山，茶叶产地在山，药材资源在山，蚕桑也正在进入山区，山野菜和野生动物也在山，如果山区不建设好，不仅山区人民富不起来，城市供应和出口需求也无法满足，另一方面农区受到了压力必将不断增大，结果只能是全面紧张。

如果山区和牧区继续破坏下去，生产力继续下降，且不说那里的人民不能脱贫，仅靠农区也无法养活众多人口。更严重的是，牧区的沙漠化，山区的水土流失和一些山区的石漠化，正威胁着农区的生存和发展，人们的生存空间不断缩小。当然还有民工潮的压力。

痛定思痛，应该猛省了。为了民族的生存和发展，也为了完成农业的繁重任务，这个抓三大片的大农业发展战略应该认真推行了，在抓农区的同时，应认真抓山区和牧区的建设。这正是战略上靠科学的具体体现，也是农业现代化的关键所在。

三、农民和基层领导已积极行动起来

转变思想，改变做法，实行大农业发展战略难吗？有可能吗？回答是有一定难度，但不如想象的那样困难，是完全有可能实现这一战略转变的。根据就是 80 年代山区人民已积极行动起来，创造了成功的经验和一大批有说服力的各种类型的典型。更可喜的是，加上其他因素的推动，一个山区生产和建设高潮已在一些山区悄然兴起。农区和牧区也同样创造出了新经验、新典型。当前的问题是，群众已坚定地走有前头，是领导要跟上来的问题，这应该是好解决的。

我讲的这些新经验新事物，就是农区的生态农业县建设，山区的小流域综合开发和治理活动，牧区的家庭牧场兴起以及一些城市推行的生态城市建设。它们的共同特点是：人们有了生态经济思想，赞成大农业发展战略,自觉地与小农业思想以及掠夺性经营思想决裂,把发展生产与建设环境、培植资源结合起来,积极建立资源培植型的农业生产体系。他们有计划地利用各种土地资源和生物资源,建立内容丰富的生产基地,积极发展乡镇企业,对农产品进行加工增值,建设小集镇以及各项建设事业,发展县域经济。一些城市实行城乡一体化,统一安排城乡的生产与环境建设,走共同富裕的道路。这些典型都是自发搞起来的,是基层领导、科技人员、群众共同创造的,没有特殊条件,只是按新思路把现有的人财物力协调起来、统一行动。因此,这些典型和经验形式朴素、易懂、易学、易推行。只要各级领导加以支持,对一些贫困地区给点启动资金,这些新事物就能更快地发展起来。这样做,就是推行大农业发展战略,不仅有利于农业的发展,对整个经济建设也极为有利。我在《迎接生态时代的春天》一文中详细论述了这些新事物,这里只举小流域综合开发和治理情况作为例证。

"80年代初山西省首先搞起来,开始时叫小流域治理,着眼于解决水土流失问题,保障下游的村庄、农田和河道。由于承包期较长,承包户就用以发展经济林木或种牧草发展畜牧业以增加收入。在科技人员的帮助下,很快发展为小流域综合开发和治理,而且治理首先为了本身的开发。规模越来越大,从几百亩到几千亩,从几平方千米到十几、几十平方千米,涉及几个村或几个乡。在一个流域内,从山顶到山沟,统一安排各项生产和治理工程,力争全部土地都安排用场,水土尽量蓄存,做到水土不出流域或清水缓流不为害。一个小流域就是一个综合生产基地,有农民自用部分,也有一项或几项拳头商品。由于这样做符合自然规律并能使农民很快增加收入,农民积极性很高,因而进度快、质量高、效益好。这一开发、治理形式很快在北方和省(区)传播开来,有的叫生态经济沟,有的叫围山转,有的叫开发带,实际上都是以小流域为范围建设商品生产基地,又美化环境、改善生产条件,因而是一项综合建设工程。不少地方新村建设同时进行。从我们在各地看到的各种模式分析,形式大体相似:山顶是防护林和牧草,山中部是干果,下部是水果,山沟两岸是农田,村落散布其间,沟里有蓄水工程，有的山顶还有蓄水设施，用电力抽水储存，旱时灌溉果园。许多昔日的荒山荒沟，如今变成了花果山、花果沟，连成一大片，又成为一个风景区，新的旅游景点"。

"南方山区由于自然条件优越，开发规模更大，内容更丰富多彩。各地兴起了成片的果园、桑园、竹园、花卉园、药圃，野生动物饲养场、饲养专业户。二层小楼新居在各处山沟兴起，使山区更显生气"。

"总之，小流域综合开发治理，是我们终于找到的建设山区的一种好形式，反映了山区人民新的觉醒，自觉地与小农业思想、掠夺性经营思想决裂，在生产活动中把发展与环境建设、资源培植结合起来。这样做，既不与别的流域发生矛盾，而且先易后难，一些投资较大的建设工程，可以视自己的力量逐步实施。"（《迎接生态时代的春天》，选自《生态农业研究》1994年第4期）

小流域综合开发和治理，是山区人民从头收拾旧山河的壮举。只有这样，山区才能富起来，并立于不败之地。当然，把小流域全部开发和治理好，也不是轻而易举的，要付出巨大的辛勤劳动，还得有一定的投入。就一个县来说，大约需要20年的时间，即差不多一代人的努力。为此，要有一个科学的县级综合发展规划，分批分期推行，持之以恒，实行5～6届政府念"一本经"，坚决克服一个将军一个令和各念一本经的短期行为做法。

农区的生态农业县建设和牧区的家庭牧场建设，必须持之以恒。

以县（旗）为单位，有计划地推行农区、山区、牧区的大农业发展战略，即用新思想发展县域经济，是一项复杂的系统工程，因此要制定一个科学的综合发展规划，要协调各部分的工程，把它们的人财物力组织起来有计划地实施规划，要几届政府一本经，直到规划完成。

漫谈城市与山区的关系

一、抚顺市山区人民的呼声

1997 年 9 月 24 ～ 27 日，笔者到辽宁省抚顺市参加"山上再造抚顺"讨论会，并访问了清原和新宾两个满族自治县的山区，听到了一些关于城乡关系的尖锐的议论，也引发了自己的新思考。

抚顺市是有名的煤都，是市区人口已达 120 多万人的大都市，但又是一个"八山一水半分田，半分道路和庄园"的纯山区。这里的山区是一个大林区，森林覆盖率达 62.3%，这是得天独厚的优势。距市区不远处有一水库，即有名的大伙房水库，纳蓄山区的雨水，保证沈阳和抚顺两大城市用水。为了保证两大城市的工业和生活用水，就要保护大伙房水库的水源和水质，因而对库区上游各县提出一系列严格要求，从而产生城市与山区的新关系，促使人们进一步思考城市山区关系的新问题。

城市对水源库山区提出的要求是：严格保护森林，不能随便采伐和开荒，对于荒山荒坡要积极造林，不能兴办有污染的工业。这样，山区的工农业生产受到许多限制，而这种限制是无限期的，两大城市存在一天就得限制一天。为了两大城市的发展，这样做是十分必要的也是应该的，山区人民应该支援国家的工业和城市建设。山区人民为此已默默奉献了数十年。但是，由于山区和城市经济发展的差距越来越大，由于全国 2000 年要达到小康水平的刺激，特别是由于市场经济体制的冲击，他们终于提出问题了："我们年年为保护水资源和水的清洁作出牺牲，保证了两大城市的发展，而且还要长期牺牲下去，两大城市应该怎样补偿我们呢？两大城市严格要求上游供给他们清水，而它们自己却把污水送给下游，这种双重标准是合法的吗？合理吗？谁允许的呢？"他们的问题得不到回答，但呼声越来越强烈，到了再也不能忽视的程度，因为随着城市的扩大和新城市的兴起，这个问题会越来越突出。

二、山区是城市的生命线

抚顺市山区人民的意见和呼声是一个具有相当普遍性的问题，即城市与山区的关系和城市应否积极参加建设山区的问题。比如，北京市如果没有密云水库等供水会是个什么样子呢？天津市如果没有潘家口水库每年供应 9 亿立方米水又会是个什么样子呢？如果这些水库的水质变坏不能食用，这些市又将是什么样子呢？实在不敢想象。每个城市都有它的水源地，都要保持必要的清洁度，也都对水源上游地区提出类似抚顺市提出的要求，这是城市发展的需要，也是合理的。同样，在当前市场经济体制条件下，当然也会面对着山区人民的强烈要求和呼声。最近河北省承德市在它的山区建设规划中，就明确提出这样的要求："请省和国家建立起有效的京、津、唐、秦利用承德水资源的补偿机制（如每立方米补偿 0.03 ~ 0.05 元水费，按每年供水 30 亿立方米计算，可补偿 0.9 亿 ~ 1.5 亿元）"。承德市的要求是一个新发展，突破了行政区划的范围，提出地区以外城市与山区建设的关系问题，而且提出问题的已不是山区人民，而是山区地市一级的地方政府。人们从更大范围和更高层次考虑问题了。这是对的，应该从全流域考虑水源和水质问题，仅考虑库区是远远不够的。以承德为例，只要承德市整个山区建设好了，荒山绿化，林草覆盖率大增，水源也就多起来了，只要不发展污染工业，水质就有保证，京津唐秦四市可用的水也就多起来，工业就能进一步发展。当然，承德市山区首先得利，可以利用良好的森林环境发展有特色的山区土特产品生产，发展山区经济，森林旅游可以大发展。四市大力支持承德市山区建设，既是支援山区，又是自己的水源建设和生态环境建设，后者是重要的。在北方建设一个新林区，好处太多了，气候和雨量都将发生有利变化，可以改善城市的食品供应，周围山区富起来了，也有利于社会安定。从这里看，山区是城市的生命线，参加有关山区的建设是城市工作的重要内容之一，对于多山的我国来说更是为此。我们应该重新认识山区，重新考虑城市与山区的关系，那种目中无山，认为山区建设完全是山区人民的事，与城市毫无关系的想法，是非常短视的，说的尖锐一点则是有意回避自己的责任。古今都道饮水思源，四市的水源地在承德山区，这是铁的事实，年年用山区的水，怎能不积极参加山区建设呢？不积极参加山区建设，又怎能要求人家保持水质呢？

三、纳清吐污的双重标准不能再继续

城市纳清水吐污水的做法，对城市讲可以省投资，也比较方便，但对社会造成的损失太大，实在不妥当。先说纳清。城市吸纳清水是城市的需要，这样做是有理由的。但把许多原来用于农田灌溉的水变成城市用水，一些地方的农业生产就要受到影响，那里的农村经济发展也会受到影响。随着城市增加和城市用水量的增加，农业受到的影响也会不断增加，达到一定程度就要引起质的变化，农业就难以应付。这个变化必须密切注意并早筹对策。除认真节约用水外，积极参加有关山区的建设，共同培植水源，是一种有效的补偿办法。仅从这点看，城市参加山区建设也是十分应该的，何况又能加强城市和山区的联系。那种专门等待国家跨流域调水来解决的想法既不现实又贻误时机，实在需要重新考虑。再说吐污。每个城市都在吐污水，城市周围特别是下游受到日益严重的污染，农民只能用污水灌溉，农产品污染了，城乡人民都受害，造成人们心理紧张并引发一些社会问题。一些地方人们已提出"被污染包围的小康"一类问题。

长此下去，清水越来越少，污水越来越多，污染范围越来越大，城市本身也深受其害。现在国家大力治理三湖三河（太湖、巢湖、滇池、淮河、辽河、海河），三湖都位于大城市附近，三河中的两河也流经大城市附近，正说明城市吐污的严重恶果。城市成了污染源和破坏因素，实在是令人难堪的事。如不改变，人们对城市的责难将越来越严厉，城乡关系越来越紧张，这个问题已到了非解决不可的时候了。现在，建设卫生文明城市的活动正在开展，这是大好事。为了推动吐污问题的解决，应把治理本市污水情况作为卫生文明城市的标准之一。如果仍然把自己的污水给别人，就不能叫做卫生文明城市，否则，是不能让人服气的。

城乡是个老问题，人们考虑得较多。城市与上游山区的关系，即与水源供给地（山区）的关系，虽然早已存在但人们注意得较少，可以说是一个新问题。这个问题由于城乡差距的扩大和市场经济体制的冲击而日益突出起来，城市纳清吐污的双重标准又加剧了这一矛盾。山区人民已提出强烈要求，到了认真研究和解决的时候。城市积极参加有关山区的建设工作，给予财力和物力支持，是有效的解决办法之一，而且对双方均有利。现在山区建设的形势很好，正是解决这个矛盾的有利时机。城市和上级领导机关应该下决心这样做了。

（《林业经济》1998年第3期）

树立生态安全新思想

——世界地球日活动上的发言

一、地球病了

目前,地球病情严重,患了多种综合征,从森林剧减,生物物种大量消失,到温室效应,空气、水污染严重;从荒漠综合征到垃圾综合征,已威胁到人类的生存。这主要是人类错误活动的结果,一是索取无度,使它失血太多,形成贫血症;一是给的太多,使它消化不了,形成肥胖病。人类以地球的主人自居,又不了解地球,把它作为百宝箱,要什么拿什么,要多少拿多少,它应付不了。又把它作为垃圾坑,什么废弃物包括有毒物质都往里扔,它承受不了。久而久之,各种病症就爆发出来,有人惊呼"濒临崩溃的地球"。地球是一个有机的生态系统,有它的运行规律和一定的承载能力,是不能违反的。人类长期不理解、不遵守,弄得地球百病缠身,人类也遭到报复,自作自受。

我国是发展中国家,工业化刚刚开始,但由于人口众多,农业压力大等客观条件,地球的多种综合征也同样存在而且不断加剧。比如,水蚀和风蚀的水土流失面积已占到国土的38.2%,年流失50多亿吨;荒漠化速度加快，由过去的一年 1000 平方千米发展到目前的一年 2460 平方千米；水污染和空气污染严重；被称为空中死神的酸雨，面积已达国土的 40%，原不是酸雨中心区的广东，目前则占到全省国土面积的 71.6%，年损失 40 亿元左右。我国已被视为污染大国。再不大力治理，不仅经济建设无法顺利进行，由于生活空间日趋减少，连民族生存也将成为问题。它已成为我国面临的重大课题。重视地球病情，对我们来讲，已是一个十分紧迫的问题。

二、要求生态安全

这样，生态安全问题就提到议事日程上来了，这是一个新情况，也是一个新问题。长期以来，人们只关心军事安全，军事不强，就要受人欺凌。近些年人们开始关心经济安全，一个国家经济不发达，经济力量弱，在和平时期就要受到经济强国的种种经济掠夺和剥削，处于不利地位。最近人们关心生态安全了，生态环境出了问题，人民无法生存下去，就要逃离，严重的，一个社会或国家就无法生存下去。历史上许多文明就是这样消失掉的。当前经济难民实际上就是生态难民的不断增加，正是一些地方地球病情严重的结果。我国的贫困人口中，有些要迁出来异地安置，也是由于一些地方已不适于人类居住即生态极度恶化的结果。一些较发达地区，人们也已发出"票子易得，清水难求"和"被污染包围的小康有什么意思"的呼声。可持续发展战略就提出来了，地球到处住满了人，已没有处女地和新大陆等待人们去开发。人类已没有大规模迁移的条件。我国领导人去年提出建设山川秀美祖国的战略，并要求与经济建设同步实现，比可持续发展战略又提高一步，但都属于生态安全的新思路、新概念范畴。这是我国经济建设的需要，是形势迫使我们这样做的，它又是群众创造的成功典型和经验的反映和总结，只要严格按照新的经济建设理论即生态经济理论进行生产和建设，就能做到这一点，而且不像人们想象得那样难。我们这样做又将为保护和重建地球增添内容和光彩。

三、两条成功的经验

20 世纪 80 年代以来，我国人民在发展生产与建设环境结合进行方面，创造出两个成功典型和经验，树立起在发展生产过程中同时建设山川秀美环境的好榜样，一是山区小流域综合开发和治理经验，另一是生态农业特别是生态农业县建设经验。

小流域综合开发和治理模式，是山区人民、科技人员和基层领导长期共同探索和实践的产物，是富民和建设山区的有效形式。具体做法是，山区居民按小流域（大小不等）统一规划、统一开发和治理，全部土地资源合理利用，农林牧协调发展，生物措施与工程措施结合，力争水土不出流域或清水缓流不为害。把发展生产与建设环境、培植资源结合起来。在生产布局中则按市场情况建设商品生产基地。经营与分配形式多种多样，由居民共同商定。这样做，符合自然规律也适应农民经验，投入少，见效快，事半功倍，深受农民欢迎，在许多山区迅速推开。许多昔日的荒山沟成了花果山、花果沟，人们称之谓生态经济沟，联成一大片的，就形成新的市场和新风景区。它与山区土特产品价格看好的因素综合，推动了山区人民积极开发山区特别是发展经济林，在许多山区形成了山区建设高潮，"潜力在山，希望在山"的思想成为共识。过去人们对着千山万壑又残破不堪的大山发愁，现在则视为财富而欢呼，这是一个极大的变化。在山区创造一个 ×× 县，×× 地区 (市)，×× 省的提法和活动不断涌现。总之，这条经验不仅十分重要，并已为广大山区人民和基层领导接受，形成了推动山区建设的巨大力量。对于多山的我国来说，这条成功经验实在太需要了，其作用是不可估量的。

生态农业特别是生态农业县建设，是 20 世纪 80 年代我国农民、科技人员和基层领导的重大创造和成功经验，是一条新的农业建设思路，与长期困扰我们的掠夺性经营思想和小农业思想决裂，在实践中把发展生产、建设环境、培植资源结合起来，实现了农业生产的良性循环和可持续发展。

一批正在建设生态农业县的县（市），在全县范围内这样做了，把境内全部土地资源合理利用起来，生产领域大为扩张，真正形成大农业生产格局，生产门路大增，劳动力不够用了，外来打工的人不断增加，各项建设事业随之发展起来，加工业、商业、服务业大发展，文化、教育、科技和卫生等随之发展，特别是社会风气大变，人民和谐相处，乐观向上，充分显示出生态农业县建设的威力。这批县（市）中，有的原来是贫困县，有的是走了弯路后重新走上这条新路的，特别引起人们的重视。它们都是自发搞起来的，无偏饭可吃，经验朴实和过硬。有的已在全省范围内推广，有的已成为远近参观的重点。这类县有一部分在山区，小流域开发和治理活动纳入全县综合发展规划中，作为生态农业在山区活动的具体模式，没有矛盾，因为都是以生态经济理论作为指导思想的。关于生态农业和生态农业县建设的发展过程和丰富内容，这里就不详述了。值得注意的是，有些县已明确提出向生态经济县发展，即实行工农业协调发展和城市乡村一体化，努力发展县域经济，建设生态经济强县。这是下一步的发展方向。

总之，这两条成功经验不仅给予我们巨大启示，还给了我们勇气和信心，地球的病是可以治好的，发展生产是有新的道路可走的。自然界是十分宽厚的，只要人类改正错误，按规律办事，它就给予应有的回报。

四、三种不同实验

目前，我国以县（市）为单元进行综合发展和环境建设的试验和探索活动，共有三种做法：一是农业部牵头的国务院七个部委局联合创办的生态农业县建设活动，直接抓51个县，各省（市、区）还各抓一批县试验；一是原林业部牵头的国务院十几个单位联合创办的山区综合开发示范县建设活动，直接抓111个县（市）；一是国家环保局抓的生态示范区，共100个。名称不同，重点也有区别，但总的指导思想则是一样的，即探索和实践把发展生产、建设环境、培植资源结合起来同步进行，摆脱经济建设的老框框、老格局，实现生产的良性循环，达到可持续发展。江总书记提出建设山川秀美祖国的任务以后，要求更高，探索和实践的任务也更重，即把发展生产和建设秀美山川同步实现。

我以为这三种试验和探索活动都应继续进行，保持不同重点和不同做法，积极探索生产、环境和资源三者结合的多种途径和多种经验，便于比较，更便于互相促进和启迪，实现百花齐放，人们的思想将更为解放。我国地域辽阔，情况千差万别，绝不能一个模式，应该是万紫千红总是春。但是三方面的点应分开，不应重叠。重叠，有时一个点属于三家，不仅浪费领导力量，下面也难于执行，最后流于自流，对探索新途径不起作用。

从世界全局看，目前发达国家人口约占总人口的20%，共余80%属于发展中国家，收入和生活水平相差甚远。后者当然要跟上来，过上现代人的生活。就是说经济还要大发展。但是，现在地球已承受不了，按老办法继续发展，地球非崩溃不可。国外已有专家指出：20世纪末的地球环境问题，就是宣布发达国家工业化道路的失败，也有的说是宣布美国生活方式的破产。从这个意义讲，发展中国家必须探索出一条发展经济的新路。可持续发展战略是一个战略目标，一种愿望和要求，如何实现呢？文章要我们自己来做。

我国已取得的两条成功经验和正在进行的三种以县为单元的探索实践，正是这篇文章的重要内容，是非常有意义的，特别是与广大群众的要求完全一致，这是能取得成功的最大保证。用新思想发展县域经济在我国有特殊重要意义，在县一级实现可持续发展，真正把发展生产、建设环境和培植资源结合起来，实现山川秀美，是一件了不起的大事。"郡县治、天下安"，每个县都成为生态经济强县，江山如画，人民安居乐业，心情舒畅，有什么力量能破坏这种社会呢？各县都如此，又将形成绿色农村包围城市，与上级的要求结合形成夹击之势，逼着城市解决污染问题，城市问题也就容易解决了。

把全国的县都建成这样的县可能吗？有人怀疑。我们现在有几百个县在这样做，又有了一批成功的典型，经验和典型如此之多，难道连推广的本领也没有吗？还有，各县群众能允许县级领导长期为官不干事吗？上级领导能允许吗？我以为不仅可能做到，事情的发展还可能比想象得更快一些，我国山区建设高潮的悄然兴起，就是最好的证明。

树立生态安全新思想，把它与当前以县为单元的三种不同实验结合起来，树立新的样板，对于我国现代化建设是非常有意义的又是非常紧迫的。

（《生态农业研究》1998年第4期）

把面提高到点的水平

——兼谈点面结合和互相促进

一、点面差距引发的思考

经常在农村走动的人，特别是对农村进行考察和探索的人，对于点上与面上的实际差距是非常清楚的，也为之深深思考：只要把面提高到点的水平，也就是把点变成面，我国农村就将发生很大变化，不仅经济工作，其他各项工作就能进入一个新的境界。但没想到，这种看似照葫芦画瓢的工作也很不容易很有学问。我们到一个县参观、考察，县里同志总要请我们看他们的先进典型。有时为了看这些典型而翻山越岭，跑遍全县、它们分布在不同乡村，有的在边远地区，甚至在与别县交界处。点分散是有道理的，可以影响不同乡村，有利于推广普及。我们在参观先进点过程中，实际上看得更多的是大面积的一般乡村和后进乡村，点小面大是比较普遍的现象。点是先进的、发展的，一般来说已达到或即将达到小康水平，新农村建设已成型或即将成型，新屋甚至二层小楼不少，生产生活均欣欣向荣，居民乐观向上，生产积极高涨。特别是环境优美，农业生产进入良性循环，实现可持续发展，从而保证各项经济建设可以有序进行，给人以清新之感。

总之,参观后心情舒畅,感受到一派兴旺发达景象。面上就不同了,如是山区,一般是荒山不少,甚至很多还没有经营起来,村庄是新屋很少,一幅破旧现象,农民收入不高,距小康还相当远,一句话变化不大,看不到多少新气象。点和面混合成一大片,点湮没在面之中,人们看到的是面,也就以面来代表当前的农村形象,实际上也是如此。点是下一步的目标,面是现实水平。如以点为代表就不真实了,绝不能自我陶醉。为了建设新农村,必须把面提高到点的水平,这是推广已有经验的问题,这个本领总该有吧。

现在,各地先进典型不少,每个县都有,甚至很多,这是一个新情况,令人高兴。"年年乞予人间巧,不道人间巧已多",正是这样,好的典型确已很多。因此,把点变成面,或者说,把面提高到点的水平,无论从需要或可能来说,都已成为一个紧迫的问题,应该认真解决了。但是,人们对于搞新点积极性高、劲头大,总希望不断有新点让人们参观、考察,总是看几个老点,自己也觉得没有什么味道。这种想法是积极的也是对的。另一方面,对现有的点推开,每年扩大多少,劲头就小一些,似乎以为已有样子摆在那里,你们自己去学好了,领导不用再操什么心。推广是学步,没什么学问,这是一个普遍的看法;因而大家都不重视,其实问题正出在这里。推广先进典型,对于一般乡村或后进乡村来说,本身则是一个改造过程,难度不小,对于先进经验又是一个检验、开展和提高过程,可以互相推动和促进。所有乡村都要过这一关,因为那里都有居民都要富起来、都要现代化。推广工作绝不是可有可无的。

点与面有一定差距是必然的、应该的。有差距才能前进,推动社会不断进步。面上也可能出新经验、新成就,它就成了新点,起推动作用。这样的社会就活跃起来不断前进。我们应熟练掌握这个点与面的辩证法使工作不断前进。

二、点的经验为什么不易推开

这是一个非常重要又长期被忽视和误解的问题,为了把点普及成面,应该认真研究它。

我这里讲的点，不是指一般的单项成功经验的点，而是指那种把发展生产、建设环境、培植资源统一起来，实现工农业生产的良性循环、实现可持续发展的新型的、综合性的典型，也是已实现或即将实现山川秀美的典型。这样的典型群众最欢迎最具说服力，当前也最需要。

根据我们的长期观察和探索，这样的点之所以不易推开，是一个很复杂的问题，有许多因素影响其推开，要推开需要解决一系列实际问题。

第一，这是一项改造旧山河、创建新天地的大工程，无论就一个乡或一个小流域来说，都是如此，要有一定财力和技术投入，更要有大量的劳力投入，时间长、难度大，在目前情况下，如果上级没有明确任务，本地领导人是不易下决心的。那些只想当个太平官的人更是望而生畏。此事，群众愿意干，他们愿苦干不愿苦熬，因为干有奔头，苦熬无尽头。干部就不同了，干，直接利益不大，工资不增加，而付出的辛劳则大大增加。不干，工资不减少，轻松得多，拖几年就调离了，能不干就尽量不干。所以，领导人常常感叹：像某某乡党委书记、乡长多一些，事情就好办了。就是说，这种人太少。但要求更多的人凭觉悟挑起重担是不易办到的。所以推不开，不能只怪基层觉悟不高。

第二，应该从体制、工作任务和领导方法等方面找原因。从基层看，上级各业务部门的任务非完成不可，不干就不给钱，凶得很。综合性的任务无钱也无人管，只能放到第二位第三位，有了空才去干。其次上级要钱要物的任务有指标，非完成不可。这类任务多，忙不过来，其他就顾不上了。如果把这项综合性任务作为工作任务，列入考核政绩的指标，情况就将大变，可惜至今未这样做。群众和基层干部常常感叹的正是这一点："这样的大好事，上级为什么不大抓呢！"这种感叹是值得我们深深思考的。与领导的感叹相映成趣。

第三，一个更为严重的情况是，新中国成立快50年了，有些县还未脱贫，即是说，还未找到脱贫和致富的路子，这50年是如何走过的呢？能只怪在那里工作过的干部吗，他们都不行吗？绝不能这样看问题。问题到底出在哪里呢？长期以来，我们实行的是一届政府一本经、一个将军一个令的办法，于是各念各的经，各下各的令，各届政府都努力完成当前的任务，成绩很大。但打快拳和短期行为盛行，资源特别是森林破坏了，环境恶化了，人口增多了，只能靠进一步牺牲环境和资源维持局面。有些地方已到了非迁出人口异地安置不可的地步，又只强调当地已无维持现有人口生存的条件而回避原因的分析。如果这种地方越来越多又如何办呢？这个教训太深刻了。就一个县来说，特别是自然环境十分困难的县，如果没有一个科学的综合发展规划，没有几届政府连续奋斗，是无法扭转恶化趋势转入良性循环的。此事，没有上级的决策支持，仅靠县自身又是无法做到的。这是更大范围的、更高层次的推广先进典型问题，但非常值得重视。

总之，推不开是现象，原因是多方面的，但根子在上面，只有解决深层次的限制因子，才能化解这个现象，解决面转化成点的问题。下面有觉悟高的干部先干起来，当然欢迎，也十分需要。

三、一个强大的推动力

为了拯救濒于崩溃的地球、保证人类能继续生存和发展，近年来国际上有关机构提出了可持续发展战略。各国政府赞成并接受了这个论点。我国政府也接受了，提出了自己的可持续发展战略并认真组织实施。上面讲了，我们的点就是可持续发展的，这是多年来积极推行生态农业的成果，生态农业不仅是大农业思想而且是可持续发展思想。因此，在我国农村推行可持续发展战略是比较顺手的，这样的典型已不少，在思想上也比较接茬。同时，可持续发展战略的提出和被广泛接受，对于我们推广点上经验，使点成为面的工作，又实在是一个强大的推动力，即为我们的推广工作提供了一个极为有利的机会。

更令人振奋的是，我国现在更进一步要求在 21 世纪中叶，实现大部分地区山川秀美与江河清澈，这比之可持续发展战略要求更高了。这是一个极具远见的战略性决策，符合国家振兴的需要，符合建设现代化国家的需要，也符合当前我国环境现状的严峻形势。只有做到这一点，我国的经济建设任务才能顺利进行，不因各种自然灾害不断袭击而中途夭折。近年来，各种自然灾害特别是水旱灾害不断加剧，人们已深深感到环境问题的严重，今夏长江流域洪水为灾是自然界最新的警告。不下决心解决不行了。

用50年时间，解决我国大部分地区的山川秀美和江河清澈的决策，是比较慎重的也比较实际。大部分的概念有伸缩性，达到多少个百分点就算大部分？可以有一个幅度，一般说，至少60%以上，最好能达到70%～80%。按960万平方千米计算，70%是672万平方千米，80%是768万平方千米。对我国的现状来说，这个任务又是十分艰巨的。新中国成立快50年了，我们的国土称得上山川秀美的，占多大比例呢？全国的江河称得上清澈的，又占多大比例呢？无精确统计，在人们的概念中，这个比例是不大的。对比之下，就可见今后50年任务之艰巨了，以实现70%的国土即672万平方千米国土的山川秀美计算，每年要完成13.5万平方千米国土的山川秀美，要实现就要落实到县到山头和流域。江河清澈也要具体落实。这是一项繁重的任务和非常复杂的系统工程。

为了实现上述任务，各地面上的工作就得大大增强，仅有点是无法完成任务的。这就有赖于广大人民群众的觉醒和环境意识的加强。

事实最能教育人。1996年秋，河北省太行山区大雨成灾，许多农田、果园、村庄和道路被冲毁，损失严重。在这个重灾区内，一些综合开发和治理的小流域，由于治理标准较高，布局合理，有的损失很小，有的未受损失。对比之下，干部和群众一致觉悟到，只有高标准开发和治理小流域，才是山区人民长治久安和发财致富的唯一出路，自然规律是毫不讲情面的，你骗不了它。那里的山区建设也就群众性地开展起来，标准也高了。"祸兮富所倚"，洪灾后出现了新的思路、新的建设高潮。

今年长江流域大水，来得早，水量大，历时又长，广大干部群众长期抗洪极为辛苦的好典型在洪灾中大显威风，它们的经验一定能促使人们产生新的觉悟并振奋起来，我相信新的建设思路和建设高潮会很快产生出来。我们要善于捕捉新火花和时机。

四、积极推行两条成功经验

20世纪80年代以来，我国人民在发展生产与环境建设结合进行方面，创造出两个成功典型和经验，树立起在发展生产过程中同时建设山川秀美环境的好榜样。一是山区小流域综合开发和治理经验，另一是生态农业特别是生态农业县建设经验。

小流域综合开发和治理模式，是山区人民、科技人员和基层领导长期共同探索和实践的产物，是富民和建设山区的有效形式。具体做法是，山区居民按小流域（大小不等）统一规划、统一开发和治理，全部土地资源合理利用，农林牧协调发展，生物措施与工程措施结合，力争水土不出流域或清水缓流不为害。把发展生产与建设环境、培植资源结合起来。在生产布局中则按市场情况建设商品生产基地。经营与分配形式多种多样，由居民共同商定。这样做，符合自然规律也适应农民经验，投入少，见效快，事半功倍，深受农民欢迎，在许多山区迅速推开。许多昔日的荒山沟成了花果山、花果沟，人们称之为生态经济沟，联成一大片的，就形成新的市场和新风景区。它与山区土特产品价格看好的因素综合，推动了山区人民积极开发山区特别是发展经济林，在许多山区形成了山区建设高潮，"潜力在山，希望在山"的思想已成为共识。过去人们对着千山万壑又残破不堪的大山发愁，现在则视为财富而欢呼，这是一个极大的变化。在山区创造一个××县，××地区（市），××省的提法和活动不断涌现。总之，这条经验不仅十分重要，并已为广大山区人民和基层领导接受，形成了推动山区建设的巨大力量。对于多山的我国来说，这条成功经验实在太需要了，其作用是不可估量的。

生态农业特别是生态农业县建设，是 80 年代我国农民、科技人员和基层领导的重大创造和成功经验，是一条新的农业建设思路，与长期困扰我们的掠夺性经营思想和小农业思想决裂，在实践中把发展生产、建设环境、培植资源结合起来，实现了农业生产的良性循环和可持续发展。一批正在建设生态农业县的县（市），在全县范围内这样做了，把境内全部土地资源合理利用起来，生产领域大为扩张，真正形成大农业生产格局，生产门路大增，劳动力不够用了，外来打工的人不断增加，各项建设事业随之发展起来，加工业、商业、服务业大发展，文化、教育、科技和卫生等随之发展，特别是社会风气大变，人民和谐相处，乐观向上，充分显示出生态农业县建设的威力。这批县（市）中，有的原来是贫困县，有的是走弯路后重新走上这条新路的，特别引起人们的重视。它们都是自发搞起来的，无偏饭可吃，经验朴实和过硬。有的已在全省范围内推广，有的已成为远近参观的重点。这类县有一部分在山区，小流域开发和治理活动纳入全县综合发展规划中，优化生态农业在山区活动的具体模式，没有矛盾，因为都是以生态经济理论作为指导思想的。关于生态农业和生态农业县建设的发展过程和内容，报纸和刊物上有关文章很多，这里就不谈了。值得注意的是，有些县已明确提出向生态经济县发展，即实行工农业协调发展和城市乡村一体化，努力发展县域经济，建设经济强县，这是下一步的发展方向。

这里需要强调的是：

第一，这两条经验是全国性的，是经过各地广大干部和群众在各种环境下反复实践所证明了的，是非常过硬的，又是深受群众欢迎的。

第二，这两条经验，既是生产上的革命，实行综合协调发展。又是环境建设方面的革命，环境建设直接推动生产。真正把发展生产、建设环境、培植资源自然地结合起来。

第三，它们对于全国实现山川秀美特别重要，可以说是关键所在。因为它们与群众的当前利益、长远利益完全一致，可以动员广大群众广泛参加，在全国各类地区普遍推行。

　　第四,它们都是综合性的,涉及许多业务部门,有繁重的协调工作,因此,需要各级领导亲自抓或委托综合部门抓,把各部门的人财物力协调和组织起来,分工协作,各负其责,各计其功,才能够有事半功倍之效。如由各部门各干各的,虽然人财物没少投入,却无法完成所承担的任务。综合性是关键所在,绝不能丢。因为综合性是符合自然规律的,是它们成功的奥秘所在和威力之源。

（《农村大视野》1998年第14期）

西部山区开发莫忘富县富民

——访生态经济学家石山

石山，生态经济学家，中国生态经济学会创始人之一。在生态经济学理论研究上颇多建树，其一系列观点曾引起理论界和新闻界的热烈讨论。石山对生态环境建设尤其是作为其主体的林业事业有着十分深厚的感情，他的理论成果对我国林业建设与改革实践起到过重要的指导作用。

在新闻界，很多记者都知道有个"侃山"专家叫石山。石山名中有个山字，心中牵挂山区，几十年如一日为我国山区建设殚精竭虑，除了奉献出大量的理论成果外，还积极向各级政府献计献策，为治山富民奔走呼吁。时下西部大开发热潮涌动，西部山区建设应如何抓住机遇，实现历史性跨越？带着这一问题，记者走访了这位老学者。

记者：记得以前曾在《中国环境报》上看到过一篇采访您的文章，标题叫《治山即治国》。在我看来，西部大开发战略的确定和实施，意味着西部的山区建设也将迎来一个快速发展的极好契机。大业初举，千头万绪，您看在西部山区建设事业中有哪些关键问题亟待解决？

石山：西部各省区市都属于大山区，西部大开发战略的实施，毫无疑问将极大地推动西部山区建设的进程。现在西部山区开展和准备开展的工程很多，有林业的、水利的、农业的、工业的，有具体部门抓，有较大投入，各显身手，形成了"九龙治水"的局面，这是多年来未见过的大好形势，实在令人高兴。

建设山区的主体应是山区各县的领导干部和广大人民。大西部山区是贫困县和贫困人口集中的地方，也是生态环境最脆弱的地区。如何发展县域经济以富县富民呢？中央应有一个具体部门抓。无人抓，这项任务就势必成为一句空话。"九龙治水"形势，来势迅猛，这些工程又如何与富县富民工程结合？谁来结合？没有一个具体部门管，也有可能会落空。谁都懂得，没有山区各县及广大人民群众的积极参与，山区建设是无法有效进行的。只抓"九龙治水"工程，不抓富民富县工程，就无法调动县级及广大人民的积极性，"九龙治水"工程就势将成为"九头鸟"工程，即只是在空中大叫而无法落实，最后以失败告终，至少是浪费很大，效果甚微，坐失良机。

记者：把"九龙治水"工程与富民富县工程结合起来，组装配套，形成合力，完成建设山区的艰巨任务，有比较切实可行的办法吗？

石山：办法现成，而且山区已有一大批成功典型，它们效果显著，成绩斐然，并正起着示范和推动作用。这就是十几年来一些山区县县级领导、科技人员和广大群众共同创造的生态农业县建设和生态示范区建设活动。山区综合开发示范县建设活动，时间虽较短，走的也是这条路。它们的共同特点是：县级领导有强烈的生态经济意识，决心走一条经济建设新路；依靠科技人员和有经验的干部制定出一个全县的综合发展规划，经群众讨论修改后由县人大通过具有法律效力，在一定的时期内，各届政府连续执行，即所谓共念一本经和一张蓝图绘到底；把县级各部门的人财物力协调、组织起来为实施规划服务，各部门工作纳入规划之中统一实施。结果是五味调和百味香，同时完成了富民、富县并使境内山川秀美起来的几大任务。由于这样做符合事物发展规律，符合农民要求，农民积极拥护和参与，形成越干越想干，越干规模越大、速度越快的喜人局面。所以专家学者称它是农村改革开放的第三个伟大创造。

我以为应该充分应用生态农业县和生态示范区建设经验，利用西部大开发的有利时机，发挥西部山区各县的主动性和积极性，加强其领导力量，加大其权力，把"九龙治水"工程与发展县域经济工程结合起来，并明确由县一级组装配套和组织实施，各部门人财物力由县级统一协调使用，有关上级业务部门负责技术指导和监督。

记者：您反复强调"县为单位"，这是出于什么考虑？实施富县富民工程对县级领导班子建设是不是要有更高的要求？

石山：我国的历史经验是："郡县治，天下安"。郡县治理好了，人民安居乐业，天下就太平了。

利用西部大开发的有利时机实施富县富民工程，关键选好县级领导班子，并使它处于比较稳定状态，安心带领群众改造河山，发展县域经济。记得总书记肯定过"给钱给物不如给个好支部"的论断。我以为给个好支部不易，因为是在小范围选拔，但给一个好的县委班子则是比较容易的，可以在全国范围选拔。如果选不好，那只能怪伯乐无能。选贤任能，正是一个国家政治是否清明的具体表现之一。我相信，一定能为西部地区各山区县配备好一个坚强的领导班子，使一批有为之士在山区建设中大显身手，建功立业，并使西部山区逐步富裕起来。

记者：您认为在西部山区建设中，林业建设应该如何更好地发挥作用？

石山：我认为西部开发不是开发处女地，而是重建一个山川秀美、经济社会可持续发展的大区域环境。林业在其中的重要性怎么强调都不过分。林业要在富县富民工程中更好地发挥作用，就应把生态环境建设与广义的林业产业结合起来，开展多种经营。在西部山区，发展速生丰产林、药用植物种植业、林果业和特种动物养殖业都大有潜力可挖。前不久，国家林业局局长王志宝在《人民日报》发表署名文章指出，西部生态环境建设"最重要的是把国家对生态治理的要求与地方区域经济发展以及人民群众脱贫致富的要求有机地结合起来，探索新的机制"。这一观点非常好，我非常赞同。

以县为单元加强山区建设，把改造山河工程与富县富民工程结合起来，是一项千秋大业，必须做好。我们已有大批成功经验和典型，这是我们最大的财富。运用好这笔财富是义不容辞的责任，机不可失，时不再来，应该有紧迫感，再不能有任何迟疑了。

（《中国绿色时报》2000年5月25日）

生态时代已降临中华大地

——我国应在生态时代大放异彩

一、新中国第二个五十年的两大战略任务

一是经济上达到中等发达国家水平。这是硬指标，与过去的脱贫标准、小康标准不同。后二者是根据我国的具体条件确定的，别人不能说什么，低一点也可以。中等发达国家水平是客观存在的，有一大批国家的现实摆在那里，虽然各不相同，但有几个共同的标准是公认的，必须达到。我国与它们之间还有相当差距。大家都在前进，都想办法快一些。要赶上就得比它们更快一些，这个任务当然是十分艰巨的。我国资源与环境的压力大，回旋余地小，更加重了实现的难度。

二是全国大部分地区实现山川秀美、江河清澈。这与前一任务不可分，是一个问题的两个侧面。没有后者，前者很难实现；没有前者，又无力量建设后者。二者必须同步完成，这是我国国情特别是生态环境现状决定的，是无法回避的。但难度就更大了。

后一任务更为艰巨。且看现状。我国目前的生态环境十分脆弱，而且还在恶化。有五顶不光彩的帽子压在我们头上：水土流失大国、荒漠化（包

括石漠化）大国、水旱灾害大国（也叫水资源紧缺大国）、污染大国和酸雨大国。这主要是经济建设中的失误造成的，绝不能完全推给客观因素，也不能完全说成是工业化的必然产物。这五方面的问题又交织在一起，分头治理不行了，即过去的老办法不行了，必须有新办法、新措施。

再研究一下任务。大部分地区究竟有多大？50% 显然不行，60% 似乎也少一些，一般认为应是 70% ~ 80%；90% 当然更好，但难度太大。按 70% 算，一年得治理好并保存下来 13.44 万平方千米；按 80% 计算，是 15.36 万平方千米。过去 50 年的水保工每年完成多少呢？有两个数字，一为 67 万平方米（1999 年 1 月公布的全国生态环境建设规划），一为 74 万平方米（《人民日报》1998 年 8 月 4 日报道的《全国水土保持工作成绩巨大》一文）。以后者计，每年约治理 1.5 万平方千米，保存下来多少未公布。标准是很低的。现在每年要治理好 13 万 ~ 15 万多平方千米并保存下来，可见任务之艰巨。

这两大任务必须完成，否则，振兴中华的伟大战略任务无法实现，而且也很难立足于世界各国之林，又将回到落后挨打的悲惨境地，这是绝对不可以的。但要完成这两大任务，必须有新的建设思想和办法，真正把发展经济、建设环境、培植资源等工作结合起来，与掠夺性经营思想彻底决裂。这是一场经济建设思想和建设方法革命，而且必须提前一点完成。因为我国人口还增加，大约将在 16 亿的水平稳定下来，而老龄社会已提前到来，三大人口主峰（人口、劳力、老龄）叠加，压力是十分巨大的。我们必须在高峰到来之前，打下完成两大任务的基础，才能从容应付，并使我国逐步强盛起来。总之，形势逼着我们走上一条新路。时事造英雄也呼唤英雄，一代的建设人才将涌现出来。

二、人们已探索出一条经济建设新路

随着改革开放的发展，人们认真反思建国三十年中经济建设实践方面出现的各种问题。由于实践是检验真理唯一标准的大讨论，人们考虑的问题，也不断扩大范围。

首先，中国科学院在李昌同志的主持下，1978 年开始，率先在五个县进行农业现代化实验。为此，成立了三个综合性的农业现代化研究所，在五个县进行农业区划和规划工作，把系统工程方法引进区划和规划领域，调整种植结构问题和各种发展农业的思路提了出来并进行实践。随着几大学会就全国农业现代化问题举行了几次大讨论，各种思想进行了交流。

其次，1978 年冬，《人民日报》发表了两篇关于黄土高原农业生产方针的文章，掀起了有关这个问题的大讨论，各地报纸杂志发表了大量文章，土派、水派、林草派和粮派都发表了各自的见解。1980 年春，在一个讨论会上传达了邓小平的指示：要把黄土高原建成畜牧基地、林业基地，要用飞机种草种树。1983 年秋，胡耀邦又去青海、甘肃再次提倡种草，提出有名的反弹琵琶论。人们进一步思考西部的问题。

1980 年完成的《全国综合农业区划》，对掠夺性经营方式提出了尖锐的批评："建国后，……在相当普遍的地区，在不同程度上对农业自然资源实行了掠夺性的经营方式，破坏生态平衡，致使资源衰退，形成了农业的恶性循环。掠夺性经营的具体表现是：种植业广种薄收，重用轻养；林业过量采伐，重采轻造；草原牧业超载过牧，靠天养畜；渔业酷渔滥捕，重捕轻养。这种情况，在 50 年代后期就开始出现，此后愈演愈烈，造成严重恶果"（《全国综合农业区划》第 8～9 页）。整个经济建设中的掠夺性经营问题，中国科学院地学部于 1991 年 4 月提出如下论断；"建国四十年来，我国经济高速增长是以高消耗资源和牺牲环境为代价，若仍以这种粗放型经济增长方式，即使可以实现 2000 年国民生产总值翻番的目标，但在未来的发展中仍是难以为继的"（《我国资源潜力趋势与对策研讨会论文集》）。所谓高消耗资源和牺牲环境，当然就是掠夺性经营。在工业方面，这种现象真是比比皆是。早在 1963 年，竺可祯等 24 位著名科学家署名的《关于自然资源破坏情况及今后加强合理利用与保护的意见》中，已提出"全国的自然资源基本上处于只用不管、无人总管的状态"的警告（《中国科学报》1993 年 3 月 12 日），可惜没有引起重视。

在人们思想解放、百花齐放、百家争鸣的洪流中，一个新的经济理论在我国出现并迅速传播开来,这就是生态经济理论。一批专家学者大声疾呼,许涤新是牵头人物。他于1980年提出"在生态平衡与经济平衡之间,主导的一面,一般说,应该是前者,因为生态平衡如果受到破坏,这种破坏的损失,就要落在经济的身上。"这实际上是讲两个规律(自然规律和经济规律)之间的关系问题,非常重要。这与差不多同时出版的罗马俱乐部的第九个报告(《关于财富和福利的对话》)关于生态经济理论的论述(把生态学与经济学结合起来,而生态学是新的扩大的经济学的基础)是一致的,中外学者从不同角度得出相同结论,说明这个问题的普遍性,值得人们深思。

许老提倡和推动成立中国生态经济学会(1985年成立)。之前,开过多次研讨会,传播新思想和组织实践。之后,这些活动更有计划地开展起来。一部分学者从事理论方面的探索,到现在为止,已出版了近150部著作,涉及广大领域,对新思想的传播和新问题的探索起了很大作用。更多的专家和科技人员从事实践活动,在生态农业(大农业,包括农林牧渔和乡镇企业等方面)、生态城市和山区小流域综合开发、治理等方面,创造了一大批成功典型,不仅吸引了大批群众,又深化了理论,为我国经济建设闯出了一条新路,特别为我国的农村建设、山区建设展示出广阔前景。他们一举实现了富县、富民、实现山川秀美三大任务,显示出生态经济理论的优越性和巨大推动力。近一年来,我比较多地接触了生态农业县和生态示范区建设活动,看到不少典型,听到基层干部群众生动而又深刻的议论,受到极大震动和启示,深感对这个新事物有大讲特讲和大力推行的必要,同时感到江总书记提出"建设生态农业"是抓住了要害。这里讲一点情况。

目前全国约有300个县在这样做,较早的一批,已有十余年的历史。他们是自发搞起来的(当然他们自己是非常自觉的),是在没有任何额外财政投入的情况下实现的,艰苦创业,经验非常过硬。

他们的共同特点是:县级领导有强烈的生态经济意识,决心走一条经济建设新路;依靠科技人员和有经验的干部制定出一个全县的综合发展规划,经群众讨论修改、经县人大通过具有法律效力,在一定时期内,各届政府连续执行，即所谓共念一本经和一张蓝图绘到底；按照规划把境内各种自然资源逐步合理利用起来发展大农业；把县级各部门的人财物力协调、组织起来为实施规划服务，各部门工作纳入规划之中统一实施。结果是五味调和百味香，同时实现了富民、富县并使境内山川秀美起来的几大任务，各部门工作也完成得很好。他们成功的奥秘，就在于一举解决了长期困扰我们的四大难题，即掠夺性经营思想、小农业思想，条条各自为政和短期行为。他们是顶着条条的压力这样干的。由于这样做符合事物发展规律，符合农民要求，农民积极拥护和参与，形成愈干愈想干、愈干规模愈大和速度愈快的喜人局面。所以专家学者们称它是农村改革开放中的第三个伟大创造。1991 年夏，在河北省迁安县召开了全国生态农业县建设经验交流会（半官半民性质），1993 年冬，国务院七部委局联合成立了全国生态农业县建设领导小组并召开了第一次工作会议，决定直接领导 51 个县作为实验县。1999 年夏，组织专家组对这批县的阶段性成果进行验收，2000 年 3 月召开表彰大会，宣布 51 个县均通过验收并表扬了其中的 16 个为生态农业建设先进县。16 个县中山区县 10 个，3 个在西部地区。与此同时，国家环境保护总局也召开会议为检查合格的 33 个县挂牌。两者均扩大了实验县。在挂牌大会上，安徽省池州地区的原地委书记季昆森同志（现省人大副主任）介绍了他们建设生态经济区的过程及得到各方面肯定的情况，引人入胜。这是生态农业县建设的新发展，全国已有 20 多个地区和地级市在这样做。

它们下一步的目标是：建设生态经济强县，发展绿色生产基地，生产无污染、高品位的农产品，供应大城市和出口创汇。这正是时代的需求。这样的县多了，将出现绿色农村包围城市的新形势，同时推动城市改造，不再以农村为壑，从而推动全国的生态环境建设。这极有利于两个战略任务的顺利完成。

关于生态城市建设成就和山区小流域综合开发、治理成就，可以讲的也很多，限于篇幅，这里从略。

总之，改革开放 20 多年来，生态经济理论在我国不仅广为传播，人们运用它还创造了一条区域经济建设新路，树立起大批成功典型，他们分布

在全国各类地区，以其成功实践，向人们发出强烈的召唤。这个形势非常
令人鼓舞。

三、生态时代已降临中华大地

现在的新形势是：全国 300 个左右的搞生态农业或生态示范区的县，得到
了有关部门的肯定和支持，它们的积极性被进一步调动起来。20 多个地区和市
自觉行动起来。海南、吉林、江西、云南四省宣布全省行动起来 (有的叫生态
经济区，有的叫生态省，有的叫生态示范省，有的叫绿色经济强省)，到 8 月
底，又有上海市宣布建设生态城市，黑龙江省宣布建设生态农业大省。名称不同，
总的思路是基本一致的。在西部大开发热潮中，有中央的大力支持，一大批贫
困县势将奋起直追，它们必然要选择生态农业之路，如果真想追赶的话。

上述情况使我深深感到，这是从来没有过的好形势，特别是部分省一
级领导也认真抓生态经济理论和实践了，中央的战略构想 (即本文的第一
部分)，各级均积极推行，说明生态时代已经降临中华大地。这当然是大喜
事，它将产生一系列深刻变化，推动各项建设事业走上一条新路并迅速前进。
这是"天赐良机"。

为什么会这样？

首先是严峻的形势，逼着每个人思考问题和寻找新路。其次，生态经
济理论及其在我国的实践，帮助我们找到了一条可行的新路。其三，我国
传统文化的影响，它在无形中影响每个人的思想和行动，对于吸收相近的
新思想特别敏锐。关于这一点，许多人往往是不大注意的。在这里我想引
述英国已故著名历史学家汤因比的有关论述。

"我们预见的和平统一，一定以地理和文化为中心，不断结晶扩大起来。
我预感到这个主轴不在美国、欧洲和苏联，而是在东亚。由中国、日本、朝鲜、
越南组成的东亚，拥有众多的人口。这些民族的活力、勤奋、勇气、聪明，
比世界上任何民族都毫无逊色。——就中国人来说，几千年来，比世界上

任何民族都成功地把几亿民众，从政治文化上团结起来。他们显示出这种在政治、文化上统一的本领，具有无与伦比的成功经验。这样的统一正是今天世界的绝对要求。中国人和东亚民族合作，在被认为是不可缺少和不可避免的人类统一的过程中，可能要发挥主导作用，其理由就在这里"（《展望二十一世纪——汤因比与池田大作对话录》第 294 页）。

"东亚有很多历史遗产，这些都可以使其成为全世界统一的地理和文化上的主轴。……

第一，中华民族的经验。在过去二十一个世纪中，中国始终保持了迈向世界发达国家的发展步伐，成为名副其实的地区性国家的榜样。

第二，在漫长的中国历史长河中，中华民族逐步培育起来的世界精神。

第三，儒教世界观中存在的人道主义。

第四，儒教和佛教所具有的合理主义。

第五，东亚人对宇宙的神秘性怀有一种敏感，认为人要想支配宇宙就要遭到挫败。我认为这是道教带来的最宝贵的直感。

第六，这种直感是佛教、神道与中国哲学的所有流派（除去今天已灭绝的法家）共同具有的。人的目的不是狂妄地支配自己以外的自然；而是有一种必须和自然保持协调而生存的信念。

第七，以往在军事和非军事两方面，将科学应用于技术的近代竞争之中，西方人虽占优势，但东亚各国可以战胜它们。日本人已经证明了这一点。

第八，由日本人和越南人表现出来敢于向西方挑战的勇气。这种勇气今后还要保持下去，不过我希望在人类历史的下一阶段，能够把它贡献给和平解决人类问题这一建设性的事业上来。"

"在现代世界史上，我亲身体验到中国人对任何职业都能胜任并能维持高水平的家庭生活。中国人无论在国家衰落的时候，还是在实际上处于混乱的时候，都能坚持发扬这种美德"（同书第 287 ～ 288 页）。

这些话是 1972 ～ 1973 年间两位学者对谈时讲的，中国人不在场，对中国也无任何需求。他提到的世界精神、人道主义、合理主义以及对自然界的态度，正是今天的迫切需要，又是我们容易吸收生态经济理论的传统文化因素。生态时代的早日到来，与这个传统文化关系极大，人们把它视为我们传统文化的应有内容，并不觉得是新东西。

这个情况说明，在生态时代中华大地应该大放异彩。在经济建设、社会建设、科学文化建设、艺术和卫生建设等各个方面创造出适合人类生活的先进模式，把中华大地建成一片锦绣河山，成为人们向往的地方。也使我国古老的优秀文化传统与现代文化结合，重放光芒。这个大任务应该认真研究了，不要错过这个"天赐良机"。

四、我们应该做好哪些工作

第一，认真研究生态时代的特点及可能引发的一系列变化。生态时代的特点是什么？我国著名生态经济学家刘思华在《论生态时代》一文中，曾作了明确的阐述："把现代经济社会运行与发展切实转移到良性生态循环的轨道上来，使人、社会与自然重新成为有机统一体。因此，实现人与自然的更高层次的和谐统一，达到生态与经济在新的更高水平的协调发展，就成为生态时代的首要的、本质的特征"。把握住这个基本特征，我们就可以清理落后于时代的许多旧思想和旧做法，探索适合新时代需要的新思想、新做法，有破有立，相得益彰。

随着生态时代的到来，经济建设方面，人们提出了生态经济思想或理论。在文化观方面，有人引进了生态思想，认为现代化科学文化是包括科学文化、人文文化和自然文化在内的复杂的文化生态系统称之为大文化。在历史观方面，有人提出了生态史观。国内学者也提出了建设生态文化和生态文明的主张。例如《人类生态学——一种面向未来世界的文化》（陈敏豪著）提出建设生态文化的问题，以为人类生态学时代的文明将在21世纪逐渐放出异彩（第340～347页）。又如《生态农业——未来的农业》（叶谦吉著）提出并呼吁，从现在起就开展"生态文明建设"，还指出，"国外有识之士认为，21世纪将是生态学世纪，这是科学的预见，但我以为，更确切地说，21 世纪将是生态文明建设的世纪，人与自然应成为和谐相处的伙伴"（第 332 ～ 335 页）。

1992 年在联合国环境与发展大会召开的前后，一些学者和会议，也提出了一些新的主张和建议。例如，1992 年 4 月在日本东京召开的地球环境贤人会议，在其《东京宣言》中就提出应建立新的环境伦理和价值体系，其方针有三：(1) 加强人类、环境、开发三者之间的联系；(2) 按照位于生态系背后的自然规律采取行动，而生态系在地球上是有限的，而且容易受到伤害；(3) 不垄断环境，世界上的所有国家都平等分享美好的环境，根据当代人和下一代人的需要采取行动。有人主张建立"保护环境式的的社会"。有人主张富国的工业文明应转变为环保文明。国内有人提出：社会主义的现代文明，应该是物质文明、精神文明、生态文明的高度统一。

类似主张和论点是很多的，还在不断增加。它说明人们在思考生态时代各方面的新情况和新问题了，这是非常好的气氛，它促使我们思考问题并见诸行动。

毛泽东在 50 年代曾提出大地园林化思想，并明确提出"我们现在这个国家刚刚开始建设，我看要用新观点好好经营一下，有计划，搞得很美，是园林化"。这是一个伟大的思想，但未能实现。1983 年党中央提出三大前提论，指出"实现农业发展目标，必须注意严格控制人口增长，合理利用自然资源，保持良好的生态环境"，要求在这三大前提下，走出一条中国农业发展道路。后来，三大前提论又成为整个经济建设的前提。但近 20 年来执行得不太好，原因当然是很多的。现在不同了，不仅有中央的战略决策，下面更有一个强大的实干群体，创造了大批典型，遍布中华大地；广大群众觉醒了，要求苦干改变面貌，山区人们发出的"搬家不如搬石头"的豪言并积极行动起来，就是最生动的事例；各级领导部分动起来了。上下的思想一致了、沟通了。这是一个质的变化。

只要我们把一些问题研究清楚，就能全面行动起来并取得成果。我们的生态经济理论队伍应该大展宏图了，要在一些重大的理论问题上及早拿出研究成果，推动生态时代的顺利发展。

第二，在实际工作中，认真推行生态农业县和生态示范区（主要也是县）建设，真正把富县、富民和生态环境建设统一协调起来。这又是建设绿色生产基地、发展绿色食品的重大步骤，一举多得。"郡县治，天下安"，只要全国各县富起来和生态环境秀美起来，就全局皆活，以后的文章就好做了。

城市和工业应该做到自扫门前雪，不再以污水危害农村，下大力治理自己的各种污染。吸清（水）吐污（水）的做法，再不能继续了，既害人又害己，危害无穷，只有这样才能走出一条新路。我们一定会拿出新办法来的。绿色农村也会强有力地推动城市和工业这样做。

在发展过程中，新问题和新经验会不断涌现出来，我们的理论工作者和实际工作者要及时研究、总结和推广，保证发展过程顺利进行，这是非常重要的。

我国是一个多山国家，建设山区难度大，更应下大力研究。这又是一个世界性的大课题，在这个问题上，我们也应有所贡献。

第三，需要举行一次全国性的大讨论和全国性的宣传教育活动，对大多数国民来说，生态时代毕竟还是一个新事物，对它将引发的新变化更不理解，因此需要有一个全国性宣传教育活动，以提高国民的认识和觉悟。我以为首先要有一个全国性大讨论活动，有计划地开展各个层次的讨论，让各种不同思想广泛交流，以达到共识。只有在广泛深入讨论的基础上，宣传教育才有生动的内容，才有说服力。在大讨论过程中，应有计划地总结各地的成功典型并上升到理论，使讨论有血有肉，形象生动，防止空洞。这些典型又是宣传教育的好教材。我们已有极多的有说服力的典型，这是一笔财富，要充分利用起来。

这项工作做好了，人们觉悟水平提高了，生态时代的各项建设事业就能顺利开展起来，我国就能在生态时代大放异彩。

生态时代我们怎样大放异彩

5月份我写了一篇小文：《生态时代已降临中华大地》。几个月来的新变化，不仅使我的想法更坚定了，对于在生态时代如何大放异彩的问题也有了一些新的想法。现阐述于后，以供探讨，并补前文的不足。

一、21世纪叫什么时代议论纷纷，有一种意见认为"最后也许得向东方寻找一个合适的名称"

美国《外交政策》季刊夏季号邀请10位名人为新时代命名，结果是一人一个样，真可谓众说纷纭。有的叫"历史的终结"，有的叫"信息革命时代"，有的叫"新中世纪时代"，有的叫"开放社会的时代"，有的叫"环境时代"，有的叫"大市场时代"，有的叫"资本主宰的世界和平"，有的叫"过渡时代"，有的叫"公民权利的时代"。有一位名人说，现在美国有三个极大的优势，但与15年前日本的情况相似，其霸权会受到削弱。"也许我们应该把目光投向东方，为这个时代寻找一个合适的名称。"

法新社在《世纪环保回顾》一文(1999年12月24日)中说，"人类将有史以来第一次进入一个面临着自取灭亡威胁的新世纪"。这是对西方文明的总评价，也是最严厉的批评。

专家学者从不同角度看世界，由于各人熟悉的领域不同，提法也就各不相同，这是很自然的，只有通才方能综观全局，提出比较合适的名称。我国的天人合一思想是最适合时代精神的，这一点逐渐被人们认识了。西方人在征服自然的思想及其政策吃了大败仗以后，才体会到这一点，"向东方寻找"是其新的觉醒，是值得注意的。自然规律是任何人都无法抗拒的。

生态经济理论在我国的兴起和成功实践，又很快融入中央决策，从三大前提论到建设秀美河山，促使生态时代早日到来，是一件了不起的大事，其影响将是十分深远的。它将使向东方寻找的人们能有所获，并重新认识东方的智慧。当然，我们的任务也就大大加重了。

二、国际上各派的目光都集中到我国

一位白俄罗斯学者提出一个新论点（《真理报》2000年9月29日），说21世纪是建成世界秩序的时代，届时中国在客观上将站在人类历史发展的前沿，因此，21世纪是中国世纪。

英国《经济学家》周刊刊登一篇文章《经历风雨》(2000年9月9日)，说欧美现在共同担心三个问题，而主要担心的是中国，理由有三：(1)人口多；(2)经济发展快(3)意识形态。

日本《朝日新闻》说得更明白些，在2000年9月25日刊登一篇文章《美国对"敌人的威胁"过于敏感》，说"中国威胁论"已扩大到政治、经济、军事各方面，以中国为最大敌人。

法国《外交世界》8月份刊登美国学者的文章，论述"第三世界"的演变和当今世界的发展趋势。指出："第三世界"的概念，60年代风光占尽，80年代受到排斥，90年代销声匿迹。但它反映的问题仍然存在，而且比过去更加明显，它把真正的问题摆到我们面前：资本主义经济不可思议的两极分化现象和它的结构性危机。它似乎已经走到了顶点，开始跌入危机。这场危机可能会持续半个世纪。一个严重的政治混乱期即将开始。看来，这位学者是敏锐的，做到了"于无声处听惊雷"。因此，中非合作论坛会议在北京召开，引起的反映就大不相同，有人欢迎有人害怕。

上述情况说明我国成功实践和经验的伟大意义和影响，它是真实存在的，多数人受到鼓舞，起而效法，有些人则感到压力甚至威胁。这是所处地位不同决定的，是无法回避的。我们只能继续做下去，做得更好，完成历史赋予的使命，使中华大地重放光芒。

三、在人口问题上，我国看到了曙光

日本《潮》月刊 8 月号刊登日本现代社会研究所所长的文章："人口减少的国家才是 21 世纪的发达国家"。这是一个新论点，值得重视。文章指出，根据严格推算，2004 年日本人口达到顶峰为 1.27 亿，之后开始减少。有人以为国家也将衰退，各种不安和忧虑均来了。作者却认为人口减少是极为正常的现象，这类国家才是发达国家。它们将抛弃美国式的生产与生活方式，创造少量生产、少量消费、少量废弃物的生产与生活方式的国家。由于人口减少，人口、资源、环境的紧张关系得到缓解，人们的生产和生活都会轻松一些，整个社会就能稳定、和谐起来，从而产生一系列新的变化，比如，即使生产维持现有水平，人们的生活也会好些。

文章继续指出：联合国推算，世界人口，2000 年 62 亿，2025 年 85 亿，2100 年 110 亿，人口将处于饱和状态。而人口专家根据粮食、资源、能源、技术和环境等因素综合分析，人口极限是 80 亿。则 21 世纪 20 年代世界将面临这一障碍，日本领先了 15 ~ 20 年，从而处于优越地位。

世界人口变化的总形势是：（1）人口已停止增长或开始减少的地区，北欧、西欧。（2）正进入人口减少高峰期的地区，意大利、西班牙、希腊和日本。（3）再过 20 ~ 30 年将进入人口减少高峰期的地区，中国、美国、加拿大。（4）之后是印度、巴西。（5）最后是中东和非洲。

外国人看到并承认我国人口的零增长前景，这是我国人口政策的伟大胜利。

我国人口极限为 16 亿，如果在 16 亿之前实现零增长，就是大胜利，应力争做到。但我国最适宜人口为 8 亿左右，16 亿就超过 1 倍，超负荷运行，压力仍然是很大的。如何平稳地减少更是一篇大文章。

我国是人口大国又是发展中国家，能早日实现人口的零增长，不仅对我国的经济建设和人民生活安排极为有利，对世界的影响也将是巨大的。当然，老龄社会将有一系列新问题有待解决，弄不好也会出问题，一定要认真对待，但这是另一性质的问题了。

四、实现新中国第二个五十年的两大战略任务，意味着什么？

两大战略任务是：（1）经济上达到中等发达国家水平；（2）生态环境方面实现大部分地区山川秀美、江河清澈。关于这两个任务的相互关系和必须同时完成，以及实现的艰巨性和必须运用新的经济建设思路等问题，我已在上述文章中作了阐述，这里不再重复。

完成这两大任务，加上同时甚至提前实现的人口零增长，意味着我国人口、经济和生态环境实现了协调发展，整个社会进入了良性循环和实现了可持续发展。社会就能稳定与祥和，生态时代就真正到来。一个人口众多又是发展中国家，实现这一可喜的局面，肯定会引起全世界的震动和振奋。

彻底实现这一伟大转变，需要几代人的努力，这是毫无疑问的，但关键的关键是 2030 年以前，即当前这一代人的努力，打下一个坚实的基础。这一点必须明确指出，防止需要几代人的提法使这一代人有所放松，并为后代人造成困难。应该明确提出，这一代人是苦干的一代、扭转形势的一代，也是自我牺牲和为后人栽树的一代，担负着发展经济和改造河山两付重任。这就需要大批有为之士在第一线率领广大群众长期艰苦奋斗。平庸之辈和昏聩之徒是完不成这一伟大任务的，只想当太平官的人也不行，跑官买官的人更不行。选拔大批有为之士放到第一线，就成了当前最突出的任务。在我国有为之士无疑是众多的，问题在于怎样把他们挑选出来并委以重任。我相信会有好办法的，也一定能选拔出来，因为这是时代的需要。

令人高兴的是，生态时代已降临中华大地，全国人民和广大干部对生态经济理论认识的不断加深和大力推行，对于完成第二个五十年两大任务极为有利。这是"天赐良机"，一定要狠狠抓住，决不能失去这个机遇。

五、在重点、难点问题上下功夫

大的建设布局，中央决策部门已有了妥善安排，如新中国第二个五十年的两大战略任务决策，如西部大开发战略决策，如生态环境建设战略决策，国民经济和社会发展第十个五年计划正在制定等等，现在是认真实施的问题。实施是一篇更大更重要的文章，要花大力量才能做好。这里我只想强调一个问题，即一定要在重点和难点问题上下工夫，这是成败的关键所在，不能回避。

所谓重点和难点问题就是农业和农村问题，尤其是山区问题。我国山区面积占国土的70%，就县来说，有70%以上的县在山区和半山区，纯平原县只有612个，约占总县数的25%。因此，所谓农业问题主要是山区农业问题，农村问题也是如此。山区正是问题最集中的所在，老区、少数民族地区、贫困地区主要在山区，森林破坏问题主要在山区，水土流失问题、荒漠化和石漠化问题也主要在山区。现在大力推行的天然林保护、退耕还林（草）、封山育林、植树造林、治理水土流失等等工作，主要也在山区。山区是一个复杂的大系统，有它的运行和发展规律，而且各地山区差异很大，各有特点，不下功夫考察和研究，就谈不上正确的治理和开发。这方面的教训太多了，必须认真总结和记取，回避绝不是正确的方法。

最近看到三个小人物的文章和谈话，越发感到问题的严重，他们或是长期在农村第一线工作的或是长期研究农村问题的，人微而言不轻，他们的大声疾呼，本身就反映了一种新形势，我觉得非常值得重视。唐宋八大家之一的韩愈曾提出一个论点："大凡物不得其平则鸣。……人之于言也亦然，有不得已者而后言，其歌也有思，其哭也有怀。"他们三人的意见是真诚的，也是十分尖锐而沉重的，既有思也有怀，绝非无病呻吟。一个人说："现在一些地方出现的'三农'问题，可以用两句话来概括，'人缺思想地缺肥，普遍缺少人民币。'"对于所在县的评价是："人浮于事，债台高筑，组织涣散、干群对立、结构单一、经济衰退。"他的总意见是"要给农民'国民待遇'"。第二个人说：长期以来城乡分割，一国两策，对农村影响巨大。至今仍然对城市居民是一种政策，对农村农民又是一种政策。如乡镇干部是国家公务员，七所八站是上级政府部门下设的机构，却要农民供养。又如义务教育经费却下放给乡镇财政，它们无钱又转嫁给农民。所以"解决农民负担问题，目光须在农村之外"。第三个人说，现在是"疲劳的土地、疲劳的农民，疲劳的政策"。前二者容易理解，所谓疲劳的政策大概是指年年重复喊但总不能落实。因此他建议再不要搞"三口百会"农业了，老老实实地每年落实几项政策并见到实效。

三个小人物在不同场合、从不同角度讲出同一个问题，又都十分尖锐，说明问题的普遍性和严重性，并已到了"春色满园"的程度，不解决不行了。

怎样解决呢？现在有不同的思路和做法，这里不想展开讨论。总的思考是，不能就问题解决问题，必须统筹安排，在发展生产和建设生态环境过程中逐步解决，因此这里只集中介绍一个能把富民、富县又同时建设生态环境的经济建设新思路和模式供参考，并希望能举一而反三。

我讲的是生态农业县建设经验和模式。它是我国基层领导、科技人员和广大群众一道，在现行体制下，运用生态经济理论，艰苦地创造出来的，较早的已有十六七年的历史。它们实现了富民、富县又改善了生态环境，实现了生产建设的良性循环和可持续发展。那里出现了群众高兴、社会安定、和谐的局面。全国第一批国家级的 51 个生态农业县建设试验县已验收合格

（阶段性成果），并选出了 16 个先进县，其中 10 个在山区。国家环境保护总局抓的 154 个生态示范区（大部分为县）中，已有 33 个验收合格并挂了牌。目前这样做的县约 300 个（上述两种形式，有些是重复的），一批地市也在这样做，形势是喜人的。

他们的共同特点和经验是：县级领导有强烈的生态经济意识，决心走一条经济建设新路；依靠科技人员和有经验的干部制定一个全县的综合发展规划，经群众讨论修改、经县人大通过具有法律效力，在一定时期内，各届政府连续执行，即所谓共念一本经和一张蓝图绘到底；按照规划把境内各种自然资源逐步合理利用起来发展大农业；把县级各部门的人财物力协调、组织起来为实施规划服务，各部门工作纳入规划之中统一实施。结果是五味调和百味香，同时实现了富民、富县并使境内山川秀美起来的几大任务，各部门工作也完成得很好。他们成功的奥秘，就在于一举解决了长期困扰我们的四大难题，即掠夺性经营思想、小农业思想、条条各自为政和短期行为。他们是顶着条条的压力这样干的，至今还没有得到过任何的财政补助。由于这样干符合事物发展规律，符合农民要求，农民积极拥护和参与，形成愈干愈想干、愈干规模愈大和速度愈快的喜人局面。专家学者称它是农村改革开放中的第三个伟大创造。

从现有经验看，坚持按规划大干苦干，一般县 10 年左右，较困难的县 20 年左右，生态环境十分恶劣的县（如甘肃的定西县）30 年左右，就能改变面貌，不仅脱贫，生产和生活还能进入良性循环。即是说，用一代人的时间，我国山区完全可以扭转形势，大部分县可以富裕起来。办法就是山区各县分批分期认真实行生态农业县建设。

这样做的条件有三：(1) 组建好一个县级领导班子，他们有鲜明的生态经济思想，决心带领群众艰苦创业，班子比较稳定并保持工作的连续性；(2) 有权协调和使用各部门的人财物力为实施建设规划服务，部门工作纳入规划之中；(3) 有一个发展县域经济的科学规划，各届政府必须认真执行，决不能一届政府一本经、各干各。这些都是上级领导部门应该完成的工作，当然是能够做到的。

有了这三个条件，山区各县现在就可以行动起来，运用现有各部门的人财物力就可以有所作为。当然投入多一些更好，也应该增加一些，并在各方面给予大力支持。

鲁迅先生主张"拿来主义"，他明确提出"没有拿来的，人不能自成为新人，没有拿来的，文艺不能成为新文艺"。建设和开发山区是一项巨大工程，必须广泛吸收国内外的经验，防止片面性和重大失误。对于我国基层领导、科技人员和广大群众共同创造的生态农业县建设经验和模式，特别是10个山区先进县的经验和模式，自然更应该充分运用起来，并在运用中提高和发展，做到出于蓝又胜于蓝。

我国山区幅员广阔、资源丰富、潜力巨大，大有可为，特别是南方山区是全世界公认的一块宝地，更应该大放异彩。因此，运用现有成功经验，采取有力措施，在这一代人手里把山区基本上建设好，实现可持续发展，正是迎接生态时代的最有力举措，它的影响将是十分巨大而深远的。山区建设好了，长期困扰我们的许多难题也就解决了，就全局皆活。啃下最难啃的骨头，对各条战线又都将是极大的鼓舞和促进。

山区问题是一个世界性的大难题。我国山区能富裕和秀美起来，不仅我国的问题解决了，对多山的国家也将提供有益的启示。这正是东方的智慧所在，向东方寻找答案的人们将会满意而归。

历史的经验是，"欲知朝中事，去问山里人"。山里人生活好了、满意了，不仅充分证明中央决策正确和工作力度大，鞭长也能及，而且也就"郡县治、天下安"了，全国就能进入国泰民安境界，我国新的黄金时代也就到来了。

我想，应从这个角度看待和解决我国的山区建设问题。

从农桑立国到林草兴邦

农桑立国：
发展了丝绸产业，开辟了丝绸之路，传播了中华文明

　　汉民族是农耕民族，以种植业为主，为了解决吃穿问题，实行农桑结合，并创造了灿烂的中华文明。这是因为汉民族活动区域位于黄河、长江中下游，以平原丘陵为主，适合种植业的发展，又是桑树适合生长的地方，发展农桑，实行农桑立国是十分自然的，有人说，这是世界上最大的农耕地区。这样做可以富民和强国，长期屹立于东方。正如孟子对齐宣王说的"五亩之宅，树之以桑，五十者可以衣帛矣。鸡豚狗彘之畜，无失其时，七十者可以食肉矣。百亩之田，勿夺其时，八口之家可以无饥矣。谨庠序之教，申之以孝悌之义，颁白者不负戴于道路矣。老者衣帛食肉，黎民不饥不寒，然而不王者，未之有也。"这又成为中国历史上英明的领导者的最高理想，能做到的很少，但总给人以希望和憧憬。汉民族经营这个广大区域是有成效的。这一广大区域长期成为中华民族的经济文化中心，保证了汉民族的强盛和发展，汉、唐盛世均以此为中心，清朝的盛世虽已扩大到海河、辽河流域，但经济中

心仍在这里。这个广大区域的人民的生活是比较富庶的，当然也很辛苦，南宋范成大等诗人的几首田园诗，充分反映了这一点："乡村四月闲人少，才了蚕桑又插田。""昼出耕田夜绩麻，村庄儿女各当家。""子规啼彻四更时，起视蚕稠怕叶稀。"人民为农桑忙碌，构成一幅美丽的画卷，这样的农村实在美，农民的辛勤与喜悦也完全显示出来了。回溯到唐代，也有类似的情况，"绿树村边合，青山郭外斜。开轩面场圃，把酒话桑麻"（孟浩然《过故人庄》），"移家虽带郭，野径入桑麻"（僧皎然《寻陆鸿渐不遇》），"田家秋作苦，邻女夜春寒"（李白《宿五松山下荀媪家》）。都讲桑麻，也讲农家辛苦。这样的叙述，历代均有。总之，农桑立国的做法创造了中华文明，蚕桑又发展了丝绸产业，开辟了丝绸之路，传播了中华文明，开拓了国际交往。这一做法是完全成功的，值得汉民族自豪。但是，又要清醒地看到，时代变了，居住地扩大了，融入的民族多了，单一的农桑模式已不适合我国面临的新形式和需要，我国农业发展战略和模式应该转变并增加新的内容。这不是什么人的爱好问题，而是众多人口的生活需要和生产环境发生了巨大变化，老办法、老模式不适应也解决不了新问题。对此，全国人民特别是农业战线的广大干部应有一个清醒的认识。应该大喊一声："俱往矣，发展现代化的大农业，构建和谐社会，就在今朝。"

从20亿亩到100亿亩：
尊重自然规律，把山区、牧区经营好

我国是一个多山的国家，山丘区占国土的70%，又是一个草原大国，北方有40多亿亩的草原，南方还有近10亿亩的草山。现在是56个民族的大家园，各有各的生产和生活习惯，都应该得到尊重和发扬。我国陆地国土分为三大块：山区、牧区和农区。从大农业用地说约为100亿亩，山区和牧区共约80亿亩，农区约20亿亩。长期以来，经营的重点是农区即20亿亩。由于人口众多，单靠农区已无法保证人民的生产和生活，必须认真把山区、牧区经营起来并经营好，从而把 56 个民族的生产和生活安排好。这是客观需要和必须完成的任务，也是农业发展战略必须转变的依据。

怎样经营山区和牧区？新中国成立以来又是怎样经营的，效果怎样？首先应该认真总结一下，温故才能知新，才能找到正确的建设和开发办法。坦率地说，新中国成立以来，我们用的是经营农区的办法。在山区毁林开荒，搞粮食自给，副作用是严重的，引发水土流失和石漠化；破坏了大量的林草资源。在牧区也开荒种粮，几次大开荒，面积达几亿亩。又搞了一个农牧交错地带，扩大种植面积，破坏了草原，又大量消耗了地下水，造成草原的荒漠化。这是与自然规律对着干，结果是灾难性的。山区退耕还林政策和牧区退耕还牧政策的提出和实施，就是最好的证明，决策层自己纠正错误了。我想起林学家陈嵘老先生的一次谈话。20 世纪 60 年代初，我向他请教林业方面的问题，除回答我的问题外，他讲述了这样一个论点："汉民族只会耕田，不会耕山，也不会耕草原。到山区开荒种粮，到牧区开草原种粮，违反了当地的实际情况，效果当然不会好。"这实际上是对当时决策的严肃批评，我却轻轻放过，愧对老先生，并成为终身憾事。我又想起唐朝大思想家、大诗人刘禹锡的一首竹枝词："山上层层桃李花，云间烟火是人家。银钏金钗来负水，长刀短笠去烧畲。"所写的景色十分幽美，仔细一想，这就是刀耕火种，也就是毁林开荒。新中国成立初期，南方山区仍在这样干。汉民族的这个习惯由来久矣，为害也大矣。在山区人口很少的时候，自然界能够承受，人口多了，规模大了，时间长一些，就承受不了了。于是荒山秃岭大批出现，水土流失日益严重，水旱灾害交替发生。牧区也大致如此，大面积荒漠化，草原变成沙原，生产力严重下降，广大牧民陷入困境。整个大草原的前景更令人担忧，已有人发出警告，一位国际学者明确指出，"中华文明正在流沙面前退却"（莱斯托·R·布朗《地球不堪重负》）。国内草原专家也发出了呼吁："我国北方草原已成为和即将成为一个不能自我维持和不可持续发展的系统。"中国科学院专家考察后发出警告："按照目前的经营方式，呼伦贝尔大草原 10 年内将成为荒漠"。这是我国最好的草原，实在无法理解。

总之，我们用经营农区的办法经营山区和牧区，与自然规律对着干，损失巨大并为今后的工作造成极大困难，后果实在太沉重了。这是战略决策失误，应该认真总结，以教育干部和警示后人。古人云："君子之过也，如日月之食焉；过也，人皆见之；改也，人皆仰之。"彻底改正，从彻底认识开始。山区和牧区有各自的自然运行规律，生物生长规律也是客观存在的。必须依照它们的规律进行建设和开发，绝不能套用农区的一套办法。这是一门大学问，必须认真学懂和用好，这是搞好80亿亩的前提。

中国林区是一座大宝库：
保证我国食物安全，必须发挥山区优势

山区是林业生产基地，山区和林区是密不可分的。中国南方山区又是全世界的一块宝地，这个优势令人羡慕，更是巨大财富。

中国林区是一座大宝库。有关资料指出：有种子植物3万多种，其中木本植物8000多种，乔木2000多种，中国特有的珍贵树种就有50多种，木本油料100多种，木本干果400多种，药用植物在李时珍的《本草纲目》中就记载了1041种，现在已达到3000多种，芳香植物300多种，蜜源植物300多种，牧草品种在5000种以上。中国是竹类资源众多的国家，有30属300种以上，大径竹占到78%。动物资源众多，兽类450多种，鸟类1186种，两栖类爬行类516种。

从现有经验看，经营得好不好，效益差别巨大。比如油茶树，经营好的，年亩产25千克至30千克油，一般的只3千克油。

从各类资源中，选择较好的品种，认真经营起来，生产的品种和财富都将是十分巨大的。

只要掌握自然规律，山区一些看似无法利用的土地，也可以利用起来。比如石漠化土地，种粮不行了，但种植干果和水果则完全可以，农民已创

造出经验，营造了成片的花椒林、柿子林、肥牛树等，不砍树只采果和叶，收入可观。因此，把荒山荒地利用起来，把残次林、小老头林改造好，财富就能大幅增加。

山区是一个立体、层次、复合体，各种植物各有其生态位，互相依存但不错位。乔、灌、草分布有严格规律。要尊重自然规律，不能拉郎配。拉郎配是最大的瞎指挥，一错就是一二十年，损失巨大。

如何打开这座宝库？按山区和林木发展规律、各种林木的生长规律，实现乔、灌、草最佳组合，取得最佳效益，又做到可持续发展，这就是我们必须完成的重大任务。这是一篇大文章，只有发挥专家和有经验的干部、群众的集体智慧，才能做好。这是建设两大区域的前期工作，下大力做好，才能有良好的开局。

我国耕地现在只有 18 亿亩多一点，离红线（18 亿亩）已很近。且不说能否守住，仅靠现有的耕地也已保证不了众多人口的食物安全。农业专家已提出紧缺资源代替战略，即发展草食畜牧业，减少饲料用粮。看来，应该实行草本粮棉油与木本粮棉油结合的办法，保证我国的食物安全，减轻农区的压力，又发挥山区的优势，同时也增加山区居民的收入。山区木本粮棉油的生产潜力是巨大的，发挥这些潜力并不难，调动山区居民的积极性，增加投入和科技支持，就可以做到。

北方山区的潜力也很大，黄土高原就是实例。甘肃定西地区，是被左宗棠称为"苦瘠甲天下"的苦地方，三项极平常的办法即扭转了形势，干部和群众信心大增。三项措施是："一·二·一集雨工程"，建设柠条基地（也就是灌丛草地），大种土豆并形成产业。投入不大，群众有经验也欢迎，国家补助一点就能行动起来，应该说是完全可以做到的。如果黄土高原把雨季径流蓄起来自用，土的流失问题也就同时解决了，干旱问题大大缓解，下游的治沙任务大大减轻，上下均有利。典型和办法都有，现在是领导决策和投入如何倾斜的问题。在下游排沙入海，投入更大，而且没有尽头。

草原运行有它的规律。因此，草原治理也应按规律进行。草原→沙原

→新草原，在一定条件下，这一转变可以做到，吉林省白城市正在进行的试验，开局很好。各地均有成功经验和典型。当然，难度是很大的。

自然规律是无情的又是公正的，违反了就要受到惩罚，尊重并按规律办，就能得到报酬，丝毫不爽。

草原也是一座宝库。内蒙古锡林郭勒盟的引海水到该盟淡化，发展盐化工产业的规划，已经过专家论证正在送批中。这个规划设想打开了人们的思路。水利专家讲，这是水利建设思想的大解放。与山区蓄水自用的思想结合（现有山区的大中型水库仍然为下游服务），我国将产生一个新的水利发展战略：山区蓄水自用，沿海城市和沿海平原用水，用海水淡化的办法解决，还可以东水（海水）西送发展草原的生产事业，这是一个大的良性循环，对我国北方将产生巨大作用，我国水利就全局皆活，再不用抱着贫水国发愁和叫苦了。海水取之不尽，淡化技术早就成熟，经济上也已可行，许多国家都在大力进行。锡盟的规划是一个催化剂，应支持他们搞起来。草原有一定数量的水支援，将发生巨大变化，重建草原的速度将大大加快。

建设灌丛草地：
为实现林草兴邦创造条件，起着开路先锋的作用

建设以饲料桑为主的灌丛草地，起着双重作用，而且都是战略性的。一是有利于建设现代化畜牧业，推动我国农业的现代化；二是为实现林草兴邦创造条件，起着开路先锋的作用。这一条人们似乎还没注意到。

先说有利于建设现代化畜牧业。现代农业的特点之一，就是畜牧业成为农业的主导产业，产值占到农业总值的60%以上。我国差距很大。畜牧业应该有一个大发展，也有大发展空间。根据实际情况，只能发展草食畜牧业，即以牛、羊为主。我国既有北方广阔的草原，又有南方广大的草山、草坡，特别是近10亿亩的草山。但它们都有一个改造问题，现有的牧草质量太差，产量也低，要改种优质牧草。这是一项巨大工程，工作量大，投

入也大。建设以饲料桑为主包括几种豆科灌木如柠条、紫穗槐、胡枝子等的饲草料基地，与农业专家提出的紧缺资源替代战略不谋而合，并指出一条捷径。现在又加上商务部推行的东桑西移工程，三者合力攻关，大力建设多种形式、各具特色的灌丛草地，推动我国草食畜牧业的发展并掀起一个建设高潮，不仅可以做到，又为建设现代畜牧业创造了必须具备的条件（即优质草地）。没有这个条件，畜牧业就谈不上现代化，就谈不上供应优质牛奶和优质牛羊肉，就无法和发达国家竞争，甚至被挤出市场。建设现代人工牧场是我国畜牧界多年来梦寐以求的愿望，由于条件不够，一直无法实现。现在提出以饲料桑为主的灌丛草地，是一个重大创造，要求条件低而质量却很高，特别是不少地方，群众已行动起来并取得了成功，我们一定可以在这方面创造奇迹。

再说为实现林草兴邦创造条件。建设灌丛草地发展畜牧业，实际上把环境建设与富民结合起来了。灌丛草地蓄住了雨水又保住了土，草地又成了绿化基地，只要实行舍饲，定期割草或分区轮牧，草地就能正常生长，面积达到一定规模，就是一片绿色世界和强大的饲草料基地，现代畜牧业就能逐步建设起来，当地居民也就富起来，就有力量发展更多的生产事业，也就是说，启动林草兴邦的大事业。它的这种先导作用是独特的，无法替代的。特点是投入不大，要求条件不高，群众能接受，短期内就能见到成效，对我国山区和牧区来说，非常适合，实在没有别的项目可与之相比。这是最便捷、最少投资、最快受益的开发工程。

林草兴邦：
一个新的发展战略，需要中央有一个强大部门长期抓

我国山区和牧区的 80 亿亩农业用地，只能发展林业和草业。不要看不起林草业，我国一定要实现林草兴邦。这是一个新的发展战略，不仅要把这 80 亿亩建成一片绿色世界，同时要建成强大的现代畜牧业基地和木本粮

棉油基地，保证我国的食品更加丰富和安全，保证两大区域人民安居乐业，全面实现小康。同时又减轻农区压力，能够合理调整种植结构，促进农民稳定增收。从而实现三大区域相互支援，协调发展。

不应忘记，山区和牧区。正是许多少数民族聚居地，许多革命老区在这里，众多的贫困县在这里，两个区域建设好了，他们的问题也就解决了，这是真正的毕其功于一役。这个大家园建设好了，广大人民的积极性将空前高涨，创造力也将空前高涨，许多人间奇迹将不断涌现出来，振兴和崛起当然不在话下，此之谓林草兴邦。

有人说，20亿亩还未建设好，还有守不住的危险，哪有力量经营80亿亩。现在讲的80亿亩，不是荒无人烟的处女地，这里住着众多居民，有各级政府正在进行各项活动，投入并不少，只是太分散。由于长期工作失误，破坏了两大区域，留下许多难题，因而举步艰难。现在觉悟了，找到了解决问题的办法，上面讲的只是纠正错误，调整布局，进行有计划建设问题，从领导角度讲，有一个政策和投入稍作倾斜的问题。而且这是还债，必须做到。

有人说，这样做需要多部门合作，还要各级政府共同坚持，太难了，不易实行。这个忧虑很对也很实在。这是一项巨大的系统工程，需要多部门多层次的合作和坚持，更需要中央有一个强力部门长期抓，还要有相当大的投入。中央不下决心是办不成的。但是，应该看到有一股强大的压力逼着我们这样干，这就是不建设好这两个区域，我们无法养活众多人口和保证他们安居乐业，农区也找不到减压机会而困难重重，这个困难比下决心建设两大区域更大。另一个压力是：贫困地区人民已提出"还要我们穷多久"的质问，以民为本的政府必须回答这个问题，只有建设好两大区域才能解决群众的质问。

总之，建设两大区域，建设木本粮棉油强大基地和畜牧业强大基地，办法有了，典型有了，群众欢迎。下决心干，有困难，但前景是光明的。不干，继续老办法应付，困难更大，前景更可怕。何去何从，不用多说。我们必须实现林草兴邦，别无选择。

有人说，我国经济建设需要大量木材，山区大搞木本粮棉油，用材林用地必然会减少，这个问题如何解决呢？

山东齐河县已回答了这个问题。它是全国绿化模范县，又是一个平原县，认真总结和推广它的经验，让林业是国民经济基础的论点和林业坐第一把交椅的思想成为国人共识和领导决策，问题就解决了。对此，另有专文，这里不谈。把用材林任务完全压给山区的思想，本身也是值得商讨的，应该多渠道、多途径解决，绝不能吊死在一棵树上。

（《中国绿色时报》2007年9月18日）

林草建设是我国最大的
生态环境建设工程

发展战略和布局

我国生态环境有如下特点：一是多山，山区和丘陵占国土面积的 70%，南方山区是一块宝地；二是草原面积大，北方牧区 40 多亿亩，南方草山近 10 亿亩，构成畜牧业的强大生产基地；三是贫水，北方缺水问题尤甚，山区严重干旱；四是黄河下游广大平原分布多条黄河故道，沙化严重；五是几条大河下游是广大农业区，也是主要的粮棉油主产区。

我国天然形成的山区、牧区、农区，应相互支持，相互协调，不可偏废。山区和牧区应大搞林草建设。林，主要是生态产品和林特产品，木头是副产品。应实行草本粮棉油与木本粮棉油并重的方针，以保证众多人口的食物安全和出口创汇。在这里，林业的概念与原来的提法大不相同。草，也有新内容，即以饲料桑和豆科灌木为主的灌丛草地。灌丛草地种苗丰富，产量高、质量好、成本低、收效快，还能增加绿色植被。用这种模式建设山区和牧区草场，发展畜牧业，既富裕山区和牧区，又可减轻农区畜牧业的压力，减轻饲料粮压力（约占粮食产量的 1/3）。

农区除积极经营粮棉油生产保证供应外，由于压力减轻，可以腾出部分耕地发展多种经营，增加农民收入，调动农民的积极性。

黄河下游沙化严重地区，开展林间经济，这是一种很有希望的模式。

三大区域发挥各自的特长，农民都富起来了，全局就活了。

这是人们现在的认识和想法，而且只是部分人的认识和想法。总结历史的经验，我们必须从当前的实际出发，逐渐转到这种模式上来。

老模式的特点和引发的系列矛盾

新中国成立以来，发展工业和实现现代化要求农业保证粮食供应和为工业提供建设资金。因此，除了农业区大力发展粮食生产外，山区也毁林开荒生产粮食，牧区也一样。直到 20 世纪末才开始实行退耕还林还牧，算是纠正了这一做法。但山区、牧区已经遭到严重破坏（当然还有其他原因）。我国现在是世界上水土流失最严重的国家之一，每年流失土壤 50 多亿吨，危及江河湖库和农田。按现在的治理速度，现在的流失面积要 100 年才能治理完。牧区荒漠化严重。这个损失无法计算，后果严重，山区、牧区成了扶贫对象集中的地方，既不能保障农区又不能提供较多产品，甚至不能自给，使农区的压力更大了。

由于人口增加，人均耕地不断减少，水肥供应已达极限，不断增加的粮食供应任务实在难以完成。前几年农业专家们提出紧缺资源替代战略，即发展草食畜牧业以减少饲料粮生产，不仅杯水车薪，也未见行动。现在，新问题又出现了。一是我国出现酸雨区，占国土的 1/3 以上，酸雨区位于经济发达地区和农业主产区，现在还未仔细算账，但对农业的影响肯定不小。二是我国七大河流三成左右的河段是五类和劣五类水，不能灌溉了。三是重金属污染的耕地已占到所有耕地的 1/5，即 3 亿多亩，不仅影响粮食产量，更影响粮食质量。

而农民种粮没有积极性是最大的问题，农业部主编的《社会主义新农村建设百村调研汇集》中的 100 个典型，没有以粮食生产为主的。的确，群众没积极性，怎能持续发展呢？

张薰华的新理论

当我们为了解决吃饭问题而破坏了山区和牧区，造成山区水土流失严重，北方荒漠化和南方石漠化也日益严重，生态环境和农业都陷入困境时，我们不得不重新思考复旦大学教授张薰华 20 年前提出的新理论。

张薰华教授在《生产力与经济规律》（1989 年）一书中，提出林业是国民经济的基础和林、农、牧、渔、副排列次序的新理论，认为林是人类生存问题，农是人类吃饭问题，农业搞不好会饿死一些人，林业搞坏了人类将难以生存。我看到这个论断后十分赞同，并写了文章加以鼓吹，还认为它将在农业战线引发一场思想革命。当时，我觉得我国面临紧迫的生存问题，还有经济建设中的掠夺性经营思想和经营方式问题，农业方面的小农业经营思想和经营方式问题，都亟待研究和解决。但我的判断错了，这个新理论受到了冷遇，被封杀了。时至今日，它仍是一种观念形态存在书本里和一些刊物的论文中。

符合客观规律的理论，生产第一线的人们由于生产和生活的需要，可能会在实践中运用它。据我所知，山东省齐河县就是在全县范围内实践这一理论的典型例子，虽然他们并不知道这个理论。2003 年以来，齐河县农民自己投入建设了 85 万亩生产林，创造了林农牧结合的新模式。据称每年亩均蓄积木材 3.5 立方米至 4 立方米，每立方米 800 元左右，仅此一项，每年农民人均大约增收 5000 元。由于几家林业公司牵头，全县形成林业产业化，又促进了农业产业结构优化，形成"林粮棉菜桑，菌药牧工商"十大产业格局。特别重要的是，生态环境得到显著改善，历史上黄河多次决口，在齐河留下 5 条故道，占全县总面积的 50%，沙层厚度由 10 米到 20 米不等。过去那里"睁不开眼，张不开嘴，揭不开锅，找不到路"；现在，绿色让那里"白天不见村庄，晚上不见灯光"。人们的信心大增，各项生产事业蓬勃兴起。

齐河经验证明了张薰华教授的论点。河北省曲周县发展林间经济的经验，也从另一个角度证实了这一理论。该县有 20 多万亩林地资源，近年来大力发展林间经济，在做强做大林业后续产业的同时，使土地综合效益成倍增长。目前，该县林间经济已发展到 1.8 万亩，亩年均收益 5000 元，是林、粮、棉、菜等单一种植模式的 2 倍到 3 倍。如果 20 多万亩都利用起来，一个县的经济也就活了，就业范围也会大大增加。

所有绿化模范县的经验，都值得总结和推广，这是我国最宝贵的实践经验。

林间经济内容丰富，从业务部门讲，矛盾重重，无法管理，种花、养蘑菇、养鸡、养兔、种药材……分属各家管。从农民讲，什么矛盾也没有，能经营什么就经营什么，收入都归自己。管理部门为什么要作茧自缚呢，不能放手让农民自管吗？这实在是一门大学问，又是当前政府部门分割的一大难题。

森林本身既有生态作用又有经济作用。如果能充分发挥森林的生态作用和经济作用，建设生态文明的任务也就完成了。这令人想起王维在"桃源行"中的两句话："远看一处攒云树，近入千家散花竹。"

林草兴邦的理论意义和实际作用

张薰华教授的理论给林草兴邦论增加了理论色彩。大搞林草建设，实际就是解决我国的水土流失问题、北方荒漠化问题和南方山区的石漠化问题。这是我国最大的生态环境建设工程，也是最大的生态文明建设工程。它解决的首先是中华民族的生存问题。

由于张薰华教授的理论把生态环境建设与强国、富民结合起来，因而又是生态经济理论的生动实践。在国家范围内建设生态农业，实现大农业发展战略，把林、农、牧、水各方面工作协调起来，克服了掠夺性经营思想和经营方式，也克服了小农业经营思想和经营方式。

这样做，涉及许多部门和地区，当然也涉及许多学科和技术，综合性极强，要解决的问题十分复杂，难度当然很大。特别是山区、牧区，本身就是十分复杂的大系统。不用系统工程的方式分析研究，是找不到科学解决方案的。这方面有大量工作要做。所幸的是，根据钱老的建议，20世纪八九十年代，我们在用系统工程方法解决林业、农业建设问题方面，已做了大量工作，积累了经验、培养了人才，还编了系统工程丛书，这次可以用上了。

当前要解决的问题是：组织几次大讨论，统一认识；组织一个研究机构，做好大行动前各项准备工作和有关资料集中、研究、处理工作；有一个强有力的部门负责组织这项重大任务，并长期坚持下去，及时解决难题。这是一项长期的攻坚战，遭受长期破坏的广大山区和牧区，要建设好并重振雄风，绝不是轻而易举的事，要有充分的思想准备。有没有捷径可走？有，就是认真总结群众创造的成功经验，找群众中的能人，用群众喜闻乐见的方式进行建设，充分调动广大群众的积极性。

（《中国绿色时报》2007年12月18日）

菏泽经验引发的思考

一、为菏泽成就欢呼

《人民日报》(2008 年 2 月 8 日)报道了菏泽市的经验，题目就是"菏泽林茂粮丰助农增收"。这篇简短报道，内容十分丰富，读后深受启发。

该市近 5 年来，新增农田林网 1082 万亩，农林间作 350 万亩，建成了比较完善的农田综合防护林体系。20 世纪对菏泽小麦生产造成严重危害的干热风基本消失，风沙日数减少了 69.7%。林业的发展还营造了有利粮食增产的小气候，1997 年以来的 10 年与 20 世纪 70 年代相比，该市相对湿度提高 0.8%，年降雨量增加 2.9%，最高气温降低 0.5 ～ 1.5 摄氏度。农田林网为优质专用粮食品种推广提供了条件，目前优质小麦种植面积达 700 多万亩，为农民增收 2 亿元以上。2007 年该市粮食总产量 491 万吨，占全国总量的 1%，而近 5 年新增粮食产量则占全国增产量的 3%。该市成为山东省的"粮食市"。

该市是山东有名的贫困地区，现在找到了原因和解决办法，有效地解决了困扰粮食发展的两大限制因素即干热风和风沙，实现了粮食连年增产，而且增长速度快于全国增长速度，特别是生态环境发生了根本性的变化，为下一步大发展创造了条件。这个成就值得大书特书，应为它的创造和成就欢呼。

二、菏泽经验是什么

菏泽经验是什么？给我们的启示又是什么？这是首先要弄清的问题。

提起来十分简单和平淡，就是林茂。林茂引来粮丰，粮丰引来农民增收。林茂是基础。林茂的内容也十分简单，一是农田防护林，一是农林间作。这两项并没有什么新意，都是人人知道和常讲的老办法。关键是他们认真实行并做得很好，因而真正发挥了作用并引发生态环境方面的大变化，解决了当地发展经济的两个重大限制因素，而且风沙问题还没有完全解决。真是踏破铁鞋无觅处，得来全不费功夫。

但是，能这样做又实在很不容易。这实际上是尊重自然规律和认真按自然规律办事的大问题，没有深刻认识和决心，又是不容易办到的。全国类似菏泽市的地方很多，而真正像他们这样解决了难题的却很少，大部分地方还被许多限制因素困扰着，面对难题一筹莫展。真理往往是平淡和简单的，但找到它却不容易，要下工夫认真探索。

每个地方都受到自然规律和经济规律的约束；前者是主导的。按自然规律办，就诸事顺手，对着干，就困难重重，矛盾百出，工作十分被动，生态环境十分严酷的地方显得尤为突出。为了打开局面、摆脱被动，应集中力量找到当地的自然规律和按规律办理的具体措施，然后认真执行。在这方面，菏泽市为我们做出了榜样，一个长期贫困的地方，几年之内就面貌一新，充分显示自然规律的巨大威力，以及按规律办事的必要性和紧迫性。每个地方都应该力争早日做到这一点，再不能与自然规律对着干了。

三、从齐河经验到菏泽经验

山东齐河县的经验是很好的，我们介绍过。该县用三年时间，不用国家额外投入，动员群众造林 85 万亩，把森林覆盖率一下子提高到 47.2%（原为 17%），使全县成为一片绿色海洋，从而引起一系列变化。2006 年该县被评为全国绿化模范县之一，这是从林业角度评价的。从县域经济发展看，则是林业推动全县经济的发展，首先是生态环境的改善，创造了一片绿色世界，使农业成为大农业，由粮棉经济变为"林粮棉菜桑，菌药牧工商"十大产业格局，特别重要的是人的精神面貌的变化，创业信心大增。由于范围较小，对气候的影响则不太明显。但全县的风沙之害消失了，这一点十分突出。

菏泽经验不同了，它包括 1 个市和 8 个县。单是新增的农田防护林和农林间作面积，就近 1 万平方千米，约为齐河县总面积的 7 倍，因而引发气候方面的一系列有利变化。这是一个质的变化，引起人们深深的思考。农田防护林和农林间作的作用竟如此之大，能够引起气候方面的诸多变化，解决农业生产许多限制因素和难题，改善人们的生活环境，这是人们没有想到的。林下经济或林间经济潜力十分巨大，一些地方已显示出来，也是人们没有想到的。防护林本身也是财源，只要林种组织得好，本身就是一大产业，不仅起保护作用，这方面的文章还未仔细考虑。总之，森林的诸多作用问题，书本上写了，专家的文章中写了，但一般人不理解。齐河经验与菏泽经验则把它们活生生地摆在人们眼前，当地群众更是深得其利。它们的说服力和推动力是十分强大的。与齐河、菏泽生态环境相同，遇到的问题相似的县市，自然会运用两地的经验，奋起直追。我想我国一些荒漠化、石漠化、水土流失严重的地方，由于缺少森林，生态环境十分严峻，人民的生产和生活面临诸多困难，管理这些地方的市县政府，更应从两地的经验中得到启发，认真研究自己的困境，摸清当地的自然规律，找到解决难题的办法。看来，用林业改造环境是主要办法。造林（包括草灌乔木）

的本事总是有的吧，绿化总能做到吧，我国已提倡多年，谁也不能说不知道和不能做。这就是起点。

四、重新研究张薰华教授的论点

齐河经验就促使人们思考复旦大学经济学教授张薰华的论点，菏泽经验由于范围更大，作用更大，又一次并更有力地促使人们重新思考张氏的论点。

他的论点是（大意）：林业是国民经济的基础，农业（种植业）则不是。因为"林"是人类生存问题，"农"是人们吃饭问题，农业搞不好会饿死一些人，林业搞坏了，则使人类难以生存下去。林是第一位的，应坐第一把交椅。过去将农业（大农业）内部构成以及与之相联系的副业，按重要次序列为"农、林、牧、副、渔"，这种排列不够科学，比较科学的排列次序应是：林、农、牧、渔、副。

张薰华是1989年提出这个论点的（《生产力与经济规律》，1989年出版），对主流思想即农业是国民经济基础的论点是一个挑战。这是学者应有的品德，为真理秉笔直书，不怕触怒权威。这又是理论不断创新和发展的必要条件，而且是一个国家兴旺发达的象征。但张氏的论点受到冷遇，长期无人理睬。2006年齐河被评为全国绿化模范县后，张氏的论点重新引起人们的重视，两年后又出现菏泽经验，由于范围更大，林业发挥的作用更大，张氏的论点更进一步引发人们的思考。

从菏泽的实际情况看，真正引起气候变化、雨量、空气湿度变化，特别是干热风规律和风沙变化的，当然是林业而不是种植业，而且种植的变化也是林业促成的。就是说，菏泽经验明确说明林业是国民经济的基础，它涉及人类生存、农业兴衰和社会生活的能否安定与祥和。菏泽的实践经验是十分清楚而鲜明的，一看就能理解，最能说明问题。

对于自然规律我们应该客观对待，绝不能有先入为主和亲疏之分。过去认识错了应坚决改正，绝不能抱残守缺，固执己见。否则，只能继续与自然规律对着干，也继续受到自然界的报复和惩罚。这个苦头我们吃得太多，教训太深刻，损失太大，绝不能继续下去了。这是关系到民族兴衰的大是大非问题。

五、认识林业是国民经济基础论的重要性和紧迫性

长期以来，我们承认并执行农业（种植业）是国民经济基础的论点，认真解决人民的吃饭问题，这是客观需要决定的，我国人口众多，吃饭问题是天大的事，非认真解决不可。今天仍然如此，而且更为紧迫。我们的工作也是有成绩的，保证了国人的吃饭问题。但又得承认付出的代价太大，后遗症更大。为了吃饭，破坏了山区，造成严重的水土流失和石漠化（当然，山区的被破坏还有其他原因）；破坏了北方的广大牧区，造成严重的荒漠化，并威胁附近广大农区和许多城市。这是毁林开荒和毁草原开荒的恶果，前些年实行退耕还林还牧，算是纠正了这一错误。但破坏时期太长、后遗症太大，仅一个"退"字解决不了问题，非有大动作不可，工作量是巨大的。更应该认真反思的是，有没有更好的办法解决我国众多人口吃饭的问题。

我国是多山国家，山区面积占国土总面积的 69%，又是草原大国，北方草原加上南方草山，占国土面积的 1／3 以上。这两大区域只能搞林搞草，再不能搞种植业（草本粮食）了。林草两业也大有文章可做，可以建设强大的畜牧业基地和强大的林产品特别是木本粮棉油基地，既使两大区域富起来，又大大减轻农区的压力，从而保证三大区域协调发展。

因此，应该承认林业是国民经济基础的论点，调整工作部署，把重点放在林业（包括草灌乔）建设上，在山区和牧区大力发展林业和草业，在农区大力推广菏泽和齐河经验，加强防护林和片林建设，使全国逐步成为一片绿色世界，彻底改变我们的生存环境，并逐步解决水土流失问题，荒漠化和石漠化问题，解决风沙之害，从而推动全国的各项建设事业顺利发展。

林草的净化作用也比许多人工措施大得多，这又是最大的减排工程。

这样做难吗？这项巨大工程，工作量十分浩大，当然不易，这是一方面。另一方面，齐河与菏泽已做到了，而且时间并不长，齐河3年，菏泽5年，群众非常欢迎，投入也不大，似乎并不如人们想象得那样难。符合规律的工作，做起来总是事半功倍的。因为他们能做到天时、地利、人和三者合一，无往而不胜。这又是一条规律，人们往往忽视这一特点。

六、跳出农耕文化的思维框框

汉民族是农耕民族，由于我国农耕区域广大、条件优越，从而创造了辉煌的中华文明而且经久不衰，在四大古代文明中独领风骚，这是谁都知道的，不用多说。但这种农耕文明又使汉民族的思维方式和生产方式具有很大的局限性和片面性。就农业来说，只会经营种植业，不善于甚至不会经营林业和牧区畜牧业，这对我国当前的实际情况显得很不适应。林学家陈嵘老先生就有一个十分形象的描述："汉民族只会耕地，不会耕山，也不会耕草原。到山区就毁林开荒，到草原就毁草原开荒。这样做，与当地情况相左，效果当然不会好"（大意）。这是20世纪60年代初我拜访他时，他亲口讲的，形似讲故事，实际上是批评我们当时的做法。这种做法破坏性很大，吃了大亏。老实说，直到今天，我们还没有找到经营山区和牧区的适当办法，因而这两大区域的开发和经营还是一个有待研究的大课题。这太不适应形势的需要了。无论从全面建设小康社会、建设新农村、开发西部、振兴中华、和平崛起等任何一方面讲，这两大区域都是重中之重。都必须经营起来并经营好。

毋庸置疑，现在汉族干部处于领导地位而且人数众多，他们的思维方式影响巨大，上述毁林开荒和毁草原开荒，都是在汉族干部主导下干的。在今后的工作中，他们也仍然起着主导作用。汉族干部必须从农耕文化的思维框框中跳出来，认真研究山区和牧区的实际情况和特殊规律，尊重当地少数民族文化和经验，和他们一道开发和建设两大区域，真正做到全国的山区、牧区、农区三大区域协调发展。

山区和牧区是一片广大新天地，占农业用地的4/5，即80亿亩，因而是一篇内容十分丰富的大文章。做好了，对汉族干部讲，是思想上的一次升华；就我国生态文明建设讲，也就大体完成；对林草兴邦工程讲，也基本完成了。加上农区的林业建设，中华大地就将成为一个绿色世界，大量财富将不断涌现，国家就能立于不败之地。和平崛起的基础就牢固了。

这是完全能实现的美好前景，绝不是幻想。

各地典型已很多，就是说群众已行动起来。

我们能跟上形势吗？实践才是最好的回答。

人们翘首以待。

（《林草兴邦与和谐社会论坛通讯》2008年第3期）

保障粮食安全必须重视林业

——访著名生态经济学家、农业问题专家石山

粮价飞涨演变成的全球性粮食危机，会对 13 亿中国人的吃饭问题带来怎样的影响和冲击？一辈子关注中国农业问题、现已 93 岁高龄的石山老人，最近依然在密切关注着粮食问题的最新发展。

石山，是我国著名生态经济学家和农业问题专家。经过数十年的研究、积累与提炼，石山于 2007 年 9 月正式提出了"林草兴邦"的观点，在社会上引起巨大反响。

在耕地越来越紧张、粮食增产潜力已充分挖掘的形势下，中国应该有一个保障粮食安全的长久之策。石山再次把目光投注到我国广大的山区。在日前接受记者采访时，他一再强调：一定要实现草本粮棉油与木本粮棉油并举。

记者：您怎样看待当前我国的粮食生产形势？

石山：为了保证粮食安全，我国一直用极大部分耕地种植草本粮棉油。随着化肥、农药等农资产品价格的不断上升，种粮成本越来越高。为改善生存条件，大量农民外出打工补贴家用，农业副业化现象随之出现，直接影响粮食生产。国家要粮食，农民却用副业化来对待。在这种情况下，粮食安全能有保障吗？

记者：在您看来，怎样才能保障我国粮食安全？

石山：2030 年，我国人口将达 16 亿左右，按人均 400 千克粮食计算，粮食产量应达 6.4 亿吨，与 1995 年相比增加近 2 亿吨。在耕地不断减少、粮棉大县又需合理调整种植结构的情况下，增产任务完全由目前的粮棉大县承担是很难的。最为有效的补救之策，就是大力挖掘山区、牧区的潜力，建立山区、牧区、农区协调发展的农业生产体系，实现草本粮棉油与木本粮棉油并举的格局。

记者：林业在保障粮食安全方面能起到怎样的作用？

石山：20 年前，复旦大学经济学教授、研究《资本论》的专家张薰华曾经提出，林业是国民经济的基础。原因是林业解决人类生存问题，农业解决人类吃饭问题，农业搞不好会饿死一些人，林业搞坏了会使整个人类难以生存。近年来，山东省齐河县发展林业的成功经验，特别是菏泽经验出现后，张薰华的观点终于引起了人们的重视。菏泽的经验是，大面积防护林与农林间作结合，引起雨量、湿度、温度变化，解决了干热风和风沙危害，为粮食增产创造了条件。菏泽经验充分说明，真正引起气候变化，雨量、空气湿度变化，特别是干热风规律和风沙变化的，是林业而不是种植业。林业直接关系到人类生存和农业兴衰，所以保障粮食安全，林业大有可为。

记者：如果还像以前一样忽视林业的基础性作用，会导致什么后果？

石山：新中国成立后，为了保障粮食供应，我国千方百计扩大耕地面积，在山区毁林开荒，造成了严重的水土流失，在北方牧区毁草地为耕地，导致土地不断沙化。直到 1998 年长江暴发大洪水，国家领导人亲临一线，才被惊醒。从此，国家坚决实行天然林保护工程、退耕还林还草工程和退田还湖工程。但 50 年过去，大错已经铸成，北方草原严重荒漠化，山区水土流失严重和南方山区石漠化形势逼人，全国的水旱灾害日益频繁，农业生产条件不断恶化。我们一定要从与自然规律对着干的教训中学会尊重和运用自然规律。

记者：目前，我国木本粮棉油资源发展及利用情况如何？

石山：我国木本粮棉油的发展形势喜人，但潜力还未发挥出来。到2000年年末，全国经济林面积已达4.1亿亩，干果、木本油料、木本药材、工业原料、调料香料等经济林占总面积的60%以上。但是，我们不能就此止步，一定要让木本粮棉油发挥更大的作用，因为我国这方面的资源太丰富了。世界以食用油为主的油料树共150种，我国就有100种左右。此外，我国还有木本干果树400多种，药用植物3000多种，芳香植物300多种，蜜源植物300多种。目前已经利用起来的只是很少的一部分，利用得好的更是少得可怜。南方几个省的几千万亩油茶林长期处于半野生状态，直到现在仍远未完全利用起来，以致山区人民捧着金碗讨饭吃。

记者：怎样才能充分发挥林业的基础性作用，从而使我国粮食安全多一份保障？

石山：发掘山区的潜力并不难，只要掌握自然规律，一些看似无法利用的土地，也可以利用起来。比如石漠化土地，种粮不行，但种植干果和水果完全可以。农民已创造出了经验，营造了成片的板栗林、花椒林、柿子林等，不砍树只采果和叶，收入可观。就拿板栗来说，在我国许多地方都可以种植，果实营养丰富，既可以入菜煮粥，也可以加工成板栗粉，作为主食食用，经济效益和生态效益都很高。因此，只要把荒山荒地利用起来，把残次林改造好，财富就能大幅增加。

我的设想是：从现在到2030年，在山区逐步建设并经营好板栗、枣、柿子等木本粮食基地4亿～5亿亩，油茶、核桃、山杏、油橄榄等木本食用油料基地2亿～3亿亩，比现在多几倍的桑园，既补充农区生产的不足，又减轻农区的压力。就木本粮食来讲，以亩产250千克计，4亿～5亿亩基地建成后，可生产板栗、柿子、枣等木本粮食1亿～1.25亿吨，这样，可以解决这期间人口增长所需要增产粮食总量的一半以上。

（《中国绿色时报》2008年9月8日）

林草结合，使林场成为新的畜牧基地

今年4月，林草兴邦研究会的几位同志、河北林业调查规划设计院的滕起和院长到我这里，大家商量，看看能不能利用河北现有的林场搞一个联合实验基地，利用国有林场的可利用空地和沙荒地种植可加工饲料的桑、柠条等木本植物，并兼作紫花苜蓿等饲草作物，借助发展畜牧业，间接丰富和延伸林业产业。

这是一个非常好的想法，我非常支持，6月份，为这个"联合基地"的事，给农业部写过"报告"。现在，这件事河北省林业局、相关单位正在具体谋划。

而这件事情本身引起了我对林场建设的一些思考：

一、谈林场建设，首先是对"林"的认识和看法

林业在国民经济中到底应该处于怎样一个位置。

钱学森有两个论点：

注：滕起和院长对本文作了精心的修改和补充，使这一问题更具可行性。

其一，林业在现代化建设中的作用，决不亚于农业。这是他在 1987 年讲到的。什么意思呢？"决不亚于"，也就是说，林业在现代化建设中的作用，即使不大于，也应和农业的作用等量齐观。

其二，林业建设是一项系统工程。

复旦大学教授张薰华则明确提出：林业是国民经济的基础。

这两个人的意见非常了不起。

自从毛泽东提出"农业是国民经济的基础"之后，一锤定音，几十年间，"农业是基础"成为我国经济建设的主流思想，人们认定它完全正确，是绝对真理，在这个问题上已经不需要再思考什么了。

我国在"以农业为基础，工业为主导"的思想指导下进行了几十年的经济建设，成绩有，失误亦毫不客气地如影随形。为了粮食生产，毁林开荒、毁草原开荒、围湖造田、围海造田，终于使我们饱受水土流失、土壤沙漠化石漠化、草原退化、湖泊湿地锐减，干旱洪涝风沙肆虐之苦。

当没有林的后果年甚一年地摆在人们眼前时，钱学森、张薰华终于向那个"农业是基础"的主流思想发出了第一声质疑：农业搞不好是一时没饭吃的问题，林业搞不好是民族生存的问题，林业才是国民经济的基础。

这个反调唱的好，使人们的思想活跃起来，从多方面探索问题。只有摆脱"农业是基础"的思维定式，把林业摆在国民经济基础的地位上，我国的林业才能得以恢复和发展，"农"才能在"林"的护卫下发展，对民间流传的林茂粮丰的关系才有新的理解。这不是空泛的理论之争，而是经济建设、特别是农业建设如何实践之争。

二、林茂才能粮丰的实例

实践中，林业充分展示出它的基础作用。我多次讲过齐河经验、荷泽经验，事实上，所有搞好小流域综合治理、搞好生态农业县建设的典型，都一次次证实了，林业是基础，林茂才能粮丰的道理。

　　山东省齐河县，历史上黄河多次决口，在齐河留下 5 条故道，占全县总面积的 50%，沙层厚度由 10 米到 20 米不等。过去那里"睁不开眼，张不开嘴，揭不开锅，找不到路"，2003 年以来，齐河县农民自己投入建设了 85 万亩丰产林，森林覆盖率从 17% 一下子提高到 47.25%，据称，仅木材产品一项，每年农民人均大约增收 5000 元。由几家林业公司牵头，全县实现林业产业化，形成"林粮棉菜桑，菌药牧工商"十大产业格局，优化了农业产业结构，创造了林农牧结合的新模式，生态环境得到显著改善，绿色让那里"白天不见村庄，晚上不见灯光"。

　　如果说齐河在一个县的范围内造林，林对气候的影响还不太明显的话，荷泽经验就不同了，它包括一个市和八个县。单是新增的农田防护林和农林间作面积，就近 1 万平方公里，约为齐河县总面积的 7 倍，因而引发气候方面的一系列有利变化。对荷泽小麦生产造成严重危害的干热风基本消失，风沙日数减少了 69.7%，营造出有利粮食增产的小气候，1997 年以来的 10 年与上世纪 70 年代相比，该市相对湿度提高 0.8%，年降雨量增加 2.9%，最高气温降低 0.5-1.5 摄氏度。农田林网为优质专用粮食品种推广提供了条件，目前优质小麦种植面积达 700 多万亩，为农民增收 2 亿元以上。2007 年该市粮食总产量 491 万吨，占全国总量的 1%，而近 5 年新增粮食产量则占全国增产量的 3%。该市成为山东省的"粮食市"。

　　这些经验，把林业农业关系、林业与生态环境关系、林业与人们生活生存环境关系明明白白地摆在人们面前，林业是国民经济的基础，不是空泛的道理，而是活生生的现实。

　　那么，要在全国范围内使森林覆盖率真正达到齐河和荷泽的水平，除了各地的小流域综合治理和生态农业县建设之外，众多的国有林场也必须承担起原本属于份内的责任。

三、林场建设的新思路

过去林业经营思想不大对头，林业＝木头，以采掘工业的经营方式来经营林业，单一的取材思想，导致林场的单一木材经营，砍的多种的少，消耗多生长少，我国森林资源遭到了严重破坏。那时，不要说林场建设，就是全国的经济建设，都完全没有"林业是国民经济的基础"的思想意识。

在实施两退一保工程后，林场建设的指导思想有所改变，抓植树造林和林副产品生产。当然，这个过程中也出现了一些新问题。

比如，有些林场在造林后，等着它成林成材，林场长期没什么收入，"搞林业的穷"，被人看不起。

有些林场只要拿到造林费，不管当地适不适合种乔木，年年种，结果长成小老头树，不成材，经济效益生态效益都很差。

差在哪？

从河北省林业调查规划设计院与林草兴邦研究会深入讨论分析的结果来看，可以说，就差在林业产品及其利用途径上。人类几千年、世界几百年、建国几十年，人类生存、生产、生活都是以食、薪、木等方式直接利用森林植物的器官、种类繁多的野生动物至今如故。工业文明以后，随着农业的发展、发达，人类孤立、直接依赖森林的程度表面上有所降低，但却在更深的层次、更广的范围、更全局的特征更长的时期内持续依赖森林生产氧气、净化空气、截尘降噪、固沙保土，维持水热碳能平衡。失去森林的持续庇护，孤立的农业将成无源之水、人类将无以为继。

去年国务院批准出台的《全国林地保护利用规划纲要(2010－2020年)》到2020年，全国林地保有量不低于31230万公顷，占国土面积的比重达到32.5%以上。林业是众多公益事业和基础产业中地地道道的用地大户。因而作用巨大、潜力巨大。国有林场资源雄厚，体制优越，作为维持生态的骨干和发展林业产业的龙头，除了植树造林、提供传统森林主副产品之外，完全有能力在饲料产品或者说"草"字上做大文章，利用不适合乔木生长或乔木生长不良，但适宜灌木生长的林间隙地、林下土地、沙荒地、荒山地，种植或间作桑、柠条、苜蓿等饲料作物，通过林草间作，以草养林，不仅可以恢复林草共生的自然生态，而且丰富林产品供给，转变单一经营森林的模式，逐渐改变为林草结合经营模式，使国有林场既是林场，又是牧场，一场变两场。打开林场建设的新思路。

特别是那些地处自然条件恶劣、植被退化严重、生态脆弱、水土流失严重的山区林场和干旱阳坡、瘠薄山地，栽植乔木不仅成本高，成活率低，且生长缓慢，生态和经济收效甚微，职工收入提高很慢，不如改种生态适应性强、经济利用率较高的灌木，适度养畜。这样，林场既不失主业，又增加饲料产品，通过直接或间接的养殖业，延长产业链条，缩短收益周期，从而，提高职工人收入，最大限度的盘活林地资源，充盈林场经济实力。

林草结合，是林场建设的新思路，对林场对社会均有利。

四、林场——林草兴邦的又一突破口

多年来，我们反复讲我国有 100 亿亩的农业用地，山区、牧区占了 80 亿亩，这是我国国土天然形成的大格局，惟有实施林农牧共同发展的大农业战略，使山区、牧区、农区成三足鼎立之势，相互依持，共生共存，我国农业才有出路。我们把这个大农业战略简述为"林草兴邦"。

山区的小流域综合治理、平原的农田林网建设、黄土高原种草种树发展畜牧业、生态农业县建设等等，可以说都是实施"林草兴邦"大农业战略的实践。

如果我国各类林场，都能因地制宜地种植木本、草本饲料，以草养林，以林草养畜，可以说这是实施"林草兴邦"大农业战略的又一突破口。

因地制宜普及、开发饲用木本中植物资源，与传统的木材和干鲜果品生产，实行科学安排、搭配，适度间作草本饲料植物，使之长短结合，相得益彰。于林场和林业，一是缓解农林争地的矛盾，在目前政府绿化热情相对高的时期，积极引导、激活、整合和用好农民急于致富的积极性，从而某求林业有一个实质性的转变，拓展林业产业的外延；二是桑造林成本低廉，苗木价值低，繁殖效率高，技术门槛低，有利于规避造林整体规划和质量滞后的矛盾，缓解造林受制于苗木供应的现状；三是可在很大程度上化解人工造林树种单一的局面；四是桑抗逆和再生能力极强，能够维持森林面积较长时间的持续稳定；五是桑产业属于多年生木本种植业，一年种多年收，一年多收，尤其适合当前劳动力价格高企、劳动成本过高的现实；六是桑产业链条长，增值机会多，有利于做大做强林业产业；七是桑产品加工储存途径丰富，调整入市缓冲机会多，抗市场波动能力强；八是桑饲料每年 2-4 收，绝大部分为连片平茬，自然高频率抑制病虫害的繁衍。更关键的在于把初级林产品，通过养殖业和加工业，紧紧绑定在社会公众必须品日常消费过程中，让大众直白的感觉到林业、森林不是可有可无，从而生态、经济和社会效益相得益彰，提高林业的社会影响力，推动林业发展。不仅不影响林场主业生产，且能收林牧结合、以牧养林的循环利用之效。于社会一是丰富高产无毒优质饲料和居民蔬菜品种，降低添加剂用量，从源头降低食品安全的风险；二是当量饲料较农作物可以大幅节约种子，农药和化肥，大规模节约劳动力；三是免耕经营，缓解春季扬沙和浮尘，有利于环境保护和持续利用；四是充分利用干旱、沙荒等劣质土地，节约珍贵的地下水资源；五是可以全额替代饲料用粮，市场前景广阔。且增加农村就业，促进农村稳定。

林场种植灌草饲料并发展适度饲养，对周边群众也会起到非常好的示范带动作用。以河北为例，河北中南部沙化和潜在沙化土地有数百万亩，相当部分土壤瘠薄，水源条件差，粮食产量低而不稳，果品品质不高销路不畅，栽植杨树速生期很短，出材率不高。而林业调查规划设计院试种观察的饲料桑、果桑却表现了明显的早期生长优势，非常适合短周期经营。加之近年采选矿形成的大量尾矿地和果园林下空地，可种饲料桑和饲草的土地面积可观。大力发展木本饲料经营可谓占尽天时、地利，尽收生态、经济和社会效益，前途广阔，前景诱人。

　　林场认真探索林草结合、林牧结合之路，在有条件的地方切实做起来，是我国实现林草兴邦的大农业战略的一个新的突破口。

　　我衷心期待河北省林场能做出成功表率。

（本文由石山口述，石小玉执笔）

岁暮书成忆诸老

（代后记）

我的第三本书，专讲山区问题的，2011年年末出版并公开发行。第四本书也已编成，这本书收集了我在20世纪80～90年代关于生态时代、生态建设、生态农业、生态县的讲稿、文章。新世纪的几篇文章，讲新的思想和实践经验，作为附录编入。反映我的思想发展情况。

旧文稿没有电子版，结集出版只好重新录入，承担打字的小姑娘禁不住叫出："啊，这些文章比我年龄还大"。闻听此言，无限感慨，整整一代人的时间过去了，当年一起为生态时代、生态经济、生态农业呼吁、呐喊、奔走、实施的多位老人，已驾鹤西去。摩挲二三十年前的文稿，打印纸已经变脆、泛黄，而诸位老人的音容笑貌、一段段小故事，却十分亲切清晰，在心里一遍遍涌动，不由得铺纸举笔，记述下来，不仅怀念诸老，亦以此为"中国生态问题"再发一声长啸。

20世纪80年代初，生态思想、生态经济概念开始进入中国。那时许涤新、裴丽生、杨显东、蔡子伟、边疆、江一真都已是或接近"古稀"年纪，他们或还在职，或刚从部长位子上退下来。凭一生实践磨砺出的"敏感"，不约而同，都意识到"生态思想"对于中国具有关乎存亡的重要性，而那时，他们每个人手里都"握"有一片天地，干自己想干的事。许涤新是在我国最早提倡生态经济学研究并亲自推动成立并主持中国生态经济学会，他那时还是社科院副院长，裴丽生先是主持全国科协，后来主持老区建设促进会。杨显东主持中国农学会，蔡子伟主持中国农业经济学会，边疆是农业部顾问，可以狠抓生态县建设。这些学术团体成了传播"生态思想"的"阵地"。我在科学院搞了 5 年的农业现代化实验县工作，有不少问题有待继续思考和探索。1983 年年初到国务院农村发展研究中心任顾问，成了一个"闲人"，接触到生态和生态经济思想后，对许多问题有"茅塞顿开"之感。而马世俊、熊毅、朱济凡、叶谦吉几位著名专家学者，在土壤学、林学、农学领域摸爬滚打了一辈子，对于"生态"的见解更是精辟、深刻，而且积极发表自己的见解。回忆当年，这几个学会或分或合到各地开会，从东北、西北、黄淮海、江西、到昆明、龙岩……，一年难有几个月不出差，真是要人有人、要钱有钱、有思想有议论、形成大干一场的形势，现在看，这些活动打开了人们的眼界，为"生态思想"在国内的传播做出了重要贡献。

许涤新本来就是著名的经济学家，主编了我国第一部《政治经济学辞典》，1984 年 2 月许老推动召开了全国生态经济科学讨论会暨中国生态经济学会成立大会，万里副总理在讲话中明确提出，有关高等院校都要开设生态经济学课程，有条件的要设生态经济系或生态经济专业。那时，各院校迫切需要一本生态经济学教材，许老组织人力编写了《生态经济学》一书，1986 年由浙江人民出版社出版，生态学在我国还是一门新兴学科，这么短的时间内，硬是编写出大学教材，实在了不起。在一次讨论会上，许老发言，说到自然规律和经济规律之间的关系，明确指出，经济规律要服从生态规律。马世俊是著名的生态学家，是中国科学院的学部委员，中国生态学会名誉会长。是最早提出建立农业生态工程的学者，我和他坐在一起，他对我说：这个想法我早就想讲，但我是搞自然科学的，这话不好讲，由许老讲出来，最好了。我俩会心一笑。经济规律要服从生态规律，这个思想在经济学家、生态学家、自然科学家心里是一致的，这给我留下了深刻印象。蔡子伟是农业部常务副部长，创办了中国农业经济学会和中国畜牧业经济研究会。积极推动草原畜牧业生态的保护，卓有成效。

我和裴丽生是在 70 年代后期认识的，那时裴老是全国科学工作者协会副主席。他做过省长，有丰富的实际领导工作经验，眼光敏锐。1978 年年初，我到中国科学院工作，在一次讨论会上，我讲了黄土高原只有种草发展畜牧业才能改变面貌的意见，当时参加会的三位老人，许涤新、裴丽生、杨显东都拍手叫好，杨显东当过农业部副部长，是著名的农学家，他激动地拍着桌子说道："这个意见该由农林部提啊，现在科学院的人提出来，这是我们农林部的耻辱！"我告诉他，5 年前我在农林部时就提过了，还让部长批评了一顿。裴丽生说：你写出来，我们的《科学工作者建议》给你刊登。我把发言整理成《改变黄河中游地区落后面貌大力种草发展畜牧业是关键》一文，这篇小文科协刊物刊发后，又送到《人民日报》，童大林也写了一篇，《人民日报》在 1978 年 11 月 26 日第二版上一起刊登，掀起了一场关于黄土高原发展方针的大讨论。

这里还有个小故事。我们在中国科学院用系统工程的方法搞农业现代化实验县工作，农业部代部长江一真对此很感兴趣，他退下来后，对我说："咱们再合作一次，帮助我老家福建龙岩地区建设好。"

我问"龙岩地区真想干吗？"

"那当然。"

这样，我请专业人员到龙岩，先培训当地科技人员，和他们一起用系统工程的方法制定出龙岩山区建设规划。龙岩地区踏踏实实按规划干起来，并把规划印成一本书公开发行，我写了序，江老题词。我把这件事告诉了裴老，裴老当时已经到老促会工作，他对此事很感兴趣，决定在龙岩召开现场会，让全国所有老区都派人参加，学习推广龙岩经验。虽然裴老因年迈体弱未能到会，但现场会开得非常成功，对老区建设也是一次推动。

杨显东老部长主持农学会为传播"生态思想"可说是功劳巨大，除到各地开会推动外，还专门组织专家进行了一次武陵山区调查，我奉命到武陵山区的涪陵地区搞调查研究，上半年调查研究，写报告，下半年到现在的张家界市（原大庸县）开山区发展讨论会，研究山区的问题和解决办法，对山区研究起到了推动作用。这也是我研究山区的开始，这次调查工作对我十分有用。

老部长边疆退下来后在任农业部顾问期间一心一意搞生态农业县建设，由农业部牵头、国务院六个部委组成生态农业县建设领导小组，由他任组长，在第一批 50 个县推行生态农业县建设，每年在不同的生态类型区域召开一次现场会议，交流经验，出版一部专著，取得经济、社会、生态三个良好的效益。当时有人议论，说老部长不务正业，边老就回了两个字："无知"。这件事对我的印象太深刻了。我长期和他一起，帮助他推动生态农业县建设工作。这项工作对我国生态建设起到了很大作用。

70 年代后期到 80 年代，"生态思想"能在我国得到比较广泛的传播，在农业建设的实践中，从生态村—生态乡—生态县—生态市，特别是能以生态县、农业现代化实验县、农业系统工程、循环农业……形式得到一定程度的实施，与诸老身体力行的努力息息相关，而他们的努力也为专家、科技人员开辟了一片天地，使专家们能放手传播他们的学术思想。

我到中国科学院工作后，接触到许多专家，他们的随便谈论都给我启发，我离开中国科学院后，仍和他们来往。和马世俊的接触大都是我离开科学院后的事，因为一起推动生态农业建设，和他的接触也更多一些。就是从他那里我才知道"生态农业"一词，是农业生态工程的简称，是 1981 年他们在北京召开生态工程学术讨论会上提出的，参加那次讨论会的有农业生态学家和农业工程学家。我和他开玩笑："你们岂不成了'生态农业'一词的祖师爷"。正因为是科学家，他对生态农业的概括非常准确，他说，"农业冠以'生态'二字，……就是应用生态系统的整体、协调、循环、再生原理，促进农业发展建筑在'后劲'持续不衰和保持生态环境良性循环的基础上。"我很信服他的概括。有一次开会前，他和我商量要提出"农村生态化"的问题，我虽然觉得很好，但恐怕提的早了些，他笑我保守。我对他说，你得用老百姓的语言讲清问题的性质，让干部、群众明白这是一个什么性质的问题，不然，干部听不懂，老百姓听不懂，怎么实施啊。他非常坦率地说，"用科学语言我能讲得很准确，用老百姓的语言讲清楚是不容易的"，他又说"我试试"。多少年过去了，我们的新农村建设、小城镇建设离"农村生态化"有多远呢？真是愧对马老。他对农村真是一片赤诚。

叶谦吉，是西南农大终身教授，是著名的农业经济学家，是最早提出建设生态文明的学者，是生态农业与经济、社会、生态三个效益的最早倡导者。很早就写了一本书：《生态农业是未来的农业》，与北京诸老南北呼应。2006 年他已 97 岁高龄，专门写文章，发表"人类纪"三论，提出"生态灾变论"等许多精辟论点。

熊毅是南京土壤所所长，是著名的土壤学家。他有一句名言："没有生态学的观点，农田基本建设必然是农田基本破坏"，他用的是"必然是"，一点"商量"余地也没有。我问他是不是太绝对了，他说：事例太多了，让人十分不安。把熊毅这句话推而广之，没有生态学的观点，我们的工业建设、林业建设、草原建设、城市建设、整个经济建设……又有多少符合生态规律呢？想起熊毅就想起熊毅的这句话，这句话成了熊毅的标识，而熊毅的这个批评，却还没让我们警醒。老实说，生态思想在全世界的传播已半个世纪，而我们整个民族至今仍缺少生态学教育，缺乏保护生态环境的行为规范，没有恪守生态规律的意识。

朱济凡是著名的林学家和我是中央大学先后同学，他在林学系，我在经济系，当时不相识，50年代在东北局开会才彼此认识，之后联系再没断，后来我到党中央办公厅工作，而他每次在下面跑完点，有什么情况、建议要报告中央，都会一个电话打给我，我就到他住处交谈，把他的报告交给谭震林副总理，谭办事从不过夜，第二天朱就拿到批示或处理情况。1984年年底，他就中国林业问题又给中央写了报告，托杜老（润生）和我转交，这个报告把中国林业问题讲透了，因此，我把它作为附录转载在书中，报告当然即刻交上去了。我在1987年直接用了"林业危机"一词继续呼喊，到了90年代中期，林业部门自己也在喊林业"资源危机""经济危困"，直到1998年长江特大洪水，中央才决定实施两退一保工程，即退耕还林、退耕还牧，天然林保护，但实际工作成效不大。每念及此就想起熊毅令人震惊的那句话！

把30年间散于各处的有关文章结集成册之时，不由得又想起当年，诸位前辈，古稀之年，昂首时代前列，老当益壮，引领潮流，开风气之先，实在令人感佩和怀念。同时也感叹，那次关于生态时代、生态经济、生态农业的启蒙运动，没能进入决策系统、行政系统、工农业建设系统，而没有生态思想统领的市场原则、发展原则、经济增长原则终于把我国引到了生态系统面临崩溃的生存困境：水土流失严重、土壤沙漠化石漠化、地表水地下水严重污染、特别是重金属污染高发，耕地、粮食、水源、人畜遭受毒害，癌症村越来越多……，今天的问题，比当年严重得多。如果生态思想、生态规律还不能在我国经济活动中执掌帅印，后果实在难以想象。

小文结集成册，一方面是"留此存照"，更是要为已濒崩溃的我国生态系统即生态环境再发一声长啸，希望能起到一点作用。客观存在的生态规律是严酷无情的，顺之者昌，逆之者败。只有恪守生态规律的民族才能生存和强大，人民才能幸福，国家才能立于世界民族之林。

写到此，国人的老传统老习惯促使我不由得写一首打油诗，以抒怀。

诸公当年识见高，

时代前列领风骚，

生态事业是国本，

崛起更赖创新招。

（本文由石山口述，石小玉执笔）